普通高等教育"十一五"国家级规划教材
教育部2009年度普通高等教育精品教材
（高职高专）

单片机原理及应用

主　编　张水利
副主编　黄丹辉　李玉清　鲁冠华
主　审　蒋世祥　谷礼新

黄河水利出版社
·郑州·

内容提要

本书是普通高等教育“十一五”国家级规划教材，是按照国家对高职高专人才培养的要求及高职高专教学特点编写完成的。本书以MCS－51单片机为核心，系统地介绍了单片机的基本结构、指令系统、汇编程序设计、系统扩展与接口、应用系统设计等内容，同时简单介绍了微型计算机的基本概念和常用新型单片机，使读者初步掌握MCS－51单片机的应用技术。本书可作为高职高专院校机电类相关专业的教材，也可供中等职业学校、电大使用，还可作为工程技术人员的参考资料。

图书在版编目(CIP)数据

单片机原理及应用/张水利主编. —郑州：黄河水利出版社，2008.8 (2015.1 修订重印)

普通高等教育"十一五"国家级规划教材

ISBN 978－7－80734－461－2

Ⅰ.单… Ⅱ.张… Ⅲ.单片微型计算机－高等学校－教材 Ⅳ.TP368.1

中国版本图书馆CIP数据核字(2008)第118990号

组稿编辑：王路平　电话：0371－66022212　E-mail：hhslwlp@163.com

出 版 社：黄河水利出版社

地址：河南省郑州市顺河路黄委会综合楼14层　邮政编码：450003

发行单位：黄河水利出版社

发行部电话：0371－66026940、66020550、66028024、66022620(传真)

E-mail：hhslcbs@126.com

承印单位：黄河水利委员会印刷厂

开本：787 mm×1 092 mm　1/16

印张：17

字数：390千字　　　印数：8 101—10 000

版次：2008年8月第1版　　　印次：2015年1月第3次印刷

2010年8月修订

定价：30.00元

前　言

本书是普通高等教育“十一五”国家级规划教材，是根据《国务院关于大力发展职业教育的决定》、教育部《关于全面提高高等职业教育教学质量的若干意见》等文件精神，以及教育部对普通高等教育“十一五”国家级规划教材建设的具体要求组织编写的。

高等职业教育是我国高等教育的重要组成部分，其根本任务是培养和造就适应生产、建设、管理、服务第一线需要的德、智、体等全面发展的高等技术应用型人才。近年来伴随产业结构的调整，高等职业教育从规模和质量上迅速发展，从教学模式和教学方法上不断进步，高职教材建设也需要适应高职教育特色做出重新调整。

单片机原理及应用是机电类相关专业的一门重要专业课程，它既有一定的理论性，同时又有很强的实践性，在机电类专业的课程体系中具有基础性、工具性和应用性的作用。其先修课程是《高等数学》、《电路》、《电子技术基础》，后续课程则包括《计算机控制技术》、《PLC 原理与应用》、《机电一体化系统》等。

从专业课设计的角度看，单片机原理及应用课程并不单纯为学习单片机技术，重点在于学习单片机技术的应用。另外，一般院校的高职学生在理论学习方面同本科学生就有一定差距。因此，本教材在指导思想、编写内容和编写方法上突出高职教学的特点，以满足高职学生学习和就业的需要。在编写过程中，本教材主要考虑了以下几个方面：教材以人的认知规律为主线，以课程结构为辅线；突出应用技能培养，淡化理论体系；突出实用性和兴趣性，适合高职教学模式；注重专业发展和就业需求，教材内容充分反映新知识、新技术和新方法。

本书以 MCS-51 单片机为核心，系统介绍了单片机的基本结构、指令系统、汇编程序设计、系统扩展与接口、应用系统设计等内容，同时简单介绍了微型计算机的基本概念和常用新型单片机，使读者初步掌握 MCS-51 单片机的应用技术。完成本课程教学一般需要 70～80 学时，条件允许的情况下还可增加两周左右的集中实训环节，以提高学生的综合应用能力。本书可作为高职高专院校机电类相关专业的教材，也可供中等职业学校、电大等学校教学使用，还可作为工程技术人员的参考资料。

本书编写分工如下：第一章由广西水利电力职业技术学院梁小流编写，第二章与附录由山东水利职业学院张水利编写，第三章由福建水利电力职业技术学院黄丹辉编写，第四章由安徽水利水电职业技术学院何强编写，第五章由浙江同济科技职业学院姚佩琰编写，第六章由黄河水利职业技术学院李自鹏编写，第七章由三峡电力职业学院李玉清编写，第八章由山东水利职业学院刘星编写，第九章由沈阳农业大学高等职业技术学院应文博编写，各章后的实训课题统一由山东水利职业学院鲁冠华编写。本书由张水利担任主编，拟定教材大纲、编写计划并负责统稿，由黄丹辉、李玉清、鲁冠华担任副主编，由浙江同济科技职业学院蒋世祥、黄河水利职业技术学院谷礼新担任主审。

在本书的编写过程中，许多新知识、子程序、内容编排借鉴了部分网站及其他教材的内容，在此一并表示感谢。由于编者的水平限制，编写时间比较仓促，加之单片机技术的发展日新月异，书中必定存在不少错误和不当之处，敬请批评指正。作者联系邮箱为sdsyzsl@163.com，请您与我们联系，多提宝贵意见，在此表示衷心感谢。

编 者

2008 年 3 月

目　录

第一章　单片机基础

提要 本章主要介绍单片机的定义、基本结构、发展过程及趋势、特点及应用场合等基本内容，同时还将介绍数制与转换、数的运算、数的表示、信息编码等微机内部与运算相关的内容。

重点 单片机的基本结构、特点及应用场合，数制及相互转换的方法，计算机中数的表示方法，计算机中信息的编码方法。

难点 数的表示与进制转换。

导入 单片机的应用范围很广，不管是在日常生活中还是在工业生产中都有广泛的应用。比如近几年来市场上出现的一种汽车防撞雷达(俗称电子眼)，它就是利用单片机来实现防撞报警功能的。它的工作原理如下：单片机产生超声波，利用传感器发射超声波并接收反射回波，通过单片机内部的计数器获得两者时间差 t，利用公式 $S=Ct/2$ 计算距离(其中 S 为汽车与障碍物之间的距离，C 为声波在介质中的传播速度)，然后单片机又通过显示器把距离以十进制数的形式显示出来，同时发出报警声，以起到警示作用。

第一节　单片机概述

一、微型计算机概述

自 1946 年世界上第一台数字电子计算机 ENIAC(Electronic Numerical Integrator And Calculator)在美国宾夕法尼亚大学问世以来，电子计算机的发展经历了以下四个阶段：

第一阶段(1946 ~ 1958 年)电子管数字计算机，计算机的逻辑元件采用电子管，主存储器采用磁鼓、磁芯，外存储器已开始采用磁带；软件主要用机器语言编制，后期逐步发展了汇编语言。此时的计算机主要用于科学计算。

第二阶段(1958 ~ 1964 年)晶体管数字计算机，计算机的逻辑元件采用晶体管，主存储器采用磁芯，外存储器已开始使用磁盘；软件已开始有很大的发展，出现了各种高级语言及编译程序。此时，计算机速度明显提高，耗电下降，寿命延长。计算机已发展用于各种事务处理，并开始应用于工业控制。

第三阶段(1964 ~ 1971 年)集成电路计算机，计算机的逻辑元件采用小规模和中规模集成电路，即 SSI 和 MSI；软件发展更快，已有分时操作系统。计算机的应用范围日益扩大。

第四阶段(1971 年以后)大规模集成电路计算机，计算机的逻辑元件采用大规模集成电路。所谓的大规模集成电路(LSI)是指在单片硅片上可集成 1 000 ~ 20 000 个晶体管的集成电路。由于 LSI 的体积小，耗能少，可靠性高，计算机以极快速度发展。

到 20 世纪 80 年代，日、美、欧部分国家提出发展生物、光学等第五代智能化计算机，不过目前尚无较大突破。目前计算机的发展方向：一是向大型、巨型化发展；二是向小型、微型化发展。

(一)大型、巨型计算机

现代科学技术的发展要求提高计算机的运算速度，加大主存储器容量，因此出现了大型和巨型计算机。如美国的克雷公司生产的Cray-1、Cray-2、Cray-3巨型计算机，我国的银河Ⅲ、曙光3000、神威等并行巨型计算机。其中，曙光3000的峰值浮点运算达每秒4 032亿次，在世界500强中排名第48位。目前，世界上只有少数几个国家有能力生产巨型计算机，它象征着一个国家的科技实力。

(二)小型、微型计算机

大型机速度快、容量大，解决了过去无法完成的实时计算及复杂的数学问题。但是由于其设备庞大、价格昂贵，给普及和应用带来了一定困难。另一方面，为了适应宇航、导弹技术及一般应用的要求，体积小、造价低、可靠性高就成了问题的关键，小型机特别是微型机的出现有效地解决了这个问题。

所谓的微型计算机(Microcomputer，简称 MC)是指把计算机的心脏——中央处理器(CPU)集成在一小块硅片上。为了区别于大、中、小型计算机的CPU，称微型计算机的CPU芯片为微处理器MPU(Microprocessing Unit或Microprocessor)。微型计算机除了有MPU作为中央处理器，还有以大规模集成电路制成的主存储器和输入输出接口电路，三者之间采用总线结构连接起来。如果再配上相应的外围设备如显示器、键盘及打印机等，就成为微型计算机系统(Microcomputer System)。目前，广泛应用于家庭、办公场合的电脑大部分属于微型计算机(简称微机)。

二、单片机的定义

单片机是单片微型计算机SCM(Single Chip Microcomputer)的简称，它是把组成微型计算机的各部件，包括中央处理器、存储器、输入/输出接口、定时/计数器等，制作在一块集成电路芯片中，构成一台完整的微型计算机。单片机的主要任务是面向控制，因此又称为微控制器MCU(Micro Controller Unit)。在国际上，正逐渐用MCU代替SCM这一名称。

单片机作为微型计算机的一个重要分支，它的发展和应用越来越引起人们的重视。到目前为止，世界各大半导体公司推出的单片机已有几十个系列的几百个品种，比较著名的有Intel公司的MCS-51系列、Motorola公司的6800系列、Zilog公司的Z 8系列、Rockwell公司的6500系列等。

尽管单片机品种、系列繁多，但其基本原理有许多相近之处，本书主要以目前我国应用最广泛的MCS-51为例，讲述其结构、原理、编程和应用。

三、单片机的基本结构

在单片机的定义中提到，单片机主要由CPU、存储器、输入/输出接口(I/O口)等几部分组成，并将各部分集成到一块半导体芯片上，其基本结构框图如图1-1所示。

(一)CPU

CPU是Central Processing Unit的缩写，通常译做中央处理器。它是单片机的核心部件，主要由运算器和控制器两部分组成，完成算术运算、逻辑运算及整个单片机的控制功能。

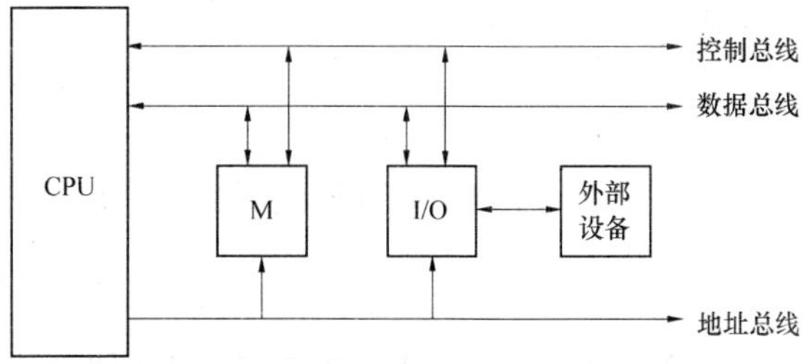

图 1-1　单片机的基本结构框图

CPU 不断地从程序存储器中取出指令并进行分析，然后根据指令要求进行运算或者发出控制信号，使单片机的有关部件或单元有条不紊地工作，保证单片机能够自动、连续、协调地运行。

(二)存储器

存储器(Memory)是具有记忆功能的部件，用来存储程序和数据。单片机中的存储器按其工作方式可分为 ROM 和 RAM 两种。ROM 是 Read Only Memory 的简称，即只读存储器，存于其中的信息在掉电后也不会丢失，常用于存放程序和固定数据，因此 ROM 常被称做程序存储器；RAM 是 Random Access Memory 的简称，是随时可读可写的存储器，简称随机存储器，掉电后数据立即丢失，常用于存储随机变化的数据，因此 RAM 常被称做数据存储器。

存储器中最小的存储单元称做位(bit)，可存储 1 位二进制信息。由于目前常用的 8 位单片机能够同时处理 8 位数据，所以在存取数据时，一般是以 8 位为单位进行的，我们将 8 位二进制位组合而成的存储单元称做字节(Byte)。而在 16 位计算机中，为了表示方便，我们通常也将 16 位二进制位称做字(Word)。

在数据存取时，每个存储单元都有一个编号，称做地址(Address)。同样，存储单元的地址也是以二进制来表示，单片机包含的存储单元越多，需要地址码的位数也就越多。例如，如果某单片机的地址采用 16 位二进制数表示，则其最大范围为 0000H～FFFFH，最多可有 2^{16}=65 536 个地址单元。

(三)I/O 接口

I/O 是 Input/Output 的缩写，即输入/输出接口，用来连接单片机与外部设备，完成信息的输入与输出。根据工作方式的不同，单片机中常用的输入输出单元有 PIO 和 SIO 两种。PIO 是 Parallel Input Output 的缩写，称做并行输入/输出接口，能够同时输入输出多位数据，当然同外部设备之间需要连接多根导线。SIO 是 Serial Input Output 的缩写，称做串行输入/输出接口，每次只能输入或者输出 1 位数据，同外部设备之间只需连接 1 根或 2 根导线。

通常情况下，若单片机与外部设备之间的距离较近，为提高通信速度，常采用 PIO 连接；若距离较远，为简化连接关系，则采用 SIO 连接。

(四)总线

总线是单片机的 CPU 与其他各部件之间进行通信的公共通道。根据传递信息的不同，总线主要可分为数据总线(Data Bus)、地址总线(Address Bus)和控制总线(Control Bus)三种。数据总线用来传递数据，地址总线用来给出各单元的地址，而控制总线则用来传输控制信号，协调整个单片机的工作。

四、单片机的发展

自 1971 年 Intel 公司推出第一块 4 位微处理器之后，单片机迅速发展，并广泛用于工业自动控制领域。

(一)4 位单片机

1971 年 11 月，Intel 公司设计生产了集成度为 2 000 只晶体管的 4 位微处理器 4004，并配有 RAM、ROM 和移位寄存器，构成第一台 MCS-4 微处理器。这种微处理器虽然只能用于简单控制，但由于价格低廉，至今仍有多功能的 4 位机问世。

(二)8 位单片机

1974 年，Intel 公司又推出了 8 位单片机 MCS-48，虽然该系列单片机不带串行接口，寻址能力不足 4 KB，但仍可满足一般工业控制和智能化仪表的需要。1978 年，Intel 公司发布了高档 8 位单片机 MCS-51，其寻址能力达到了 64 KB，中断系统、定时/计数器等性能均有很大程度的提高，目前该系列的芯片仍在广泛应用。此外，世界上一些知名的电子电路厂商都有自己的 8 位单片机芯片，占据了部分市场份额。

(三)16 位单片机

1982 年，Mostek 公司首先推出了16 位单片机 68200，随后 Intel 公司于 1983 年推出了 MCS-96 系列 16 位单片机，其他公司也相继推出了同档次的产品。由于 16 位单片机采用了最新的制造工艺，其计算速度和控制功能大幅度提高，具有很强的实时处理能力。

(四)32 位单片机

1988 年，Intel 公司推出了 MCS960 系列 32 位单片机，采用 RISC(Reduced Instruction Set Computer)指令体系，系统结构也大大区别于以往的单片机，运算性能有了极大的提高，但在我国应用较少。1991 年，ARM 公司的 ARM6 问世，随后又推出了 ARM7 和 ARM9 系列。进入 21 世纪以后，ARM 系列芯片迅速发展，目前已占据了 32 位 RISC 微处理器市场份额的 75%，成为高端微处理器的主要代表。

总体说来，单片机有两方面的发展趋势：一方面是不断增加位数，以提高其运算速度及存储器容量；另一方面是向高集成化、低功耗、低价格方向发展，同时其控制功能不断增强。比如，片内集成了 PWM 输出、监视定时器 WDT、可编程计数器阵列 PCA、DMA 传输、调制解调器等，使得单片机广泛应用于大量数据的实时处理、高级通信系统、数字信号处理、复杂工业过程控制、高级机器人以及局域网等方面。

五、单片机的特点及应用

单片机具有体积小、重量轻、价格廉、功耗低、性能价格比高等特点，同时其数据大都在单片机内部传送，因而运行速度快、抗干扰能力强、可靠性高。而且，每一种单片机都是一个系列，包括若干个品种，结构灵活，易于组成各种微机应用系统，所以它在国民经济、军事及家用电器等领域均得到了广泛应用。

根据单片机的特点，其应用主要包括单机应用和多机应用两个方面。

(一)单机应用

在一个应用系统中只使用一个单片机，是应用最多的一种方式，其主要应用领域有：

(1)测控系统。用单片机可构成各种工业控制系统、自适应系统、数据采集系统等。例如，温室人工气候控制、水闸自动控制、电镀生产线自动控制等。

(2)智能仪表。用单片机改造原有的测量、控制仪表，能促进仪表向数字化、智能化、多功能化、综合化、柔性化发展。如温度、压力、流量、浓度等的测量、显示及仪表控制，使仪表中长期存在的误差修正、线性化处理等难题迎刃而解。

(3)机电一体化产品。单片机与传统的机械产品结合，使传统机械产品结构简化、控制智能化。如简易数控机床、电脑绣花机、医疗器械等。

(4)智能接口。在计算机控制系统(特别是较大型的工业测控系统)中，普遍采用单片机进行接口的控制与管理，因单片机与主机是并行工作，故大大提高了系统的运行速度。例如，在大型数据采集系统中，用单片机对 ADC 接口进行控制不仅可提高采集速度，还能对数据进行预处理，如数字滤波、线性化处理、误差修正等。

(5)智能民用产品。在家用电器、玩具、游戏机、声像设备、办公设备等产品中引入单片机，不仅使产品的功能大大增强，而且获得了良好的使用效果。

(二)多机应用

单片机的多机应用系统可分为功能集散系统、并行多控制系统及局部网络系统。

(1)功能集散系统。多功能集散系统是为了满足工程系统多种外围功能的要求而设置的多机系统。例如，一个加工中心的计算机系统除了完成机床加工运行控制，还要控制对刀系统、坐标系统、刀库管理、状态监视、伺服驱动等机构。

(2)并行多控制系统。并行多控制系统主要用于解决工程应用系统的快速问题，以便构成大型实时工程应用系统。如快速并行数据采集、处理系统，实时图像处理系统等。

(3)局部网络系统。单片机网络系统的出现，使单片机应用达到了一个新的水平。目前网络系统主要是分布式测控系统，单片机主要用于系统中的通信控制，以及构成各种测控子级系统。典型分布式测控系统有两种类型：树状网络系统与位总线网络系统。

第二节　单片机运算基础

一、数制及转换

在日常生活中，人们最熟悉的是十进制数。但在计算机中，都是采用二进制数来表示各种信息。因此，要分析单片机的工作原理，必须学会使用二进制。但由于二进制只有“0”、“1”两个数字，在表示较大的数时，数字的长度很大，不便于读写，因此又常用十六进制来表示二进制数。

(一)进位计数制

所谓进位计数制就是按进位原则进行计数的方法。例如，十进制、二进制、八进制、十六进制等计数制中，是按“逢十进一”、“逢二进一”、“逢八进一”、“逢十六进一”的原则进行计数的。

进位计数制有基数和位权两个基本要素。所谓基数是指进位计数制中产生进位的数值，它等于该数制中所用到的数码的个数，用 R 表示。例如，十进制所用的数符是 0 ~ 9 十个数符，R=10。二进制所用的数符是 0 和 1，R =2。位权是指进位计数制中每个数位所对应的固定值，即每个数位所占的权重。例如在十进制中，小数点之前的数位依次为个位、十位、百位、千位、万位、……，小数点之后的数位依次为十分位、百分位、千分位、万分位、……，即各位的位权分别为：…、10^3、10^2、10^1、10^0、10^{-1}、10^{-2}、10^{-3}、…。

(二)进位计数制的表示

对于任意进位计数制的数，其值 N 可以表示为：

$$N=\pm\sum_{i=-m}^{n-1}K_iR^i \tag{1-1}$$

式中：m、n 均为正整数；K_i 则是 0、1、…、R–1 中的任意一个；R 是基数，采用“逢 R 进一”的原则进行计数。

(1)十进制：R=10，数码为 0 ~ 9，采用“逢十进一”的原则计数。例如，十进制数 567.89 可以表示为：

$$567.89=5\times10^2+6\times10^1+7\times10^0+8\times10^{-1}+9\times10^{-2}$$

(2)二进制：R=2，数码为 0、1，采用“逢二进一”的原则计数。例如，二进制数 101.01 可以表示为：

$$101.01=1\times2^2+0\times2^1+1\times2^0+0\times2^{-1}+1\times2^{-2}$$

(3)十六进制：R=16，数码为 0 ~ 9 和 A ~ F，采用“逢十六进一”的原则计数。例如，十六进制数 789.AB 可以表示为：

$$789.AB=7\times16^2+8\times16^1+9\times16^0+A\times16^{-1}+B\times16^{-2}$$

在编写程序时，为了区分不同进制的数，通常在数字后面加字母作为标注。其中字母 D(Decimal)表示十进制，字母 B(Binary)表示二进制，字母 H(Hexadecimal)表示十六进制。通常，十进制的后缀 D 可省略。

(三)数制之间的转换

在编写程序的过程中，通常要用到各种不同进制之间的转换。

1. 十进制转换为二进制

把一个十进制数转换为二进制数，要分整数和小数两部分进行。整数部分按“除 2 取余，自低位向高位排列”的原则进行转换，小数部分按“乘 2 取整，自高位向低位排列”的原则进行转换。

例如，将十进制数 185.625D 转换成二进制数，其转换过程为：

整数部分：

```
2 | 185 ……………… 1      低位
 2 | 92 ……………… 0       ↑
  2 | 46 ……………… 0      |
   2 | 23 ……………… 1     |
    2 | 11 ……………… 1    |
     2 | 5 ……………… 1     |
      2 | 2 ……………… 0    |
       2 | 1 ……………… 1   高位
           0
```

即十进制整数 185D 转换为二进制数为 10111001B；

小数部分：

```
      0.625
  ×       2
  ---------
      1.250      整数部分为 1      高位
      0.250                        │
  ×       2                        │
  ---------                        │
      0.500      整数部分为 0      │
      0.500                        │
  ×       2                        │
  ---------                        ↓
      1.000      整数部分为 1      低位
```

即十进制小数 0.625D 转换为二进制小数为 0.101B。

因此，将十进制数 185.625D 转换成二进制数的转换结果为：

185.625D=10111001.101B。

应当指出：任何十进制整数都可以转换成一个二进制整数，但十进制小数却不一定可以精确转换成一个二进制小数。如果小数值不是 0，则还得继续乘下去，直至变成 0 或者满足精度要求为止。因此，一个十进制小数在转换为二进制小数时，有可能无法精确地转换，只能近似表示。

2. 十进制转换为十六进制

与十进制数转换为二进制数时类似，也分整数和小数两部分进行。整数部分按“除 16 取余，自低位向高位排列”的原则进行转换，小数部分按“乘 16 取整，自高位向低位排列”的原则进行转换。

例如，将十进制数 17 605.067 5 转换成十六进制数，其转换过程为：

整数部分：

```
16 |17605    ………………  5      低位
16 | 1100    ……………… 12       ↑
16 |   68    ………………  4       │
16 |    4    ………………  4      高位
        0
```

即十进制整数 17 605D 转换为十六进制数为 44C5H。

小数部分：

```
      0.0675
  ×       16
  ----------
      1.0800      整数部分为 1      高位
      0.0800                        │
  ×       16                        │
  ----------                        │
      1.2800      整数部分为 1      │
      0.2800                        │
  ×       16                        │
  ----------                        │
      4.4800      整数部分为 4      │
      0.4800                        │
  ×       16                        │
  ----------                        ↓
      7.6800      整数部分为 7      低位
```

即十进制小数 0.067 5 转换成十六进制小数(小数点后保留四位)为 0.114 7H。

因此，将十进制数 17 605.067 5 转换成十六进制数(小数点后保留四位)的转换结果为：17 605.067 5D=44C5.114 7H。

3. 二进制转换为十进制

将二进制数的各位乘以相应位的位权，再相加，即可得所求的十进制数。

例如，将二进制数 101.011 转换成十进制数，其转换过程为：

$$101.011B=1\times 2^2+0\times 2^1+1\times 2^0+0\times 2^{-1}+1\times 2^{-2}+1\times 2^{-3}=5.375$$

4. 十六进制转换为十进制

将十六进制数的各位乘以相应位的位权，再相加，即可得所求的十进制数。

例如，将十六进制数 357.9AC 转换成十进制数，其转换过程为：

$$357.9ACH=3\times 16^2+5\times 16^1+7\times 16^0+9\times 16^{-1}+10\times 16^{-2}+12\times 16^{-3}=855.604$$

5. 二进制转换为十六进制

从小数点开始，分别向左(整数部分)和向右(小数部分)，每四位为一组，不够四位时则在最高位(整数部分)或最低位(小数部分)补 0，然后转换即可。

例如，将二进制数 1010011.100101 转换成十六进制数，其转换过程为：

$$1010011.100101B=0101\ 0011.1001\ 0100B=53.94H$$

6. 十六进制转换为二进制

将每位十六进制数表示为四位二进制数即可。

例如，将十六进制数 345.ABC 转换成二进制数，其转换过程为：

$$345.ABCH=0011\ 0100\ 0101.1010\ 1011\ 1100B=1101000101.1010101111B$$

二、数的运算

由于计算机内的运算都是以二进制来进行的，所以此处只介绍二进制的运算规则。

(一)二进制的算术运算

二进制只有 0 和 1 两个数码，运算规则也非常简单，加法遵循“逢二进一”的原则，减法遵循“借一当二”的原则。

(1)加法运算：

规则：0+0=0；0+1=1；1+0=1；1+1=0(有进位)；1+1+1=1(有进位)。

【例 1-1】求 1011B+1001B。

```
被加数   1011
  加数  +1001
        10100
```

即 1011B+1001B=10100B

(2)减法运算：

规则：0−0=0；1−0=1；1−1=0；0−1=1(有借位)。

【例 1-2】求 1100B−0111B。

```
被减数   1100
  减数  -0111
         0101
```

即　1100B−0111B=0101B

(3)乘法运算：

规则：0×0=0；0×1=0；1×0=0；1×1=1。

【例 1-3】求 1011B×1101B。

$$
\begin{array}{rr}
\text{被乘数} & 1011 \\
\text{乘数} & \times 1101 \\
\hline
 & 1011 \\
 & 0000 \\
 & 1011 \\
 & +1011 \\
\hline
 & 10001111
\end{array}
$$

即　1011B×1101B=10001111B

(4)除法运算：

规则：0/1=0；1/1=1；0 不能作除数。

其余运算规则同十进制的除法运算类似。

(二)二进制的逻辑运算

计算机内常用的逻辑运算主要有与运算、或运算、非运算、异或运算。

(1)与运算(运算符号为・或Λ)：

规则：0・0=0；0・1=0；1・0=0；1・1=1。

【例 1-4】X=1011B，Y=1010B，求与运算 $X \cdot Y$。

$$
\begin{array}{r}
1011 \\
\cdot\ 1010 \\
\hline
1010
\end{array}
$$

即　$X \cdot Y$=1010B

(2)或运算(运算符号为+或 V)：

规则：0+0=0；0+1=1；1+0=1；1+1=1。

【例 1-5】X=1011B，Y=1010B，求或运算 $X+Y$。

$$
\begin{array}{r}
1011 \\
+1010 \\
\hline
1011
\end{array}
$$

即　$X+Y$=1011B

(3)非运算(运算符号为¯ 或/)：

规则：$\overline{0}=1$；$\overline{1}=0$。

【例 1-6】X=1011B，求 $\overline{X}$。

$$\overline{X}=\overline{1011}=0100\text{B}$$

(4)异或运算(运算符号为⊕)：

规则：0⊕0=0；0⊕1=1；1⊕0=1；1⊕1=0。

【例 1-7】X=1011B，Y=1010B，求异或运算 $X \oplus Y$。

$$
\begin{array}{r}
1011 \\
\oplus\ 1010 \\
\hline
0001
\end{array}
$$

即 $X \oplus Y$=0001B

三、带符号数的表示

在运算过程中，不可避免地遇到正数和负数，数字的表示没有什么问题，但是正负号如何表示呢？一般情况下，在计算机中用二进制表示一个数时，将数的最高位用做符号位来表示正负，其中 0 表示正数，1 表示负数。包含符号位的二进制数称做机器数，而这个数的绝对值称做真值。根据真值与机器数的关系，共有三种表示方法，即原码、反码和补码。目前计算机中常用的是补码。

(一)原码

正数的符号位用 0 表示，负数的符号位用 1 表示，数值部分用真值的绝对值来表示。

真值 X 与原码【X】原的关系为：

$$【X】_{原}=\begin{cases} X & 0 \leqslant X < 2^{n-1} \\ 2^{n-1}-X & -2^{n-1} < X \leqslant 0 \end{cases} \tag{1-2}$$

例如，+114 和−114 的原码分别为：

【+114】原=01110010B

【−114】原=11110010B

需要注意的是，在原码中，+0 和−0 的表示值是不同的。显而易见，8 位二进制数原码的最大表示范围为−127 ~ +127。

(二)反码

正数的符号位用 0 表示，表示方法与原码相同；负数的符号位用 1 表示，数值部分由正数的原码按位取反而来。

真值 X 与反码【X】反的关系为：

$$【X】_{反}=\begin{cases} X & 0 \leqslant X < 2^{n-1} \\ (2^{n-1}-1)+X & -2^{n-1} < X \leqslant 0 \end{cases} \tag{1-3}$$

例如，+114 和–114 的反码分别为：

【+114】反=01110010B

【−114】反=10001101B

同样，反码中+0 和−0 的表示值也不相同，8 位二进制数反码的最大表示范围也为–127 ~ +127。

(三)补码

正数的符号位用 0 表示，表示方法与原码相同；负数的符号位用 1 表示，数值部分由正数的原码按位取反然后再加 1 而来。

真值 X 与补码【X】补的关系为：

$$【X】_{补}=\begin{cases} X & 0 \leqslant X < 2^{n-1} \\ 2^{n}+X & -2^{n-1} < X \leqslant 0 \end{cases} \tag{1-4}$$

例如，+114 和−114 的补码分别为：

【+114】$_{补}$=01110010B

【−114】$_{补}$=10001110B

在补码中，+0 和−0 的表示值是相同的，8 位二进制补码数最大表示范围为−128 ~ +127。另外，在作减法运算时，可先将减数表示成补码，然后再同被减数相加即可，也就是说，利用补码可以将减法运算转换成加法运算。这也是目前计算机中常用补码表示数值的原因。

四、定点数与浮点数

在运算过程中，既有整数计算也有小数计算。也就是说，在表示一个数值时，可能要用到小数点。根据小数点在计算机中的表示方法不同，可将数值分为定点数和浮点数两种。

(一)定点数

定点数就是规定所有数据的小数点隐含在某个固定位置。例如，对于纯小数，可以认为小数点固定在数符与数值之间；对于整数，可以认为小数点固定在数值部分的最后。

定点数所能表示的数值范围很有限，当计算机采用定点数处理较大数值范围的运算时，很容易产生溢出。因此，为了扩大数的表示范围和提高计算精度，现代计算机常采用浮点数。

(二)浮点数

所谓浮点数，就是指小数点的位置不是固定的，而是可以浮动的，其表示方法类似于数学当中的科学计数法。

任意一个二进制数 N 可以表示为：

$$N = \pm M \times 2^{\pm E} \tag{1-5}$$

式中：M 为尾数，为纯二进制小数；E 为阶码，表示小数点的位置。由此可以看出，在浮点数中，将任意一个二进制数分解为尾数和阶码两部分，且尾数和阶码均有正负。在具体存储时，其格式为：

阶码符号	阶码 E	数码符号	尾数 M

例如，1011.01=10 000 × 0.101101=2^{+100} × (+0.101101)，计算机内将存入

0	100	0	101101

(三)两种表示方法的比较

定点表示法的优点是计算机内的运算规则比较简单，缺点是表示范围有限，比如 16 位二进制数的表示范围为-2^{15} ~ $+2^{15}$；浮点表示法的表示范围大，同样 16 位二进制数的表示范围可达-2^{31} ~ $+2^{31}$，缺点是运算规则较为复杂，尾数和阶码均要参与运算。

在 MCS-51 单片机中，数的表示采用定点数，而且规定小数点固定在数值的最后一位，即 MCS-51 只能表示整数。因此，MCS-51 系列单片机的运算能力较差，要进行浮点运算，必须借助于一定的浮点运算程序来完成。而现在某些新型单片机开始集成浮点运算功能，使其运算能力大大提高。

五、信息编码

计算机只能接受并处理二进制信息，而我们所需要处理的信息却有很多，如英文字母、

汉字、图片、声音等，如何将这些信息表示为二进制代码，这就是所谓的信息编码问题。

(一)BCD 码

我们习惯上使用十进制数，而计算机使用的是二进制数。为了使计算机能够直接处理十进制数，必须先将十进制数用二进制代码来表示。将十进制数表示成二进制编码的形式，称为 BCD 码(Binary Coded Decimal)。

BCD 编码形式有很多，如 8421 码、格雷码、余 3 码等，下面我们只介绍一下最简单的 8421 码。十进制数码只有 0 ~ 9 十个数字，用 4 位二进制组合表示即可，8421BCD 码的编码如表 1-1 所示。

表 1-1 BCD 码(8421)编码表

十进制数	8421BCD 码	十进制数	8421BCD 码
0	0000	5	0101
1	0001	6	0110
2	0010	7	0111
3	0011	8	1000
4	0100	9	1001

例如，十进制数 5 634 表示成 BCD 码就是 0101 0110 0011 0100。

(二)ASCII 码

1963 年，美国标准学会 ANSI 制定了美国国家信息交换标准字符码(American Standard Cord for Information Interchange)，简称 ASCII 码。

基本 ASCII 码采用 7 位二进制编码，可表示 128 个信息，其中包括英文字母、数字、控制字符、常用符号等，现在已为世界各国所通用。后来又定义了扩展 ACSII 码，共有 8 位，256 个字符，应用较少。

ASCII 码的编码表如表 1-2 所示。要确定一个字母、数字的 ASCII 码，先从表中找到这个字符，然后读出其高 3 位(D6 D5 D4)和低 4 位(D3 D2 D1 D0)，连接起来所得的 7 位二进制数，就是该字符的 ASCII 编码。

例如，从表 1-2 中可以查出，大写字母 P 的高 3 位是 101，低 4 位是 0000，其 ASCII 码就是 1010000。

在传递信息时，特别是远距离传输时，由于干扰，可能会出现误码。为提高抗干扰能力，通常传输的是 8 位二进制数。其中低 7 位是对应字符的 ASCII 码，最高位放入校验码。最常用、最简单的校验方式是奇偶校验，可以完成简单的字符传输的差错控制。

(三)其他信息编码

除了 BCD 码和 ASCII 码，计算机中还大量使用了其他形式的编码。例如我国常用的汉字编码，采用 16 位二进制代码，包括 6 763 个汉字和 682 个图形符号，可用来表示常用的汉字信息。另外，在表示声音、图像等信息的过程中，也会用到各种信息编码形式，这里就不再一一叙述了。

表 1-2　ASCII 编码表

D3 D2 D1 D0	D6 D5 D4							
	000	001	010	011	100	101	110	111
0000	NUL	DLE	SP	0	@	P	`	p
0001	SOH	DC1	!	1	A	Q	a	q
0010	STX	DC2	“	2	B	R	b	r
0011	ETX	DC3	#	3	C	S	c	s
0100	EOT	DC4	$	4	D	T	d	t
0101	ENQ	NAK	%	5	E	U	e	u
0110	ACK	SYN	&	6	F	V	f	v
0111	BEL	ETB	‘	7	G	W	g	w
1000	BS	CAN	(	8	H	X	h	x
1001	HT	EM	)	9	I	Y	i	y
1010	LF	SUB	*	:	J	Z	j	z
1011	VT	ESC	+	;	K	[	k	{
1100	FF	FS	,	<	L	\	l	|
1101	CR	GS	-	=	M	]	m	}
1110	SO	RS	.	>	N	^	n	~
1111	SI	US	/	?	O	_	o	DEL

本章小结

单片机作为微型计算机的一个重要分支，主要应用于智能控制领域，而且随着计算机技术的不断发展，单片机技术的发展方兴未艾，朝着速度快、集成度高的方向发展，且应用范围也越来越广，因而学习单片机具有非常重要的实际意义。通过本章的学习，应了解单片机的基本结构、特点及应用场合，这是应用单片机的基本前提；掌握常用数制及相互转换的方法；掌握计算机中数的基本表示方法；了解计算机中信息的编码方法。

习题与思考题

1. 什么是单片机？它有何特点？
2. 简述单片机的发展历史及发展趋势。
3. 单片机主要应用在哪些领域？举例说出 10 种含有单片机的产品或设备。
4. 在 8 位二进制中，+26，−26，−127，−1 的补码分别是多少？
5. 用十进制写出下列补码表示的数的真值：FEH，FBH，80H，11H，70H，7FH。
6. 将下列二进制数转换成十进制及十六进制。

   10100010B　　110.01B　　101101.101B　　11001100B
7. 写出下列 4 个数的原码、反码和补码(一律采用 8 位二进制数)。

+83　　−31　　+127　　−0

8. 分别写出数字 0～9 的 8421BCD 码和 ASCII 码。

9. 已知 X=1011B，Y=0100B，试计算下列算术表达式的值。

$X+Y$　　$X-Y$　　$X\times Y$　　X/Y

10. 已知 X=1001B，Y=0101B，试计算下列逻辑表达式的值。

$X\cdot Y$　　$X+Y$　　$\overline{X}$　　$X\oplus Y$

第二章　MCS-51 单片机的结构与原理

提要 本章主要学习 MCS-51 单片机的体系结构及外部引脚，学习 CPU、BUS、ROM、RAM、PIO 等几部分的结构与功能，学习单片机最小系统的组成。

重点 单片机的内部结构及引脚、中央处理器(CPU)、存储器的结构及地址空间分配，PIO 各端口的内部结构、单片机最小系统。

难点 内部 RAM 的地址分配、单片机的工作时序。

导入 利用 MCS-51 单片机可构成一个简单的灯光控制系统。某系统中有开关 8 个，发光二极管 8 个，当按下某个开关时，对应的发光二极管亮，具体电路、控制程序及实验步骤请参考本章的实训课题。

第一节　MCS-51 单片机的结构

一、MCS-51 单片机的内部结构

MCS-51 系列单片机由 Intel 公司开发，是目前应用最广泛的通用单片机。现有十几个品种，再加上其他公司的 MCS-51 兼容机，有上百种之多。不同的芯片，其内部结构略有不同，但其体系结构是完全相同的，指令系统也完全向上兼容。

MCS-51 单片机的内部结构如图 2-1 所示。

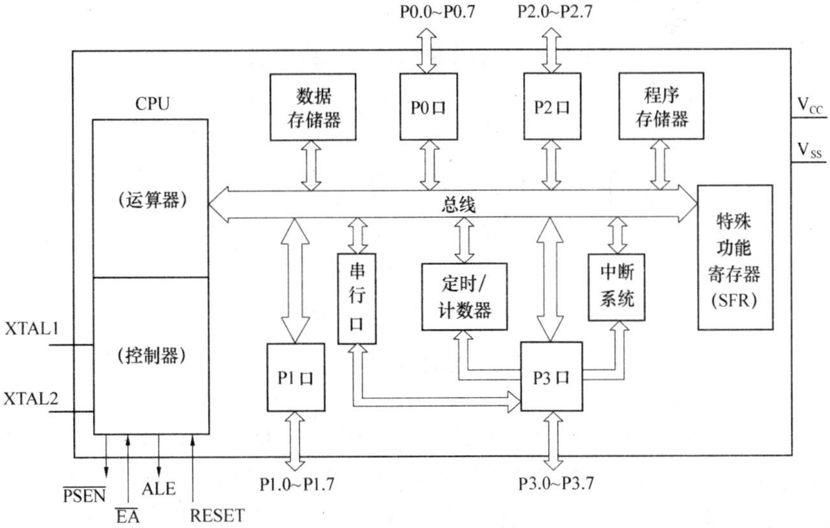

(a)MCS-51 单片机的内部结构框图

图 2-1　MCS-51 单片机的内部结构

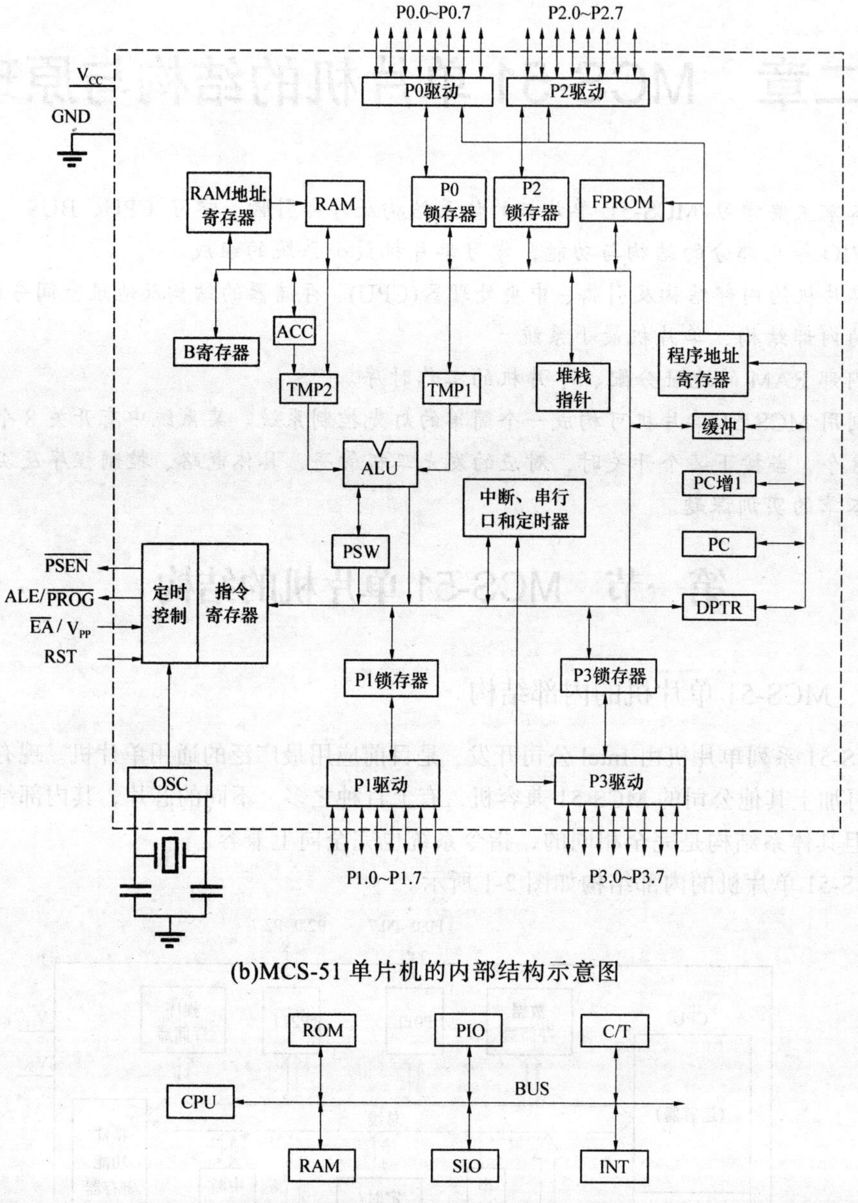

(b)MCS-51 单片机的内部结构示意图

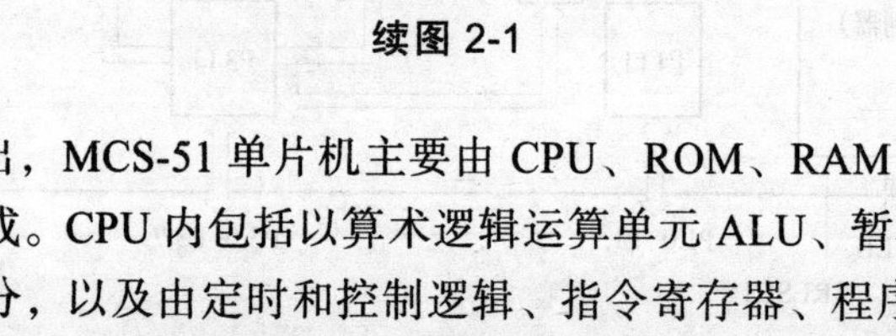

(c)MCS-51 单片机的内部功能框图

续图 2-1

从图 2-1 可以看出，MCS-51 单片机主要由 CPU、ROM、RAM、PIO、中断、串行口和定时器等几部分组成。CPU 内包括以算术逻辑运算单元 ALU、暂存器 TMP 及其他存储单元构成的运算器部分，以及由定时和控制逻辑、指令寄存器、程序计数器、振荡电路等构成的控制器部分，CPU 同其他各部分均通过总线联系。

从功能体系上看，MCS-51 的内部结构主要包括 8 个部分，其中 CPU、BUS、ROM、RAM、PIO 部分的功能将在本章后面几节中加以介绍，而 C/T、INT 和 SIO 将在第四章、

第五章、第六章中详细讨论。

C/T 是 Counter/Timer 的缩写，意为计数/定时器。MCS-51 内部有两个 16 位计数器，若对外部脉冲进行计量，称做计数器；若对内部标准时钟脉冲进行计量，则可起到定时器的作用，称做定时器。关于计数器的详细介绍请参见本书的第五章。

INT 是 Interrupt System 的缩写，是指中断控制系统。MCS-51 系列共有 5 个中断源，其中 3 个来自内部的计数器和串行口，另外 2 个可接受外部中断申请。关于中断控制系统的详细介绍请参见本书的第四章。

SIO 是 Serial Input Output 的缩写，称为串行输入与输出接口，用以完成单片机与外部设备的串行通信。MCS-51 内部有一个全双工异步串行通信口，可设置为 4 种工作模式，其工作原理及使用方法详见本书第六章。

我们已经提到，不同的单片机芯片，其内部结构是略有不同的，主要型号如表 2-1 所示。

表 2-1　MCS-51 系列单片机配置一览表

系列	型号	ROM (KB)	EPROM (KB)	FPROM (KB)	RAM (B)	定时/计数器	PIO	SIO	中断源
MCS-51 子系列	8031	—	—	—	128	2	4	1	5
	8051	4	—	—	128	2	4	1	5
	8751	—	4	—	128	2	4	1	5
	8951	—	—	4	128	2	4	1	5
MCS-52 子系列	8032	—	—	—	256	3	4	1	6
	8052	8	—	—	256	3	4	1	6
	8752	—	8	—	256	3	4	1	6
	8952	—	—	8	256	3	4	1	6

表 2-1 中，EPROM 和 FPROM 都是现在常用的只读存储器。早期的只读存储器 ROM 中的数据只能由生产厂家写入，而单片机的控制程序通常是由用户来开发的，使用起来非常不便。随着生产工艺的发展，逐步出现了 PROM、EPROM、EEPROM(E^2PROM)等存储器，方便了用户的使用。其中 PROM 是指 Programmable ROM，可由用户编程，但只能写入一次，不能擦除；EPROM 不但可由用户编程，还可使用紫光灯照射擦除程序，以便进行重复编程；EEPROM 在 EPROM 的基础上更进一步，擦除不必使用紫外线，直接使用编程器产生的电脉冲信号即可。FPROM 是 EEPROM 的一种，是 Flash PROM 的缩写，在可移动磁盘、数码产品等方面得到了广泛应用。

二、MCS-51 单片机的管脚及功能

MCS-51 系列单片机一般采用双列直插方式封装(DIP)，有 40 个引脚，如图 2-2 所示。随着表面贴装技术的发展，也有部分芯片采用方形封装，有 44 个引脚。Atmel 公司生产的精简型 MCS-51 兼容芯片 AT89C1051/2051 由于省掉了两个 PIO 端口，只有 20 个引脚。

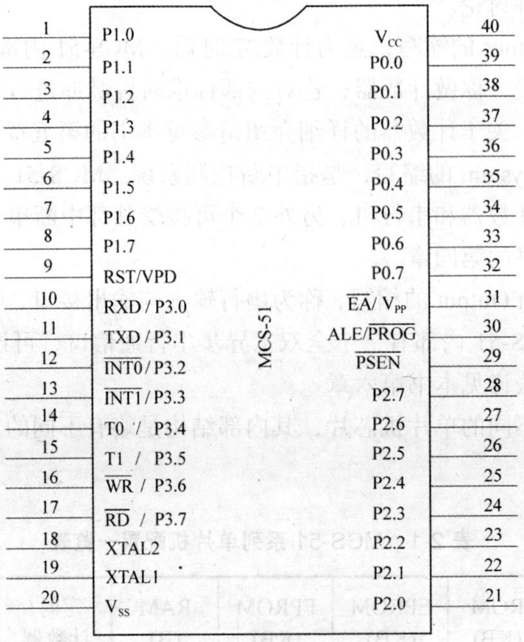

(a) MCS-51 单片机的管脚排列

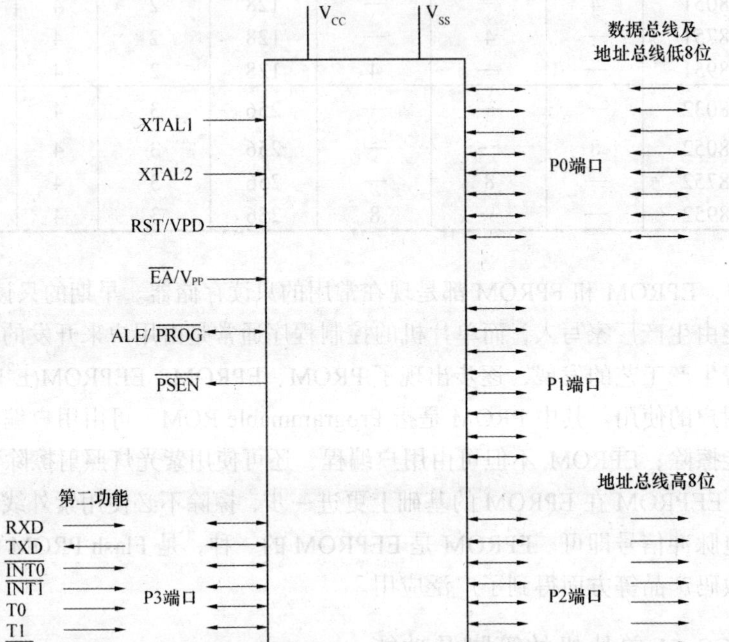

(b) MCS-51 单片机的引脚功能

图 2-2 MCS-51 系列单片机引脚结构及功能

从图 2-2 可以看出，MCS-51 的引脚主要包括以下功能：

(1)电源引脚。正常运行时 V_{CC} 接+5 V 电源，V_{SS} 为接地端(也写作 GND 端)。

(2)I/O 接口。包括 P0、P1、P2、P3 四个端口。除了 P1，其余 3 个端口均有第二甚至第三功能，详细介绍见本章第四节。

(3)时钟。MCS-51 内部已集成振荡电路，其中 XTAL1 引脚为片内振荡器反相器的输入端，XTAL2 为片内振荡器反相器的输出端。

(4)其他控制端口。

ALE/$\overline{PROG}$：地址锁存允许/编程信号线。当 CPU 访问外部存储器时，ALE 用来控制锁存地址信号的低 8 位，它的频率为振荡器频率的 1/6。在对单片机进行编程，即向片内 ROM 中写程序时，$\overline{PROG}$ 引脚用于输入编程脉冲信号。

$\overline{PSEN}$：外部程序存储器读选通信号。当 CPU 访问片外程序存储器时，此引脚将输出有效信号(低电平)，可用于实现对外部程序存储器的选通控制。

$\overline{EA}$/V_{PP}：片外程序存储器选择/编程电源。其中 $\overline{EA}$ 用于对片内、片外程序存储器进行选择。当 $\overline{EA}$=0 时，CPU 直接从片外程序存储器读取程序，片内程序存储器不用；当 $\overline{EA}$=1 时，CPU 将首先从片内程序存储器读取程序，地址超出时，再从片外程序存储器读取。

RST/VPD：复位输入信号/后备电源。当该引脚出现 2 个机器周期以上的高电平时，可实现复位操作。另外，此引脚还可作为掉电保护时后备电源的输入引脚。

第二节　CPU 及总线

前面我们讨论了 MCS-51 系列单片机的内部及外部结构，它主要由 CPU、BUS、ROM、RAM、PIO、SIO、C/T、INT 八大功能部件组成。接下来我们对 CPU、BUS、ROM、RAM、PIO 五部分的详细结构及原理进行讨论，而对于比较复杂的 INT、C/T、SIO 三部分，则分别在第四章、第五章、第六章介绍。

一、CPU

CPU 是整个单片机的核心，MCS-51 系列单片机包含一个高性能的 8 位中央处理器。CPU 的作用是从 ROM 中读取指令，并进行分析，然后根据各指令的功能，控制单片机内各功能部件执行指定的操作。它主要由运算器和控制器两大功能单元组成。

(一)运算器

运算器的主要作用是进行算术和逻辑运算，它主要由 ALU、暂存器及部分特殊功能寄存器组成。ALU 是 Arithmetical Logic Unit 的缩写，通常译做算术逻辑单元，是运算器的核心部件，基本的算术运算、逻辑运算都在其中进行。除了可实现加、减、乘、除等算术运算和与、或、非、异或、循环、求补等逻辑运算，它还具有一定的位处理功能，如置位、取反、清零、测试转移等操作，特别适合于实时逻辑控制，这也是 MCS-51 系列单片机能够成为面向控制的微处理器的重要原因。

在 ALU 进行运算时，通常要用到 ACC、B、PSW 三个特殊功能寄存器。其中 ACC 寄存器(简称 A 寄存器)又称做累加器，用于向 ALU 提供操作数和存放运算的结果，还可实现与片外程序存储器及 I/O 接口的数据传递，是 MCS-51 系列单片机中使用最频繁的寄存器。B 寄存器主要在进行乘除运算时存放另外一个操作数，乘除运算完成后，存放运算的一部分结果，若不进行乘除运算，则 B 寄存器可作为一般的寄存器使用。PSW 是 Program Status Word 的缩写，通常译做程序状态字寄存器，用来存储程序执行后(加、减、数据传递等)的状态。它是一个 8 位寄存器，其各位定义如下：

数据位	D7	D6	D5	D4	D3	D2	D1	D0
各位定义	CY	AC	F0	RS1	RS0	OV	/	P

其中 D7 表示 8 位数据中的最高位，D0 表示 8 位数据中的最低位。

下面分别介绍 PSW 各位的功能。

(1)CY(在进行位运算时简写为 C)：进位标志位。进行运算时，若操作结果在最高位有进位(做加法运算时)或借位(做减法运算时)，则 CY=1，否则 CY=0。

(2)AC：辅助进位标志位，又称半进位标志位。当操作结果的低 4 位有进位(加法)或借位(减法)时，AC=1，否则 AC=0。

(3)F0：用户标志位。只具有存储功能，未规定其具体含义，可由用户在使用过程中自行规定其含义，用于程序控制或其他功能。

(4)RS1、RS0：工作寄存器组选择位。用于确定工作寄存器组 R0～R7 的实际位置，具体说明详见本章第三节。

(5)OV：溢出标志位。若两个操作数的运算结果超出了运算范围，则 OV=1，否则 OV=0。例如在进行除法运算时，若除数为 0，超出其计算能力，则 OV=1。

(6)D1：该位没有定义。

(7)P：奇偶标志位。其值反映累加器 A 中 1 的个数，若累加器 A 中 1 的个数为奇数，则 P=1，否则 P=0。

(二)控制器

控制器的作用是控制单片机内各部件的协调运作，由指令寄存器 IR、指令译码器 ID、程序计数器 PC、定时与控制逻辑电路等组成。

指令寄存器 IR 用来保存正在执行的一条指令。若要执行一条指令，首先要把它从程序存储器取到指令寄存器中。指令的内容一般包括操作码和操作数两部分，操作码送往指令译码器 ID，经其译码后便确定了所要执行的操作，地址码则送往操作数形成电路以形成实际的操作数地址。

程序计数器 PC 是一个 16 位的计数器，它总是存放着下一条指令所在的 16 位地址。单片机运行过程中，CPU 总是按 PC 中所指定的地址从程序存储器取出指令，然后进行分析并执行。同时，PC 的内容自动加 1，为读取下一条指令做准备。单片机上电或复位时，PC 自动清零，即装入地址 0000H。因此，单片机上电或复位后，将从地址 0000H 开始执行程序。

定时与控制逻辑电路是 CPU 的核心部件，任务是控制单片机取指令、分析指令、执行指令、存取操作数以及运算结果等操作，它向其他部件发出各种操作控制信号，协调各部件的工作。MCS-51 单片机内部设有振荡电路，使用时只需在芯片外部接入石英晶体和频率微调电容即可产生内部时钟信号，具体电路请参考本章第六节。

二、总线

总线 BUS 的作用是实现 CPU 与 ROM、RAM、PIO 等部件的信息传递，主要包括数据总线(Data Bus)、地址总线(Address Bus)和控制总线(Control Bus)三组。

数据总线 DB 的作用是实现数据的传递。由于 MCS-51 系列单片机是 8 位机，能够同时处理的数据有 8 位，因此其数据总线有 8 根。

地址总线 AB 的作用是实现地址信息的传递，将 CPU 发出的地址信号送到其他各部件。地址总线越多，能够确定的外部空间就越大，即寻址能力越强。MCS-51 系列单片机的地址总线有 16 根，其寻址能力为 64 KB(1 K=2^{10}=1 024，2^{16}=65 536=64 K)。也就是说，MCS-51 单片机系统中的 ROM、RAM 等存储器最多有 64 KB 的寻址能力，若超出此值，则单片机无法对其完成控制。

控制总线 CB 的作用是实现控制信息的传递，例如读、写等控制信号。根据所连接的功能部件(ROM、RAM、SIO 等)不同，控制总线的根数也不相同。

第三节　存储器

一、程序存储器

单片机内的 ROM 是一种写入信息后不能改变只能读出的存储器，断电后其中的信息不会丢失。因此，ROM 主要用来存放程序和固定的数据，比如系统监控程序、常数表格等。据此，ROM 通常又称为程序存储器。

根据本章第一节的表格 2-1，我们已知 8031 芯片内部没有 ROM，8051 内部有 4 KB 的 ROM，8751 内部有 4 KB 的 EPROM。对于以 8031 芯片为核心构成的控制系统，由于片内没有 ROM，必须外加专门的 ROM 芯片。对于 8051 和 8751，当内部存储空间不够时，也应在片外扩展 ROM 芯片。由于 MCS-51 系列单片机的地址总线为 16 位，因此片外扩展 ROM 芯片的最大容量为 64 KB。

当片内、片外均有 ROM 存储器时，便有一个内外存储器的选择问题。在本章第一节已经讨论过，$\overline{EA}$引脚的作用就是片内、片外存储器的选择。当$\overline{EA}$引脚接低电平时，片内 ROM 不用，直接访问外部 ROM 空间，其地址范围最大为 0000H ~ FFFFH。当$\overline{EA}$引脚接高电平时，则首先访问内部 ROM，当地址空间超出 0000H ~ 0FFFH(即 4 KB)时，自动转到片外 ROM，其地址范围为 1000H ~ FFFFH，而片外 ROM 的低 4 KB 空间没有使用，见图 2-3。

需要说明的是，某些 ROM 特定地址被赋予了特定的含义，即某些地址只能用来存储特定的程序，这些空间不能被一般程序所占用。这些地址包括：

(1)0000H：单片机上电或复位的程序入口地址；

(2)0003H：外部中断 0 的中断服务程序入口地址；

(3)000BH：定时/计数器 0 的中断服务程序入口地址；

(4)0013H：外部中断 1 的中断服务程序入口地址；

(5)001BH：定时/计数器 1 的中断服务程序入口地址；

(6)0023H：串行口的中断服务程序入口地址；

(7)002BH：定时/计数器 2 的中断服务程序入口地址(仅对 MCS-52 子系列)。

由于单片机上电或复位后从 0000H 处开始执行程序，而其后的 0003H、000BH 等处只能放中断服务子程序，所以在编程时，通常都是将主程序放在所有中断服务子程序之后(比如 0040H、0060H 等)，而在 0000H 处编写一条转移指令，以使单片机上电或复位后立即从 0000H 转到相应的主程序。

对于各个中断服务子程序，则直接从相应的入口地址开始写入即可。不过，由于各入口地址之间只有 8 个字节的存储空间，所以在中断服务子程序超过 8 个字节时，也应考虑在入口地址处放置一条转移指令，而真正的中断服务子程序放在主程序后面的 ROM 空间中。MCS-51 单片机程序存储器空间分配见图 2-3。

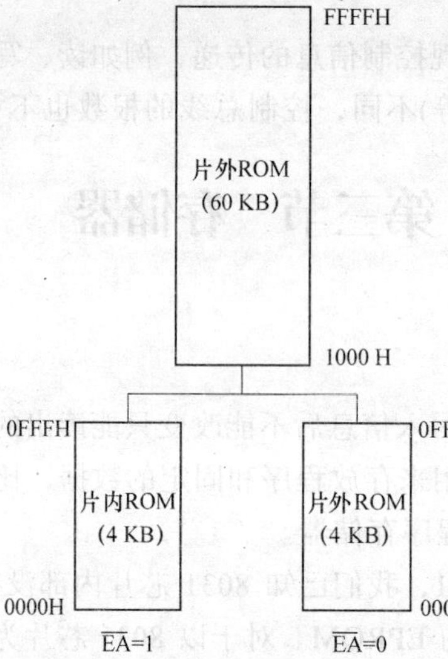

图 2-3 MCS-51 单片机程序存储器空间分配

二、数据存储器

单片机内的 RAM 是一种可以随机存取的存储器，但在掉电后，存储的数据将会丢失。因此，RAM 常用来存储暂时性的输入输出数据、运算的中间结果等，RAM 又称做数据存储器。

MCS-51 单片机内部的 RAM 共有 256 个字节，在片内 RAM 不够用时，同样也应在片外扩展 RAM 芯片，其最大容量也是 64 KB。与 ROM 不同的是，由于片内、片外 RAM 在存取过程中使用不同的指令，因此片内、片外 RAM 的地址可以重复，不存在部分 RAM 不能使用的问题。

习惯上，由于片内 RAM 容量较少，一般采用 8 位地址，其范围为 00H ~ FFH，共有 256 B；片外扩展的 RAM 容量较大，采用 16 位地址，最大地址范围为 0000H ~ FFFFH。MCS-51 单片机数据存储器空间分配见图 2-4。

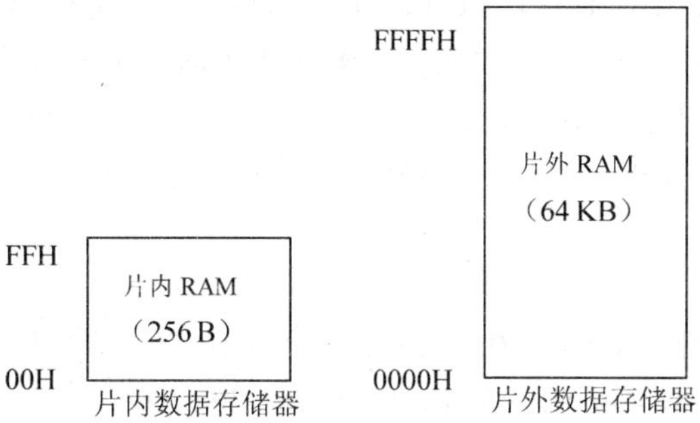

图 2-4　MCS-51 单片机数据存储器空间分配

MCS-51 系列单片机内部 RAM 虽然容量不大，但使用却非常灵活，存取速度也最快，因此必须熟练掌握其空间分配及应用特点。图 2-5 是片内 RAM 的默认分配图。

从图 2-5 可以看出，MCS-51 系列单片机的片内 RAM 主要由五个区域组成，不同区域的存取特点各不相同，下面做具体介绍。

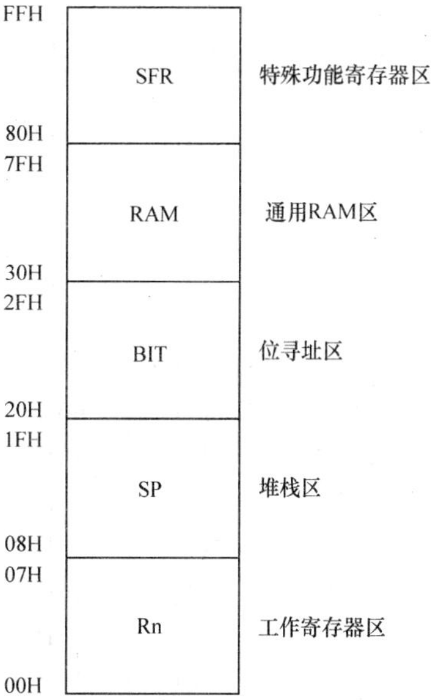

图 2-5　MCS-51 单片机内部 RAM 空间分配

(一)工作寄存器区

工作寄存器区共有 8 个单元，位于片内 RAM 的 00H～07H，分别称做 R0～R7。该区域的特点是存取数据时，既可以使用工作寄存器的名称，也可以给出绝对地址。例如，向 R4 内存入一个数据，与向内部 RAM 的 04H 单元存入一个数据是等价的。另外，采用工作寄存器之后，还可以使用寄存器间接寻址方式存取数据，具体内容请参考本书第三章的寻址方式部分。

需要注意的是，在 MCS-51 系列单片机中，工作寄存器组的位置是可以修改的，即 R0～R7 的位置不一定在 00H～07H，其具体位置取决于 PSW(程序状态字)寄存器中的 RS1、RS0 两位，具体规定如下：

(1)当 RS1 RS0=0 0 时，R0～R7 位于片内 RAM 的 00H～07H 单元(默认位置)；

(2)当 RS1 RS0=0 1 时，R0～R7 位于片内 RAM 的 08H～0FH 单元；

(3)当 RS1 RS0=1 0 时，R0～R7 位于片内 RAM 的 10H～17H 单元；

(4)当 RS1 RS0=1 1 时，R0～R7 位于片内 RAM 的 18H～1FH 单元。

例如，当 RS1、RS0 分别为 0、1 时，由于 R0～R7 位于 08H～0FH，那么 R6 的实际位置应该是在 0EH 单元。

当然，R0～R7 位于 08H～1FH 之间时，堆栈区的位置也应该改变，否则便会出现冲突。因此，可以肯定地说，堆栈区的位置也是可以修改的。

(二)堆栈区

堆栈区的特点是存取数据时，可以不必给出数据地址，直接存取即可。数据的具体地址由堆栈指针 SP 确定，随着程序的执行，SP 的值可以自动进行调整。堆栈区的数据存取时遵循“先入后出、后入先出”的原则，一般用于中断服务子程序当中。

通过工作寄存器区部分的讨论，我们已知堆栈区的位置也是可以改变的。具体地说，只要改变 SP 的值，就可以修改堆栈区的具体位置。从理论上看，堆栈区可以位于内部 RAM 的任何一个位置。

(三)位寻址区

MCS-51 单片机内部 RAM 的 20H ~ 2FH 单元为 16 个字节的位寻址区。所谓位寻址区，是指这些单元在进行数据存取时，既可以以字节(8 位)为单位，又允许以位为单位，即每次可以只向某个单元存入一个“0”或“1”。

位寻址区共 16 个字节 128 位，其位地址如表 2-2 所示，其位地址范围为 00H ~ 7FH。另外，位地址为 80H ~ FFH 的空间在特殊功能寄存器区(SFR)中。

表 2-2　位寻址区中各单元位地址表

RAM 单元	D7	D6	D5	D4	D3	D2	D1	D0
2FH	7FH	7EH	7DH	7CH	7BH	7AH	79H	78H
2EH	77H	76H	75H	74H	73H	72H	71H	70H
2DH	6FH	6EH	6DH	6CH	6BH	6AH	69H	68H
2CH	67H	66H	65H	64H	63H	62H	61H	60H
2BH	5FH	5EH	5DH	5CH	5BH	5AH	59H	58H
2AH	57H	56H	55H	54H	53H	52H	51H	50H
29H	4FH	4EH	4DH	4CH	4BH	4AH	49H	48H
28H	47H	46H	45H	44H	43H	42H	41H	40H
27H	3FH	3EH	3DH	3CH	3BH	3AH	39H	38H
26H	37H	36H	35H	34H	33H	32H	31H	30H
25H	2FH	2EH	2DH	2CH	2BH	2AH	29H	28H
24H	27H	26H	25H	24H	23H	22H	21H	20H
23H	1FH	1EH	1DH	1CH	1BH	1AH	19H	18H
22H	17H	16H	15H	14H	13H	12H	11H	10H
21H	0FH	0EH	0DH	0CH	0BH	0AH	09H	08H
20H	07H	06H	05H	04H	03H	02H	01H	00H

例如，位地址 48H 实际位于 RAM 中 29H 单元的最低位，而位地址 67H 实际位于 RAM 中 2CH 单元的最高位。

(四)通用 RAM 区

片内 RAM 区的 30H ~ 7FH 单元为通用 RAM 区，该区域仅具有存储功能，在存取过程中必须给定各单元的地址。

(五)特殊功能寄存器区

片内 RAM 区的 80H ~ FFH 为特殊功能寄存器区，简称 SFR(Special Function Register)，共有 128 个单元。在 MCS-51 子系列中，有定义的为 21 个单元(见表 2-3)；在 MCS-52 子系列中，有定义的为 26 个单元。

表 2-3 MCS-51 单片机 SFR 的功能及地址

SFR	地址	各位功能及位地址								
B	F0H	位地址	F7H	F6H	F5H	F4H	F3H	F2H	F1H	F0H
		功能	B.7	B.6	B.5	B.4	B.3	B.2	B.1	B.0
ACC	E0H	位地址	E7H	E6H	E5H	E4H	E3H	E2H	E1H	E0H
		功能	ACC.7	ACC.6	ACC.5	ACC.4	ACC.3	ACC.2	ACC.1	ACC.0
PSW	D0H	位地址	D7H	D6H	D5H	D4H	D3H	D2H	D1H	D0H
		功能	CY	AC	F0	RS1	RS0	OV	/	P
IP	B8H	位地址	BFH	BEH	BDH	BCH	BBH	BAH	B9H	B8H
		功能	/	/	/	PS	PT1	PX1	PT0	PX0
P3	B0H	位地址	B7H	B6H	B5H	B4H	B3H	B2H	B1H	B0H
		功能	P3.7	P3.6	P3.5	P3.4	P3.3	P3.2	P3.1	P3.0
IE	A8H	位地址	AFH	AEH	ADH	ACH	ABH	AAH	A9H	A8H
		功能	EA	/	/	ES	ET1	EX1	ET0	EX0
P2	A0H	位地址	A7H	A6H	A5H	A4H	A3H	A2H	A1H	A0H
		功能	P2.7	P2.6	P2.5	P2.4	P2.3	P2.2	P2.1	P2.0
SBUF	99H									
SCON	98H	位地址	9FH	9EH	9DH	9CH	9BH	9AH	99H	98H
		功能	SM0	SM1	SM2	REN	TB8	RB8	TI	RI
P1	90H	位地址	97H	96H	95H	94H	93H	92H	91H	90H
		功能	P1.7	P1.6	P1.5	P1.4	P1.3	P1.2	P1.1	P1.0
TH1	8DH									
TH0	8CH									
TL1	8BH									
TL0	8AH									
TMOD	89H	功能	GATE	$C/\overline{T}$	M1	M0	GATE	$C/\overline{T}$	M1	M0
TCON	88H	位地址	8FH	8EH	8DH	8CH	8BH	8AH	89H	88H
		功能	TF1	TR1	TF0	TR0	IE1	IT1	IE0	IT0
PCON	87H	功能	SMOD	/	/	/	GF1	GF0	PD	IDL
DPH	83H									
DPL	82H									
SP	81H									
P0	80H	位地址	87H	86H	85H	84H	83H	82H	81H	80H
		功能	P0.7	P0.6	P0.5	P0.4	P0.3	P0.2	P0.1	P0.0

其余没有定义的单元没有特殊功能，也不能作为普通 RAM 单元使用，仅作为将来功能扩展之用。例如 Intel 公司的 8XC51GB 单片机比 8051 增加了 69 个单元，达到 90 个特殊功能寄存器，以适应内部 A/D、D/A、PWM 等功能部件的需要。

与通用 RAM 单元不同的是，每个 SFR 单元均有特殊功能。也就是说，当在某个 SFR 单元存入不同的数据后，可能会影响单片机的定时器、中断系统、串行口等功能部件的状态，而通用 RAM 单元仅具有存储功能，其数值不会对单片机的运行造成任何影响。

表 2-3 中，凡标注了位地址的单元，均表示该寄存器可以位寻址；没有标注位地址的，

则说明该寄存器不能位寻址，只能按字节存取。

下面介绍一下 MCS-51 子系列中 21 个 SFR 的功能。

MCS-51 单片机的 SFR 根据其功能，主要包括以下 6 个方面：

(1)运算相关：共有 ACC、B、PSW 三个，其功能已在本章第二节介绍。

(2)指针相关：共有 SP、DPL、DPH 三个，其中 SP 为堆栈指针，DPL 与 DPH 两个 8 位寄存器合并组成一个 16 位寄存器 DPTR，用来存放 16 位地址，以实现对片外 ROM、RAM 的访问。

(3)PIO 端口相关：共有 P0、P1、P2、P3 四个，分别对应于四个并行输入输出接口，通过对这几个 SFR 的读写，可以实现数据从相应端口的输入和输出。

(4)中断相关：共有 IP、IE 二个，具体介绍请参见本书第四章。

(5)定时/计数器相关：共有 TH1、TH0、TL1、TL0、TMOD、TCON 六个，具体介绍请参见本书第五章。

(6)SIO 端口相关：共有 SBUF、SCON、PCON 三个，具体介绍请参见本书第六章。

第四节 PIO 端口

如前所述，MCS-51 单片机共有四个 PIO 端口，分别称为 P0、P1、P2 和 P3，均可实现 8 位并行数据的输入与输出，下面分别加以介绍。

一、P0 口

P0 端口的内部结构如图 2-6 所示。其基本功能是并行数据的输入与输出，此外还可作为单片机片外总线扩展时的地址总线低 8 位和数据总线。

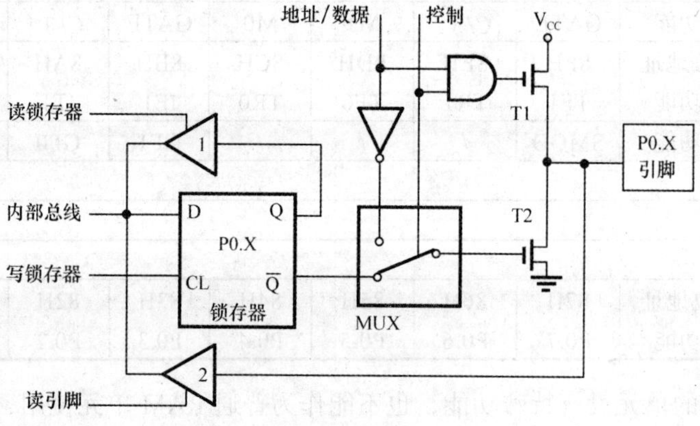

图 2-6 P0 内部结构示意图

二、P1 口

P1 端口的内部结构如图 2-7 所示。在四个 PIO 中，P1 端口最简单，只具有并行数据的输入输出功能。

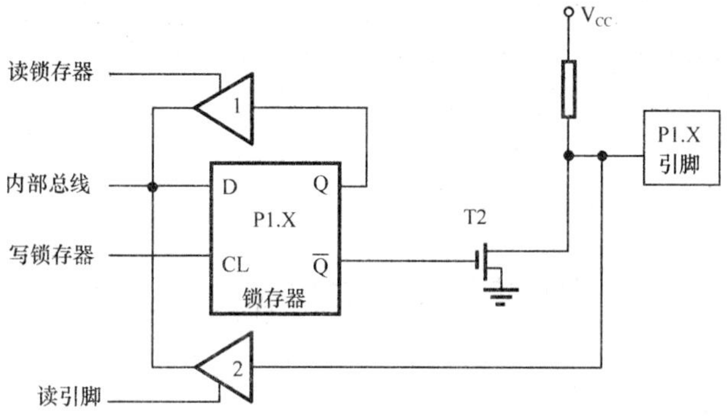

图 2-7　P1 内部结构示意图

三、P2 口

P2 端口的内部结构如图 2-8 所示。其基本功能也是并行数据的输入与输出，另外还可作为单片机片外总线扩展时的地址总线高 8 位。

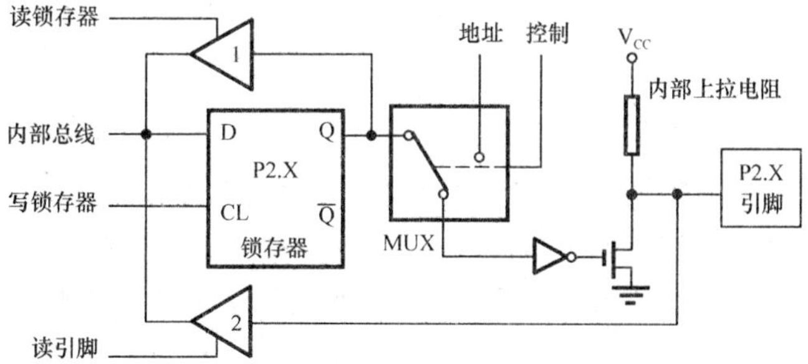

图 2-8　P2 内部结构示意图

四、P3 口

P3 端口的内部结构如图 2-9 所示。其基本功能也是并行数据的输入与输出，另外每个

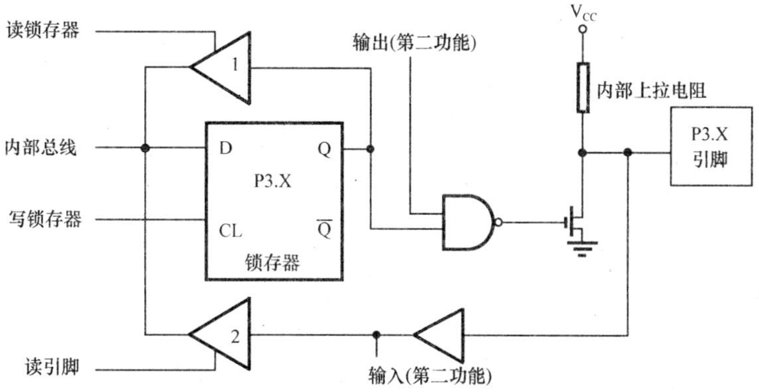

图 2-9　P3 内部结构示意图

引脚均有第二功能。其中，P3.0(RXD)的第二功能为串行口输入，P3.1(TXD)的第二功能为串行口输出，P3.2($\overline{\text{INT0}}$)的第二功能为外部中断 0 输入，P3.3($\overline{\text{INT1}}$)的第二功能为外部中断 1 输入，P3.4(T0)的第二功能为计数器 0 的外部信号输入端，P3.5(T1)的第二功能为计数器 1 的外部信号输入端，P3.6($\overline{\text{WR}}$)的第二功能为外部数据存储器“写选通控制”输出，P3.7($\overline{\text{RD}}$)的第二功能为外部数据存储器“读选通控制”输出。

第五节　CPU 时序

一、机器周期

单片机是数字逻辑电路，以晶体振荡器的振荡周期(或外部引入时钟信号的周期)为最小的时序单位，内部的各种操作都以晶振周期为时序基准。

(1)振荡周期。振荡周期也称为时钟周期、拍节，是指为单片机提供时钟脉冲信号的振荡源的周期，用 T_P 表示。

例如，某单片机系统采用的石英晶体振荡频率为 6 MHz，则其振荡周期为：

$$T_P=1/f=1/6\ \text{MHz}=0.167\ \mu\text{s}$$

(2)状态周期。振荡源提供的振荡脉冲经过二分频，才是 CPU 使用的时钟信号，我们将此信号的周期称为状态周期，用 T_S 表示。显然，状态周期为振荡周期的 2 倍。

(3)机器周期。所谓机器周期，是指单片机完成一个相对独立的操作(比如加法或减法)所需要的时间。对于 MCS-51 系列单片机，一个机器周期包括 6 个状态周期，也就是 12 个振荡周期。

(4)指令周期。指令周期是指单片机执行一条指令所需的时间。显然，对于不同的指令，由于其复杂程度不同，所需时间也就不同。例如，在单片机内进行乘除法运算和加减法运算时的耗时肯定是不同的。根据所需机器周期的不同，可以将单片机的指令分为单周期指令、双周期指令和四周期指令。大部分单片机指令都是单周期指令，即执行一条指令需要一个机器周期的时间，双周期指令只有一少部分，四周期指令则只有乘法和除法两条。

为加深对以上概念的理解，现举一个例子。设某单片机系统选用的是振荡频率为 12 MHz 的石英晶体，则其各个周期分别为：

振荡周期：$T_P=1/f=1/12\ \text{MHz}=0.083\ \mu\text{s}$。

状态周期：$T_S=2T_P=0.167\ \mu\text{s}$。

机器周期：$T_M=6T_S=12T_P=1\ \mu\text{s}$。

乘法周期：$T=4T_M=4\ \mu\text{s}$。

二、常用时序

MCS-51 单片机的指令按所占 ROM 存储单元可分为单字节指令、双字节指令和三字节指令，而根据其执行速度的快慢可分为单周期指令、双周期指令和四周期指令。两者组合起来，单片机的指令就有单字节单周期、单字节双周期、单字节四周期、双字节单周期、双字节双周期和三字节双周期等几种情况。

下面介绍几种简单的读取指令以及执行指令的时序。

(1)单字节单周期指令。在第一个状态读入指令并开始执行，在第四个状态读取的下一条指令要丢弃，而且程序指针 PC 不加 1。

(2)双字节单周期指令。在第一个状态读入指令的第一个字节(操作码)，在第四个状态读入指令的第二个字节(操作数)。

(3)单字节双周期指令。在两个机器周期之间要读取四次指令，不过只有第一次读取的指令要执行，其余三个均要丢弃，而且 PC 均不能加 1。

以上三种情况下指令的读取及执行情况见图 2-10。

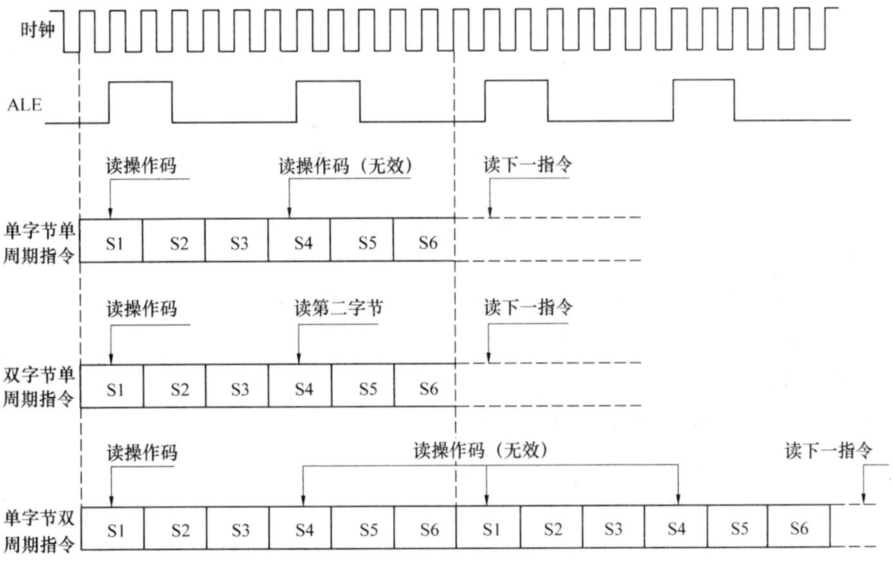

图 2-10　单片机的时序

第六节　单片机最小系统

一、复位电路

单片机系统在受到干扰后，可能陷入不正常运行状态，此时应对其进行复位，使其尽快回到初始状态，重新运行。单片机的复位电路有上电复位和按钮复位等几种形式，如图 2-11 所示。

系统复位后，单片机进入初始化状态。初始化完成后，程序指针 PC=0000H，即程序将从 0000H 地址单元处开始执行。其余各特殊功能寄存器的状态为：ACC、B、PSW 内容均为 00H，SP 内容为 07H，DPTR 内容为 0000H，P0 ~ P3 内容均为 FFH，IP 内容为 XXX00000B(其中 X 表示该位内容不确定)，IE 内容为 0XX00000B，TMOD、TCON、TH0、TL0、TH1、TL1 内容均为 00H，SCON 内容为 00H，SBUF 内容不定，PCON 内容为 0XXXXXXXB。

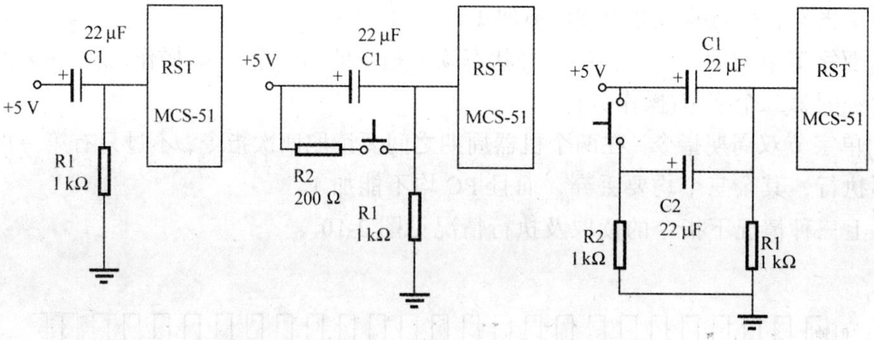

图 2-11　MCS-51 单片机复位电路图

二、时钟电路

MCS-51 单片机的时钟信号通常由两种方式产生，一是内部振荡方式，二是外部时钟方式。由于单片机内部已包含有振荡电路，只需外加石英晶体和微调电容即可，因此常用内部振荡方式，其电路连接如图 2-12 所示。

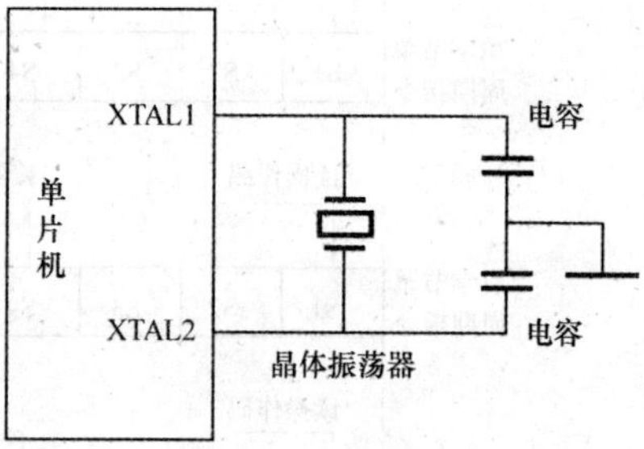

图 2-12　MCS-51 单片机时钟产生电路

图 2-12 中石英晶体的振荡频率可在 1.2 ~ 12 MHz 选择，典型值为 12 MHz、6 MHz 和 11.059 2 MHz；电容值在 5 ~ 30 pF，典型值为 30 pF。

三、单片机最小系统

所谓单片机最小系统，是指在尽可能少的外部电路条件下形成的一个可以独立工作的单片机系统。也就是说，为了保证单片机能够工作，所必需的最小的系统配置。

首先，要保证各电路正常工作，必须要有电源；其次，由于单片机是数字电路，其工作时必须要有时钟，必须要给单片机配置时钟电路；再次，单片机系统往往工作于干扰信号很多的工业环境中，必须配置复位电路。以上三个条件都是保证单片机系统正常工作的必要条件，可以这样说，任何一个单片机要工作，必须配置这三个电路。

另外，如果单片机选用 8031 芯片，由于片内没有 ROM，要存储控制程序，还必须外加 ROM 芯片，此时的单片机最小系统如图 2-13 所示。当然，若选用片内带有 ROM 的单片机芯片，则外部不必扩展 ROM 芯片，只需在三个必要条件的基础上再加系统所需电路就可以了。

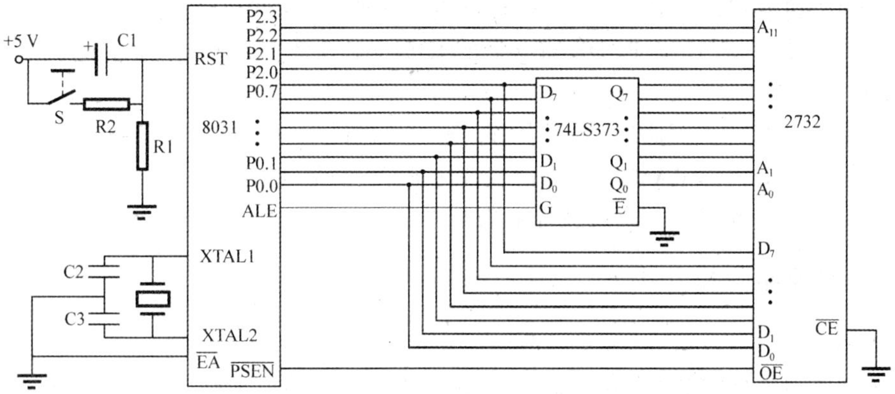

图 2-13　以 8031 为核心的单片机最小系统

第七节　单片机的工作方式

一、程序执行方式

程序执行方式是单片机的基本工作方式，通常可分为连续执行工作方式和单步执行工作方式两种。

(一)连续执行工作方式

连续执行工作方式是 MCS-51 系列单片机的正常工作方式，系统按照程序一步一步地连续执行，完成程序所规定的任务。在这种方式下，单片机的 CPU 自始至终不停地工作。

(二)单步执行工作方式

单步执行工作方式是为用户调试程序而设立的一种工作方式，通常市场上购得的单片机仿真器、实验箱等开发系统均设置此功能。在开发系统面板上，设置一个单步按钮，每按动该按钮一次，单片机就执行一条指令，而且是仅仅执行一条。这样一条一条地向下执行，以便发现程序中的错误。

二、低功耗工作方式

MCS-51 系列单片机的低功耗工作方式有待机方式和掉电方式两种，由特殊功能寄存器 PCON 的相应位来控制。

(一)待机方式

用指令使 PCON 寄存器的最低位 IDL 置 1，则单片机进入待机方式。此时，振荡器仍然工作，并向中断系统、串行口、定时/计数器等电路提供时钟信号，但不向 CPU 提供时钟信号，即程序不再执行。

在待机方式下，程序指针 PC、堆栈指针 SP、程序状态字 PSW、累加器 ACC 及通用 RAM 区的内容都被保护，输入输出端口的状态也保持不变。另外，外部中断响应功能应继续保留，以便采用中断方式退出待机方式。

要退出待机方式，重新进入程序执行方式，只要引入一个外部中断请求信号即可。在系统响应外部中断的同时，PCON 寄存器的 IDL 位自动清零，退出待机方式。

(二)掉电方式

用指令使 PCON 寄存器的 PD 位置 1，则单片机进入掉电方式。此时，单片机的一切工作均停止，只有内部 RAM 单元的内容被保护(不包括 SFR 区)。

退出掉电方式的唯一方式是进行系统复位。

三、编程和校验方式

(一)编程方式

要向单片机内部的 ROM 存储器写入控制程序，则应使单片机工作于编程方式。此时，应在单片机的 V_{PP} 引脚加上编程电源(通常为 21 V)。编程信号由 $\overline{PROG}$ 引脚送入。

(二)校验方式

编程方式结束后，通常要检验一下所写入程序的正确性，这时应使单片机工作于校验方式，其电路连接方式与编程方式相同。

实训课题

在进行实训课题之前，请大家务必仔细阅读本书最后的附录 C、附录 D、附录 E 三部分，首先对实训过程中使用的软件和实验板有所了解。本书中提到的实验板由山东水利职业学院单片机精品课程课题组开发，其电路图、控制程序完全开放，附录中已有详细介绍，大家可参照制作。若需索取该实验板的原理图、PCB 图的 Protel 源文件，请同作者联系。当然，若已有现成的单片机实验板或实验仪，可参照购买时提供的实验指导书，据其内容进行实验和实训，以提高自己的动手能力。

一、VW IDE 集成开发环境

(一)实验目的

(1)熟悉伟福软件的使用。

(2)掌握单片机程序的调试方法。

(二)实验设备

微机一台(安装 VW 集成调试软件)。

(三)实验要求

编写一个简单的汇编程序，并完成调试过程。

(四)实验原理

请参考本书中“VW 集成调试环境简介”部分的内容。

(五)硬件连接

无。

(六)参考源程序

```
    ORG    0000H
```

```
        LJMP   MAIN

        ORG    0050H
MAIN:   MOV    A, #35H
        MOV    B, #6AH
        MUL    AB
        MOV    30H, A
        MOV    31H, B
        SJMP   $
        END
```

(七)实验步骤

(1)启动 VW 集成调试软件。

(2)进行仿真器的设置(可选择 AT89C51 机型)。

(3)新建源程序文件。

(4)输入汇编源程序。

(5)保存为*.asm 文件，并保存到 VW 软件安装目录下。

(6)对源程序文件进行编译，若有错误进行改正。

(7)打开相应的观察窗口。

(8)单步调试程序，观察结果是否符合预期。

(八)练习

重新编写一段源程序代码，并完成调试过程。

二、STC-2007 实验板的使用

(一)实验目的

(1)熟悉 STC-2007 实验板的功能。

(2)学会 STC 单片机程序的下载方法。

(二)实验设备

(1)微机一台(安装 VW 集成调试软件)。

(2)STC-2007 实验板一块。

(三)实验要求

编程实现 U3 Display 单元中的 16 盏 LED 灯全亮。

(四)实验原理

16 盏 LED 的原理图见图 2-14，只要在其阴极端送入低电平，LED 就点亮。

(五)硬件连接

用导线使 U1 MCU 单元的 J111 接 U3 Display 单元 J300，注意使 J111 单元的 0 位和 J300 单元的 0 位相接。

(六)参考源程序

```
      ORG    0000H              ; 程序初始地址，复位后将从此处执行
```

```
        LJMP    MAIN            ; 跳转主程序(MAIN=0060H，符号地址)

        ORG     0060H           ; 主程序初始地址
MAIN:   MOV     P1，#00H        ; 把 P1 端口置低电平
        SJMP    $               ; 原地循环等待
        END                     ; 汇编源程序结束
```

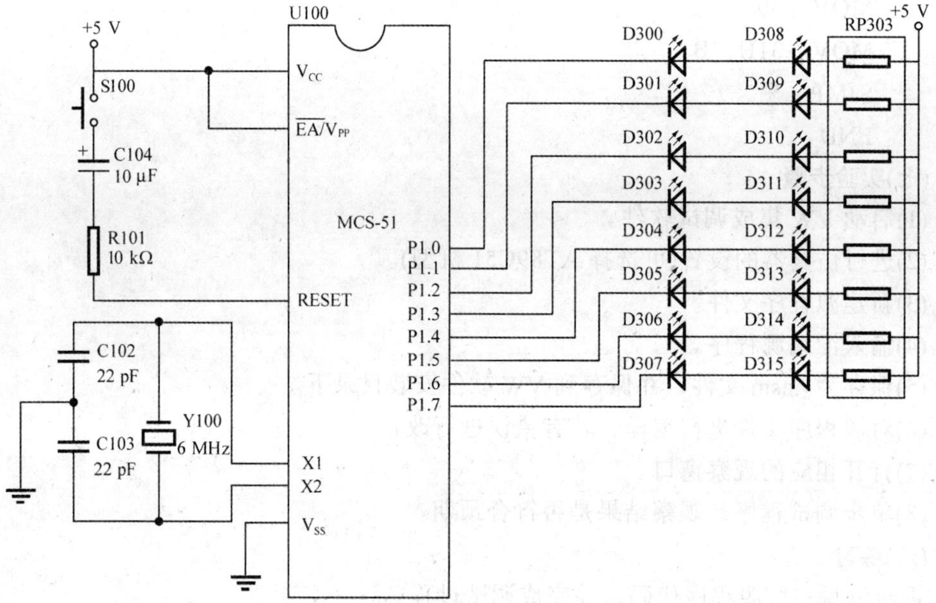

图 2-14　发光二极管电路原理图

(七)实验步骤

(1)启动 VW 集成调试软件。

(2)进行仿真器的设置(可选择 AT89C51 机型)。

(3)新建源程序文件。

(4)输入汇编源程序。

(5)保存为 ban.asm 文件，并保存到 VW 软件安装目录下。

(6)对源程序文件进行编译，若有错误进行改正，最终生成 ban.hex 文件。

(7)启动 STC-ISP-V3.5，如图 2-15 所示。

(8)选择 MCU Type，从中找出 STC89C51RC 并确定。

(9)选择打开文件，找到 ban.hex 文件并打开(在 ban.asm 的目录)。

(10)选择计算机与实验板的连接端口，一般为 COM1。

(11)先断开单片机电源，然后按下 Download，再给单片机送电。

(12)观察实验板上发光二极管的状态。

(八)练习

重新编写源程序代码，实现 U3 Display 单元的 D300 ~ D303 四盏 LED 灯亮。

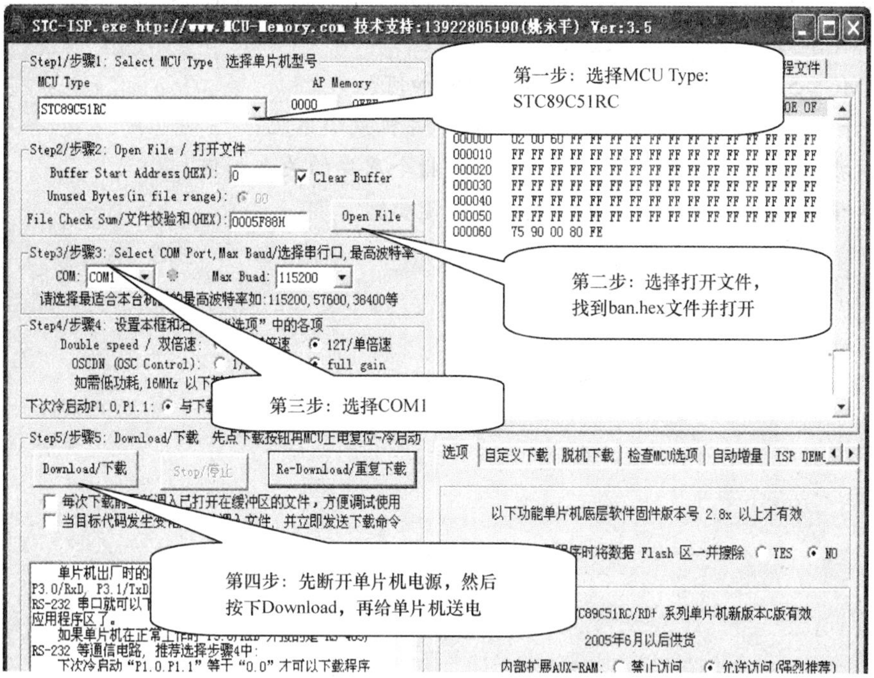

图 2-15　STC-ISP 软件的使用

本章小结

MCS-51 单片机主要由 CPU、ROM、RAM、PIO、中断、串行口和定时器等几部分组成，片外通过 40 个引脚与外部联系。CPU 是单片机的核心，可完成各种算术、逻辑运算，同时协调单片机内各部分的运行。BUS 包括数据总线、地址总线和控制总线三种，负责完成 CPU 与 ROM、RAM 等功能部件的信息传递。ROM 和 RAM 均具有存储功能，其中 ROM 用来存储程序，RAM 则用来存储随机变化的数据。PIO 的功能是实现 8 位并行数据的输入与输出，主要包括 P0、P1、P2 和 P3 四组。单片机最小系统是指保证单片机工作所必须提供的最小电路，包括电源电路、复位电路和时钟电路，对于 8031 单片机还应加入专门的 ROM 芯片。

习题与思考题

1. 单片机芯片由哪几部分组成，各自的功能是什么？
2. MCS-51 系列中不同型号的单片机配置有何不同？
3. PSW 寄存器各位的功能是什么？
4. MCS-51 单片机的片内、片外存储器如何选择？
5. MCS-51 单片机的 ROM 区有哪几个单元被定义了特殊功能？

6. MCS-51 单片机的内部 RAM 可划分为几个区域，各自的特点是什么？
7. MCS-51 子系列单片机的 SFR 有哪些？
8. MCS-51 单片机各个 PIO 端口的功能如何？
9. 什么是单片机最小系统，如何构成单片机最小系统？
10. 振荡周期、状态周期、机器周期、指令周期的关系如何？
11. 单片机如何进入低功耗方式，如何退出？

第三章　MCS-51 单片机的程序设计

提要 本章主要学习 MCS-51 单片机指令系统与简单的汇编程序设计。通过学习，应能编写较为简单的单片机程序，并能读懂较为复杂的程序。

重点 单片机指令系统、寻址方式、汇编程序结构及编写方法。

难点 单片机指令系统。

导入 了解 MCS-51 单片机的内部结构之后，应对单片机的功能及工作原理有所掌握。但掌握结构和原理还不能应用单片机，说到底，单片机的核心原理是程序控制，即单片机在人为编写程序的控制下，一步步完成设定的功能。因此，程序是单片机实现各种复杂功能的基础。

第一节　汇编语言简介

一、编程语言简介

人们需要计算机所做的任何工作，都必须以计算机所能识别的指令形式送入计算机。一条条有序指令的集合称为程序，计算机的工作过程也就是执行程序的过程。程序设计的规则是实现程序设计、人机信息交流的必备工具，根据人机界面的不同，程序设计语言可分为机器语言、汇编语言和高级语言三种。

(一)机器语言

单片机的 CPU 能够直接识别并执行的指令代码规则称做机器语言。机器语言的指令及地址均为二进制代码形式，而且不同的 CPU 其指令格式各不相同。显然，对于编程者来说，机器语言不便于记忆和交流，也极易出错，因此一般不采用机器语言直接进行编程。但是，任何用其他语言编写的程序，最终必须转换为机器语言的指令代码，才能被单片机识别和执行。

(二)汇编语言

汇编语言是一种采用助记符表示的机器语言，也就是用助记符号来表示指令的操作码和操作数，用标号或符号表示地址、常数和变量，以便于记忆和交流。助记符一般是英文单词的缩写，使用方便。用助记符写成的程序称做源程序，必须翻译成机器语言的目标代码，计算机才能执行。当然，中间的翻译工作一般由专门的汇编程序软件来完成，不必人工逐条编译。

(三)高级语言

高级语言是使用接近人们的自然语言及数学表达式来编写程序，这样可以大大提高编程效率，而且高级语言脱离了机型的限制，由其编制的程序具有通用性和可移植性，在计算机中得到了广泛的应用。常用的高级语言包括 BASIC 语言、C 语言、FOXBASE 语言等。

在MCS-51单片机的控制程序中，绝大部分是用汇编语言写成的。近几年，也有部分程序用C语言来编写，并已开始逐步推广。一般来说，对于小程序，用汇编语言写比较适宜；对于比较大型的程序，采用C语言编写可提高工作效率。

本书主要介绍汇编程序设计。

二、汇编语句格式

汇编语言程序是由一条条助记符指令组成的，助记符指令通常由操作码和操作数两部分构成，而助记符指令再加标号、注释等内容便构成了汇编语句。

(一)指令格式

指令由操作码和操作数构成。操作码用来规定要执行的操作的性质，操作数用于指定操作的地址和数据。

例如，指令 ADD　A，B 的功能是将累加器 A 与寄存器 B 中的数据相加，结果存入累加器 A 中。其中 ADD 表示加法，是指令的操作码；而 A、B 表示作加法运算的数据的来源，是指令的操作数。

每条指令必定有一个操作码，操作数则可能有 1 个、2 个或者 3 个，也有个别指令不带操作数。每条指令包括的操作数不同，所占 ROM 空间自然也不相同。根据指令所占 ROM 单元的多少，可将指令分为单字节指令、双字节指令和三字节指令。

(二)汇编语句格式

一条完整的汇编语句由四部分构成，如下所示：

［标号：］操作码　［操作数］［；注释］

其中操作码为必选项，缺少操作码无法构成汇编语句，其他三部分均为可选项。方括号内的项目表示可选项，也就是说，汇编语句最少可以只包括操作码，最多则会包括四部分，也可以包含两部分或三部分。

四个区段之间必须用规定的分隔符分开。标号与操作码之间用“：”分隔，操作码与操作数之间用空格分隔，两个操作数之间用“，”分隔，操作数与注释之间用“；”分隔。标号由用户定义的符号组成，由1~8个字母和数字构成，且第一个字符必须为英文字母。标号代表了该指令第一字节所在的ROM单元地址，所以标号又称做符号地址。在对汇编源程序进行汇编的过程中，标号部分全部赋以相应的ROM地址。下面给出一些常见的错误标号和相应的正确标号，以加深理解。

错误的标号	正确的标号
1NEQ：(以数字开头)	NEQ1：
LOOP(无冒号)	LOOP：
TA+TB：(“+”号不合法)	TATB:
MOV：(指令助记符)	MOV1：

注释部分主要是为了便于程序的阅读，注释的有无不会对程序的执行造成任何影响，只是给阅读和调试程序带来很多方便。为提高程序的可读性，以便于相互交流，通常要在重要的指令后面加上注释。

三、常用符号说明

为表示的方便和简洁，常在指令的操作数部分使用一些特殊符号。在介绍指令系统之前，先将这些符号的含义列出，以便于学习过程中查阅。

Rn：表示工作寄存器 R0～R7 中的一个，即 n=0～7。

Ri：表示 R0、R1 中的一个，即 i=0、1。

direct：表示 8 位 RAM 地址。其中 SFR 部分既可以使用寄存器的名称，也可以直接使用 8 位 RAM 地址。例如，P1 与地址 90H 是等价的。

#data：表示 8 位常数。

#data16：表示 16 位常数。

addr16：表示 16 位地址。

addr11：表示 11 位地址。

rel：表示 8 位带符号的地址偏移量(补码形式)，其取值范围为−128～+127。

bit：表示内部 RAM 中具有位寻址能力的位地址。同样，在 SFR 区中，各位既可以用位名称也可以用位地址。例如，PSW 寄存器中的 F0 位，也可以写成 PSW.5 或者位地址 D5H。

@：表示间接寻址或基址寄存器的前缀。

$：表示当前指令的地址。

/：位操作数的前缀，表示对该位取反。

A：累加器(Acc 寄存器)。

C：进位标志位(PSW 寄存器中的 CY 位)，在逻辑运算过程中相当于累加器。

DPTR：16 位数据指针，实际由 DPH、DPL 两个寄存器组成。

(X)：表示单元地址或寄存器中的内容。

((X))：表示以(X)为地址的间接寻址单元的内容。

→：表示将箭头左边的内容送入右边的单元。

第二节　寻址方式

操作数是指令的重要组成部分，所以也就存在着怎样取得操作数的问题。在计算机中只有指定了单元才能得到操作数。所谓寻址方式，就是单片机寻找存放操作数的地址或位置并将其提取出来的方法。我们知道，单片机的指令由操作码和操作数组成，操作码规定了指令的操作性质，如加、减、与、或等运算，而参与这些操作的数便是操作数。这些操作数存放在什么地方，以什么方式寻找，操作完成之后的结果又以什么方式存放，存放到什么地方去，这些问题都需要解决，这就是寻址的过程。

在两个操作数的指令中，把左操作数称为目的操作数，右操作数称为源操作数。我们所说的寻址方式一般都是针对源操作数。

不同类型的计算机，其寻址方式也不尽相同。寻址方式越多，灵活性越大，其功能也就越强。MCS-51 单片机共有 7 种寻址方式，下面分别介绍。

一、寄存器寻址

寄存器寻址就是指参与操作的数据存放在寄存器中，指出寄存器就能获得操作数。可以实现寄存器寻址的寄存器有 A、B、R0 ~ R7、DPTR、C(位操作)等。例如：

MOV　A，R2

该指令的功能是将工作寄存器 R2 的内容传送到累加器 A 中。在这条指令中，“源操作数(R2)”和“目的操作数(A)”都采用了寄存器寻址方式。

二、直接寻址

直接寻址是指在指令中直接给出操作数的地址。单片机内部 RAM 的所有空间均可以实现直接寻址。例如：

MOV　A，36H

该指令的功能是将内部 RAM 中 36H 单元里的数据传送到累加器 A 中。在该指令中，“源操作数(36H)”属于直接寻址，“目的操作数(A)”仍为寄存器寻址。

三、寄存器间接寻址

寄存器间接寻址是指寄存器的内容本身不是操作数，而是操作数的地址，即操作数是通过将寄存器的内容作为地址而间接得到的。寄存器间接寻址的符号为@，能够使用该寻址方式的只有 R0、R1 和 DPTR 寄存器。例如：

MOV　A，　@R1

该指令的功能是先读出工作寄存器 R1 的内容，然后将其作为地址，再读出该地址对应单元的内容，并将其传送到累加器 A 中。假定(R1)=30H，(30H)=45H，则指令执行结果是将 45H 这个数送入累加器 A。

四、立即寻址

立即寻址就是操作数在指令中直接给出，而不必再到 RAM 单元中寻找。指令中给出的操作数通常称为立即数，前面加符号 # 。例如：

MOV　A，# 36H

该指令的功能是将 36H 这个数直接送到累加器 A 中。再如：

MOV　DPTR，# 3456H

该指令的功能是将 3456H 这个数直接送到 DPTR 寄存器中，实际是将 34H(高 8 位)这个数送到 DPH 寄存器中，而将 56H(低 8 位)这个数送到 DPL 寄存器中。

五、变址寻址

变址寻址是指以数据指针 DPTR 或程序指针 PC 为基址寄存器，累加器 A 作为相对偏移量寄存器，并将两者的内容之和作为操作数地址。这种寻址方式只用于从程序存储器 ROM 中取出数据，然后传送到累加器 A 中。例如：

MOVC　A，@A+DPTR

假设初始状态下(A)=00H，(DPTR)=1200H，则指令的功能是取出程序存储器 1200H 单元的内容，然后传送到累加器 A 中。同理，若(A)=02H，(DPTR)=3400H，则向 A 中传送的数据来源于 ROM 中的 3402H 单元。

六、相对寻址

相对寻址只能用于控制转移类指令之中，是以程序指针 PC 中当前值为基准，再加上指令中所给出的相对偏移量 rel，以此值作为程序转移的目标地址。其中，相对偏移量 rel 是一个带符号的 8 位二进制数，取值范围为–128 ~ +127，在指令中以补码表示。

在实际应用中，我们经常需要根据已知的源地址和目标地址计算相对偏移量，其计算公式如下：

rel=目标地址–源地址–转移指令本身的字节数

例如，若源地址为 1003H，目标地址为 0F85H，则当执行指令“JC　rel”时，由于 JC 指令本身占用两个字节，那么：

rel=0F85H–1003H–02H=80H

即实际的指令应该写成“JC　80H”。

七、位寻址

位寻址就是指令中的操作数为某存储单元的 1 位，而不是 1 个字节。位地址的表示有直接位地址、位单元名称、单元地址或名称加位数等几种方法。例如：

MOV　C，48H

该指令的功能是把位地址 48H 中的信息(0 或 1)传送到位累加器 C 中。

第三节　指令系统

MCS-51 单片机指令系统共有 42 种助记符，代表了 33 种功能。指令助记符与各种可能的寻址方式相结合，共构成 111 条指令(其操作码共有 255 条)。从指令长度上看，单字节指令 49 条，双字节指令 45 条，三字节指令 17 条；从指令执行时间来看，单机器周期指令 64 条，双机器周期指令 45 条，四机器周期指令 2 条；从功能上看，数据传送类指令 29 条，算术运算类指令 24 条，逻辑运算类指令 24 条，控制转移类指令 17 条，位操作类指令 17 条。

下面按功能分类对指令系统做具体介绍。

一、数据传送类指令

数据传送类指令是最常用、最基本的一类指令。这类指令的操作一般是把源操作数传送到目的操作数，指令执行后，源操作数不变，目的操作数修改为源操作数。但交换型指令不会丢失目的操作数，它只是把源操作数和目的操作数交换了存放单元。传送类指令一般不影响标志位，只有堆栈操作可以直接修改程序状态字 PSW。另外，传送目的操作数为累加器 A 的指令将影响奇偶标志 P(后面不再对此加以说明)。

数据传送类指令用到的助记符有 MOV、MOVX、MOVC、XCH、XCHD、SWAP、PUSH、POP 共 8 种。源操作数可以采用寄存器寻址、直接寻址、寄存器间接寻址、立即寻址、变址寻址 5 种寻址方式，目的操作数可以采用寄存器寻址、直接寻址、寄存器间接寻址 3 种寻址方式。数据传送类指令共有 29 条，下面根据其特点分为以下 5 类分别进行介绍。

(一)内部 RAM 之间数据传送指令(16 条)

单片机内部 RAM 之间的数据传送指令最多，包括寄存器、累加器、RAM 单元及 SFR 寄存器之间数据的相互传送，下面分类介绍。

1. 以累加器 A 为目的操作数的指令

汇编指令格式及注释如下：

```
MOV   A，Rn              ；(Rn)→A
MOV   A，direct          ；(direct)→A
MOV   A，@Ri             ；((Ri))→A
MOV   A，#data           ；data→A
```

这组指令的功能是将源操作数所指定的内容送入累加器 A 中。源操作数有寄存器、直接、寄存器间接、立即寻址 4 种寻址方式。

例如，已知(R0)=78H，(78H)=45H，则下面三条指令的执行过程为：

```
MOV   A，R0              ；(R0)→A，(A)=78H
MOV   A，#0E9H           ；(A)=E9H
MOV   A，@R0             ；((R0))=(78H)=45H→A
```

上述三条指令均向累加器 A 传送数据，其最终结果等于最后一次传送的值，即最终(A)=45H。

需要注意的是，在汇编语言程序设计中，由于经常会用到标号，所以在书写十六进制数据时，如果其第一位为字母(A~F)，则要在字母前面加 0，以避免与标号造成混淆，上例中的“MOV A，#0E9H”就是出于这种考虑。再如，“MOV A，F0H”语句通常也要写成“MOV A，0F0H”。

2. 以工作寄存器 Rn 为目的操作数的指令

汇编指令格式及注释如下：

```
MOV   Rn，A              ；(A)→Rn
MOV   Rn，direct         ；(direct)→Rn
MOV   Rn，#data          ；data→Rn
```

这组指令的功能是把源操作数所指定的内容送到工作寄存器组 R0 ~ R7 中的某个寄存器中。源操作数有寄存器、直接、立即寻址 3 种寻址方式。

应当注意的是，MCS-51 单片机中没有“MOV Rn，Rn”指令。

3. 以直接地址为目的操作数的指令

汇编指令格式及注释如下：

```
MOV   direct，A          ；(A) → direct
MOV   direct，Rn         ；(Rn) → direct
MOV   direct，direct     ；(direct) → direct
```

MOV　direct，@Ri　　　；((Ri)) → direct

MOV　direct，#data　　；data → direct

这组指令的功能是把源操作数所指定的内容送入由直接地址 direct 所指出的片内存储单元中。源操作数有寄存器、直接、寄存器间接、立即寻址 4 种寻址方式。

4. 以间接地址为目的操作数的指令

汇编指令格式及注释如下：

MOV　@Ri，A　　　；(A) → (Ri)

MOV　@Ri，direct　　；(direct) → (Ri)

MOV　@Ri，#data　　；data → (Ri)

这组指令的功能是把源操作数所指定的内容送入以 R0 或 R1 为地址指针的 RAM 存储单元中。源操作数有寄存器、直接、立即寻址 3 种寻址方式。

5. 16 位数据传送指令

汇编指令格式及注释如下:

MOV　DPTR，#data16　；dataH → DPH，dataL → DPL

这是 MCS-51 系列单片机中唯一的 16 位数据传送指令，其功能是把 16 位常数送入 DPTR，实际是把 16 位数据的高 8 位送到 DPH 寄存器，把低 8 位数据送到 DPL 寄存器。

(二)内外部 RAM 之间数据传送指令(4 条)

汇编指令格式及注释如下：

MOVX　A，@Ri　　　；((Ri)) → A

MOVX　@Ri，A　　　；(A) → (Ri)

MOVX　A，@DPTR　　；((DPTR)) → A

MOVX　@DPTR，A　　；(A) → (DPTR)

外部数据传送指令主要是实现累加器 A 与片外数据存储器之间的数据传送。对于 MCS-51 系列单片机，CPU 对片外 RAM 的访问只能采用寄存器间接寻址方式。

前两条指令是用 R0 或 R1 作为低 8 位地址指针，寻址范围是 256 字节，由 P0 口送出。此时，P2 口仍可用做通用 PIO 口。这两条指令完成以 R0 或 R1 为地址指针的片外数据存储器与累加器 A 之间的数据传送。后两条指令以 DPTR 为片外数据存储器 16 位地址指针，寻址范围达 64 KB。其功能是在 DPTR 所指定的片外数据存储器与累加器 A 之间传送数据。

需要说明的是，在 MCS-51 系列单片机中，没有专门对外部设备的输入输出指令，而且片外扩展的 I/O 接口与片外 RAM 是统一编址的。因此，这 4 条指令可以作为输入输出指令，而且 MCS-51 单片机只能用这种指令方式与外部设备打交道。

(三)查表指令(2 条)

汇编指令格式及注释如下：

MOVC　A，@A+PC　　　；((A)+(PC)) → A

MOVC　A，@A+DPTR　　；((A)+(DPTR)) → A

这两条指令主要用于查表，其数据表格通常放在程序存储器 ROM 中(用 DB、DW 伪指令填入)。这两条指令执行后，并不改变 PC 与 DPTR 寄存器的内容。

第一条指令为单字节指令，当 CPU 读取指令后，首先 PC 的内容自动加 1，然后将新的 PC 的内容与累加器 A 内的 8 位无符号数相加形成地址，取出该地址单元中的内容，再送至累加器 A。在寻址能力方面，第一条指令只能查找指令所在地址以后 256 字节范围内的代码或常数，因为累加器 A 中的最大值为 FFH。而第二条指令是以 DPTR(其值可以任意设定)为基址寄存器进行查表，其范围可达整个程序存储器 64 KB 空间。

例如，假设(A)=30H，(DPTR)=2000H，则执行指令“MOVC A，@A+DPTR”后的结果是将程序存储器 ROM 中 2030H 单元的内容送入 A。

(四)堆栈操作指令(2 条)

汇编指令格式及注释如下：

PUSH　direct　　　　；(SP)+1 → SP，(direct)→ (SP)

POP　direct　　　　；((SP))→ direct，(SP)–1 → SP

第一条指令称为入栈(或称压栈、进栈)指令，其功能是先将堆栈指针 SP 的内容加 1，然后将直接地址对应单元中的数传送(或称压入)到 SP 所指示的单元中。第二条指令称为出栈指令，其功能是先将堆栈指针 SP 所指示单元的内容送入直接地址单元中，然后将 SP 的内容减 1。

使用堆栈时，一般需重新设定 SP 的初始值。由于存入堆栈的第一个数存放在 SP+1 存储单元，故实际栈底是在 SP+1 所指示的单元。另外，要注意留出足够的存储单元作为堆栈区，因为栈顶是随数据的弹入和弹出而变化的，如果栈区设置不当，则可能发生数据重叠，引起混乱。

当然，如果不重新设定 SP 的初始值，由于单片机复位后(SP)=07H，则实际的堆栈区是从 08H 单元开始的，这也就是本书将 RAM 区的 08H ~ 1FH 标志为默认堆栈区的原因。

例如，已知单片机复位后(SP)=07H，(30H)=23H，(31H)=45H，(32H)=67H，则以下几条指令的执行结果为：

PUSH　30H　　　；(SP)=(SP)+1=08H，(30H)→08H，(08H)=23H

PUSH　31H　　　；(SP)=(SP)+1=09H，(31H)→09H，(09H)=45H

POP　40H　　　；(09H)→40H，(40H)=45H，(SP)=(SP)–1=08H

PUSH　32H　　　；(SP)=(SP)+1=09H，(32H)→09H，(09H)=67H

POP　41H　　　；(09H)→41H，(41H)=67H，(SP)=(SP)–1=08H

POP　42H　　　；(08H)→42H，(42H)=23H，(SP)=(SP)–1=07H

即执行上述指令后，(SP)=07H，(40H)=45H，(41H)=67H，(42H)=23H，(08H)=23H，(09H)=67H，而 30H、31H、32H 单元的内容不变。

(五)交换指令(5 条)

汇编指令格式及注释如下：

XCH　A，Rn　　　　；A←→Rn

XCH　A，direct　　　；A←→direct

XCH　A，@Ri　　　　；A←→(Ri)

XCHD　A，@Ri　　　；A.3 ~ 0←→ (Ri).3 ~ 0

SWAP　A　　　　　；A.3 ~ 0←→A.7 ~ 4

这组指令的前三条为字节交换指令，其功能是将累加器 A 与源操作数所指出的数据相互交换。后两条为半字节交换指令，其中“XCHD A，@Ri”是将累加器 A 中的低 4 位与 Ri 中内容所指示的片内 RAM 单元中的低 4 位数据相互交换，各自的高 4 位内容不变。“SWAP A”指令是将累加器 A 的高低两个半字节交换。例如，原来累加器(A)=35H，执行该指令后(A)=53H。

从上述数据传送指令可以看出，累加器 A 是一个特别重要的寄存器，无论 A 作为目的寄存器还是作为源寄存器，对它都有专门的指令。因此，在编写程序时，要优先考虑使用累加器 A 进行数据的传送。

二、算术运算类指令

算术运算类指令主要是对 8 位无符号数据进行算术操作，其中包括加法、减法、加 1、减 1、乘法和除法运算指令。另外，借助溢出标志，可对有符号数进行补码运算；借助进位标志，可进行多字节加、减运算；借助于 DA 指令，也可以对 BCD 码进行加法运算。算术运算指令都影响程序状态标志寄存器 PSW 的有关位，因此要特别注意正确判断结果对标志位的影响。

算术运算类指令共有 24 条，下面分类加以介绍。

(一)不带进位加法指令(4 条)

汇编指令格式及注释如下：

```
ADD   A，Rn          ；(A)+(Rn) → A
ADD   A，direct      ；(A)+(direct) → A
ADD   A，@Ri         ；(A)+((Ri)) → A
ADD   A，#data       ；(A)+data → A
```

这组指令的功能是把源操作数所指出的内容加上累加器 A 的内容，其结果仍存入 A 中。加法运算指令执行结果影响 PSW 的进位标志位 CY、溢出位 OV、半进位标志 AC 和奇偶校验位 P。在加法运算中，如果 D7 位(最高位)有进位，则进位标志 CY 置 1，否则清零；如果 D3 位有进位，则半进位标志 AC 置 1，否则清零；若看做两个带符号数相加，则还要判断溢出位 OV，若 OV 为 1，表示和数溢出。

例如，已知(A)=8CH，执行指令“ADD A，#85H”，操作如下：

```
  10001100
+)10000101
 100010001
```

结果：(A)=11H，(CY)=1，(OV)=1，(AC)=1，(P)=0。

此例中，若把 8CH、85H 看做无符号数，则结果为 111H。此时不必考虑 OV 位。若把上述两值看做有符号数，则有两个负数相加得到正数的错误结论。此时(OV)=1 表示有溢出，指出了这一错误。

(二)带进位加法指令(4 条)

汇编指令格式及注释如下：

```
ADDC  A，Rn          ；(A)+(Rn)+(CY) → A
ADDC  A，direct      ；(A)+(direct)+(CY) → A
```

```
ADDC  A，@Ri        ；(A)+((Ri))+(CY) → A
ADDC  A，#data      ；(A)+data+(CY) → A
```

这组指令的功能是把源操作数所指出的内容和累加器 A 的内容及进位标志 CY 相加，结果存放在 A 中。运算结果对 PSW 各位的影响同上述不带进位加法指令。

带进位加法指令多用于多字节数的加法运算，在低位字节相加时要考虑低字节有可能向高字节进位。因此，在做多字节加法运算时，必须使用带进位的加法指令。

例如，两个双字节无符号数相加，被加数放在内部 RAM 中的 20H、21H 单元(低位在前)，加数放在内部 RAM 中的 2AH、2BH 单元(低位在前)，要求将两数的和存入 20H 开始的单元。可编写如下程序：

```
CLR   C          ；清 CY
MOV   A，20H     ；被加数送 A
ADD   A，2AH     ；与加数相加
MOV   20H，A     ；存和
MOV   A，21H     ；取第二个被加数送 A
ADDC  A，2BH     ；与第二个加数相加
MOV   21H，A     ；存和
MOV   A，#00H
ADDC  A，#00H    ；处理进位
MOV   22H，A     ；保存进位到 22H 单元
```

(三)带借位减法指令(4 条)

汇编指令格式及注释如下：

```
SUBB  A，Rn        ；(A)–(Rn)–(CY) → A
SUBB  A，direct    ；(A)–(direct)–(CY) → A
SUBB  A，@Ri       ；(A)–((Ri))–(CY) → A
SUBB  A，#data     ；(A)–data–(CY) → A
```

这组指令的功能是将累加器 A 中的数减去源操作数所指出的数以及进位标志 CY，其差值存放在累加器 A 中。需要注意的是，MCS-51 单片机中没有不带借位的减法指令。减法运算指令执行结果影响 PSW 的进位标志 CY(借位位)、溢出位 OV、半进位标志 AC 和奇偶校验位 P。

例如，(A)=0C9H，(R0)=54H，(CY)=1，则执行“SUBB A，R0”指令的操作如下：

```
   11001001
   01010100
-)        1
-----------
   01110100
```

运算结果为(A)=74H，(CY)=0，(OV)=1。若 C9H 和 54H 是两个无符号数，则结果 74H 是正确的；反之，若为两个带符号数，则由于有溢出而表明结果是错误的，因为负数减正数其差不可能是正数。

在多字节减法运算中，被减数的低字节有时会向高字节借位(PSW 中 CY 位置 1)，所

以在多字节运算中必须用带借位减法指令。在进行单字节减法运算或多字节的低 8 位字节减法运算时，应先将程序状态标志寄存器 PSW 的进位标志 CY 清零。

(四)乘法指令(1 条)

汇编指令格式及注释如下：

MUL　AB　　　　　　；(A)×(B) → B A

这条指令的功能是把累加器 A 和寄存器 B 中两个无符号 8 位数相乘，所得 16 位积的低 8 位存放在 A 中，高 8 位存放在 B 中。若乘积大于 FFH，则 OV 置 1，否则清零；CY 总是为 0；另外 A 的内容也影响奇偶标志位 P。

例如(A)=50H，(B)=0A0H，则执行指令“MUL　AB”后，(B)=32H，(A)=00H，(CY)=0，(OV)= 1 。

(五)除法指令(1 条)

汇编指令格式及注释如下：

DIV　AB　　　　　　；A÷B 的商 → A，A÷B 的余数 → B

这条指令的功能是进行 A 除以 B 的运算，A 和 B 的内容均为 8 位无符号整数，指令执行后，整数商存于 A 中，余数存于 B 中。本指令执行结果影响 PSW 的溢出位 OV 和奇偶校验位 P。指令执行后，标志位 CY 和 OV 均清零；当除数为 0 时，A 和 B 中的内容为不确定值，此时 OV 标志位置 1，说明除法溢出；另外 A 中的内容影响奇偶校验位 P。

例如(A)=0FBH，(B)=12H，则执行指令“DIV　AB”后，(A)=0DH，(B)=11H，(CY)=0，(OV)=0。

(六)加 1 指令(5 条)

汇编指令格式及注释如下：

```
INC   A          ; (A)+1 → A
INC   Rn         ; (Rn)+1 → Rn
INC   direct     ; (direct)+1 → direct
INC   @Ri        ; ((Ri))+1 → (Ri)
INC   DPTR       ; (DPTR)+1 → DPTR
```

这组指令的功能是将操作数所指定单元的内容加 1。仅当操作数为累加器 A 时，才对 PSW 的奇偶校验位 P 有影响，其余指令操作均不影响 PSW。

“INC　direct”指令中的直接地址如果是 I/O 端口，则自动执行“读-改-写”操作，其功能是修改输出口的内容。指令执行时，首先读入端口的内容，然后进行加 1 操作，再输出到端口。应注意读入内容来自端口锁存器而不是端口引脚。

“INC　DPTR”指令是唯一的一条 16 位加 1 指令，在加 1 过程中，若低 8 位有进位，则系统自动向高 8 位进位。

例如(A)=0FFH，(7EH)=0F0H，(R0)=35H，(35H)=00H，执行如下指令：

```
INC   A
INC   R0
INC   7EH
INC   @R0
```

结果：(A)=00H，(7EH)=0F1H，(R0)=36H，(35H)=01H，PSW 标志位状态不受影响(奇偶校验位 P 除外)。

(七)减 1 指令(4 条)

汇编指令格式及注释如下：

```
DEC   A            ; (A)-1 → A
DEC   Rn           ; (Rn)-1 → Rn
DEC   direct       ; (direct)-1 → direct
DEC   @Ri          ; ((Ri))-1 → (Ri)
```

这组指令的功能是将操作数所指定单元的内容减 1。同样仅当操作数为累加器 A 时，才对 PSW 的奇偶校验位 P 有影响，其余指令操作均不影响 PSW。

“DEC　direct”指令中的直接地址如果是 I/O 端口，则自动执行“读-改-写”操作，首先读入端口的内容，然后进行减 1 操作，再输出到端口。

例如(A)=00H，(R3)=20H，(50H)=0FFH，(R0)=25H，(25H)=12H，执行指令：

```
DEC   A
DEC   R3
DEC   50H
DEC   @R0
```

结果为：(A)=0FFH，(R3)=1FH，(50H)=0FEH，(25H)=11H。

(八)十进制调整指令(1 条)

汇编指令格式及注释如下：

```
DA   A             ; 对累加器 A 中的内容进行十进制调整
```

这条指令是在进行 BCD 码加法运算时，跟在 ADD、ADDC 指令之后(只能跟在两条加法指令后面)，用来对压缩 BCD 码(在一个字节中存放两位 BCD 码)的加法运算结果自动进行修正，使其仍为 BCD 码的表示形式。

该指令的具体实现方法为：

(1)当结果的低 4 位 A.3 ~ A.0>9 或半进位标志 AC=1 时，自动执行低半字节加 6，否则不加；

(2)当结果的高 4 位 A.7 ~ A.4>9 或进位标志 CY=1 时，自动执行高半字节加 6，否则不加。

进行十进制调整的原因如下：在单片机中，十进制数 0 ~ 9 之间的数字可以用 BCD 码(4 位二进制)来表示，然而单片机在进行运算时是按照二进制规则进行的，即对于 4 位二进制数是按逢 16 进 1 的，不符合十进制的要求，因此可能导致错误的结果。例如，执行加法指令“ADD　A，#84H”，已知累加器 A 中 BCD 数是 99，则上述指令在正常情况下的结果为：

```
   10000100(84 的 BCD 码)
+)10011001(99 的 BCD 码)
  100011101(结果为 1DH，有进位)
```

显然所得值为非法 BCD 码。但是，如果上述加法指令后接着运行一条“DA　A”指令，根据上面提到的规则，则 CPU 将自动把结果的高、低 4 位分别加 6 进行调整。即“DA A”指令将自动进行如下操作：

```
  00011101
+)01100110
  10000011(结果为 83)
```

进行转换后，所得结果为 83，加上原来已有进位标志 1，即最终结果为 183，符合十进制的运算规则，结果正确。

三、逻辑运算类指令

这一类指令主要用于对两个操作数按位进行与、或、异或等逻辑操作，移位、取反、清零等操作也包括在这一类指令中。这些指令执行时一般不影响程序状态字寄存器 PSW，仅当目的操作数为累加器 A 时对奇偶标志位 P 有影响。逻辑运算类指令共 24 条，下面分别加以介绍。

(一)逻辑与指令(6 条)

汇编指令格式及注释如下：

```
ANL   A，Rn            ； (A)∧(Rn) → A
ANL   A，direct        ； (A)∧(direct) → A
ANL   A，@Ri           ； (A)∧((Ri)) → A
ANL   A，#data         ； (A)∧data → A
ANL   direct，A        ； (direct)∧(A) → direct
ANL   direct，#data    ； (direct)∧data → direct
```

这组指令的功能是将两个指定的操作数按位进行逻辑与运算，结果存到目的操作数中。前 4 条指令是将累加器 A 的内容和操作数的内容按位逻辑与，结果存放在 A 中，指令执行结果影响奇偶标志位 P。后两条指令是将直接地址单元中的内容和操作数所指出的内容按位逻辑与，结果存入直接地址单元中，指令执行结果不影响奇偶标志位。若直接地址为 I/O 端口，同样为“读-改-写”操作。

例如(A)=0C3H，(20H)=0AAH，则执行指令“ANL　A，20H”：

```
  11000011
∧)10101010
  10000010
```

其结果为(A)=82H。

(二)逻辑或指令(6 条)

汇编指令格式及注释如下：

```
ORL   A，Rn            ； (A)∨(Rn) →A
ORL   A，direct        ； (A)∨(direct) →A
ORL   A，@Ri           ； (A)∨((Ri)) →A
ORL   A，#data         ； (A)∨data →A
ORL   direct，A        ； (direct)∨(A) → direct
```

```
ORL   direct, #data          ; (direct) ∨ data → direct
```

这组指令的功能是将两个指定的操作数按位进行逻辑或运算，结果存到目的操作数中。执行后对奇偶标志位 P 及 I/O 端口的影响和上述逻辑与指令相同。

下面举一例，要求将累加器 A 中低 4 位的状态通过 P1 口的高 4 位输出。根据题意可编程如下：

```
ANL   A, #0FH                ; 屏蔽(清零)累加器 A 的高 4 位 A.7～A.4
SWAP  A                      ; 累加器 A 的高、低半字节交换
ANL   P1, #0FH               ; P1 口高 4 位清零
ORL   P1, A                  ; 使 P1.7～P1.4 按 A 中初始值的 A.3～A.0 值置位
```

(三)逻辑异或指令(6 条)

汇编指令格式及注释如下：

```
XRL   A, Rn                  ; (A) ⊕ (Rn) → A
XRL   A, direct              ; (A) ⊕ (direct) → A
XRL   A, @Ri                 ; (A) ⊕ ((Ri)) → A
XRL   A, #data               ; (A) ⊕ data → A
XRL   direct, A              ; (direct) ⊕ (A) → direct
XRL   direct, #data          ; (direct) ⊕ data → direct
```

这组指令的功能是将两个指定的操作数按位进行逻辑异或运算，结果存到目的操作数中。执行后对奇偶标志位 P 及 I/O 端口的影响和逻辑与、或指令相同。

(四)清零与取反指令(2 条)

汇编指令格式及注释如下：

```
CLR   A                      ; (A) = 00H
CPL   A                      ; (Ā) → A
```

“CLR　A”指令的功能是将累加器 A 的内容清零。

“CPL　A”指令的功能是将累加器 A 的内容按位取反，即作逻辑非运算。

例如(A)=23H=00100011B，则执行“CPL　A”指令后，(A)=11011100B=0DCH。

(五)循环移位指令(4 条)

汇编指令格式及注释如下：

```
RL    A                      ; 对 A 中内容进行左循环移位
RR    A                      ; 对 A 中内容进行右循环移位
RLC   A                      ; 对进位标志 CY 和累加器 A 进行左循环移位
RRC   A                      ; 对进位标志 CY 和累加器 A 进行右循环移位
```

前两条指令的功能分别是将累加器 A 的内容循环左移或右移一位，执行后不影响程序状态字 PSW 中各位。

例如，假设(A)=36H=00110110B，则执行“RL　A”指令后，(A)=01101100B=6CH；而若执行“RR　A”，其内容为(A)=00011011B=1BH。

“RLC　A”和“RRC　A”指令的功能分别是将进位标志 CY 与累加器 A 的内容(共计 9 位二进制数)一起循环左移或右移一位，指令执行中要改变程序状态字 PSW 的进位标

志 CY 和奇偶标志位 P。

例如(CY)=1,(A)=96H,两者连接起来的 9 位二进制数为 110010110,若执行“RRC　A”指令，则右循环移位后的 9 位数为 011001011，即结果为(CY)=0，(A)=11001011B=0CBH。

四、控制转移类指令

这类指令的功能主要是控制程序从原来的顺序执行地址转移到其他指令地址上。单片机在运行过程中，有时因为任务要求，需要改变程序的运行方向，或者需要调用某个子程序，或者需要从子程序中返回，此时都需要改变程序计数器 PC 的内容。

控制转移类指令包括无条件转移和条件转移两大类，共有 17 条指令。这类指令多数不影响程序状态字 PSW 寄存器。下面分别加以介绍。

(一)无条件转移指令(4 条)

汇编指令格式及注释如下：

```
LJMP   addrl6          ; addr16 → PC
AJMP   addr11          ; (PC)+2 → PC, addr11 → PC.10 ~ PC.0
SJMP   rel             ; (PC)+2+rel → PC
JMP    @A+DPTR         ; (A)+(DPTR) → PC
```

这类指令是指当程序执行完该指令时，就无条件地转移到指令所提供的地址继续执行。下面分别加以说明。

“LJMP　addr16”指令称为长转移指令，指令中包含 16 位地址，其转移的目标地址范围是程序存储器的 0000H ~ FFFFH。执行结果是将 16 位 ROM 地址(addr16)送给程序计数器 PC，接着从新的程序地址开始执行。

“AJMP　addr11”指令称为短转移指令，指令中只包含要改变的低 11 位地址，其转移的目标地址是在下一条指令地址开始的 2 KB 范围内。由于 AJMP 指令为双字节，该指令执行后，先是程序计数器 PC 自动加 2，然后将指令中包含的 11 位地址送到 PC 的低 11 位，构成新的地址，接着从新的程序地址开始执行。

“SJMP　rel”指令称为相对转移指令，指令的操作数是相对地址。rel 是一个带符号的相对偏移字节数的补码，其范围为–128 ~ +127，负数表示向后转移，正数表示向前转移。SJMP 指令也为双字节，执行该指令后，先是 PC 值自动加 2，然后再将指令中给出的相对偏移量 rel 同当前 PC 值相加，构成新的地址，接着从新的程序地址开始执行，即目的地址值=本指令地址值+2+rel。

“JMP　@A+DPTR”指令称为间接转移指令(或称散转指令)，该指令转移地址由数据指针 DPTR 中的 16 位数和累加器 A 中的 8 位无符号数相加形成，并直接送入 PC。指令执行过程对 DPTR、A 和 PSW 标志位均无影响。这条指令可代替众多的判别跳转指令，具有散转功能，具体可参考本章第五节的例子。

需要说明的是，在用汇编语言编写程序时，可以用一个标号表示转移目标地址。特别是使用相对转移指令时，通常只需要给出地址标号，汇编程序会自动计算出相对偏移量，避免了人工计算的麻烦，而且不容易出错。

(二)条件转移指令(8 条)

汇编指令格式及注释如下：

```
JZ   rel                    ；若(A)=0，(PC)+2+rel → PC(跳转到相应位置)
                            ；若(A)≠0，(PC)+2 → PC(程序顺序向下执行)
JNZ  rel                    ；若(A)≠0，(PC)+2+rel → PC
                            ；若(A)=0，(PC)+2 → PC
CJNE  A，direct，rel         ；若(A)=(direct)，则(CY)=0，(PC)+3 → PC
                            ；若(A)>(direct)，则(CY)=0，(PC)+3+rel → PC
                            ；若(A)<(direct)，则(CY)=1，(PC)+3+rel → PC
CJNE  A，#data，rel          ；若(A)=data，则(CY)=0，(PC)+3 → PC
                            ；若(A)>data，则(CY)=0，(PC)+3+rel → PC
                            ；若(A)<data，则(CY)=1，(PC)+3+rel → PC
CJNE  Rn，#data，rel         ；若(Rn)=data，则(CY)=0，(PC)+3 → PC
                            ；若(Rn)>data，则(CY)=0，(PC)+3+rel → PC
                            ；若(Rn)<data，则(CY)=1，(PC)+3+rel → PC
CJNE  @Ri，#data，rel        ；若((Ri))=data，则(CY)=0，(PC)+3 → PC
                            ；若((Ri))>data，则(CY)=0，(PC)+3+rel → PC
                            ；若((Ri))<data，则(CY)=1，(PC)+3+rel → PC
DJNZ  Rn，rel                ；(Rn)–1 → Rn
                            ；若(Rn)≠0，(PC)+2+rel → PC(跳转到相应位置)
                            ；若(Rn)=0，(PC)+2 → PC(程序顺序向下执行)
DJNZ  direct，rel            ；(direct)–1→direct
                            ；若(direct)≠0，(PC)+3+rel→PC
                            ；若(direct)=0，(PC)+3 → PC
```

这一类指令都是以相对转移的方式转向目标地址的，它们的共同特点是转移前要先判别某一条件是否满足。只有满足规定条件，程序才转到指定转移地址，否则程序将顺序执行下一条指令。

前两条是累加器判别转移指令，通过判别累加器 A 中内容是否为 0，决定是转移还是顺序执行。

接下来的 4 条指令为比较转移指令，是 MCS-51 指令系统中仅有的具有 3 个操作数的指令组。其功能是比较前两个无符号操作数的大小，若不相等则转移，否则顺序执行。这 4 条指令只影响 PSW 寄存器的 CY 位，不影响任何操作数。

最后两条指令是减 1 非零转移指令，使用前要将初始值预置在 Rn 或 direct 地址中，然后再执行某段程序和减 1 非零转移指令。这两条指令通常用于循环程序的编写。

例如，要将单片机内部 RAM 的以 40H 为首地址的单元内容传送到内部 RAM 的以 50H 为首地址的单元中去，数据块长度为 10H，则可编写程序段如下：

```
        MOV  R0，#40H      ；数据区起始地址(源地址)
        MOV  R1，#50H      ；数据区起始地址(目的地址)
```

```
        MOV     R2, #10H         ; 数据块长度
LOOP:   MOV     A, @R0           ; 取数据
        MOV     @R1, A           ; 数据传送
        INC     R0               ; 修改地址指针
        INC     R1
        DJNZ    R2, LOOP         ; 未传送完，继续传送
          ⋮                      ; 传送结束，执行其他指令
```

(三)子程序调用及返回指令(4 条)

汇编指令格式及注释如下：

```
LCALL   addr16          ; (PC)+3 → PC, (SP)+1 → SP, (PCL) → (SP)
                        ; (SP)+1 → SP, (PCH) →(SP), addr16 → PC
ACALL   addr11          ; (PC)+2 → PC, (SP)+1 → SP, (PCL) → (SP)
                        ; (SP)+1 → SP, (PCH) →(SP), addr11 → PC.10 ~ PC.0
RET                     ; ((SP)) → PCH, (SP)–1→ SP
                        ; ((SP)) → PCL, (SP)–1→ SP
RETI                    ; ((SP)) → PCH, (SP)–1→ SP
                        ; ((SP)) → PCL, (SP)–1→ SP
                        ; 除 RET 功能外，还将清除相应的中断状态触发器
```

这组指令用于实现从主程序中调用子程序和从子程序中返回到主程序的功能，此类指令不影响标志位。

LCALL 指令称为长调用指令，为三字节指令，子程序入口地址可以设在 64 KB 的空间中。执行时，程序计数器 PC 自动加 3，指向下条指令地址(即断点地址)，然后将断点地址压入堆栈(以备将来返回)。执行中先把 PC 的低 8 位 PCL 压入堆栈，再压入 PC 的高 8 位 PCH，接着把指令中的 16 位子程序入口地址(addr16)装入 PC，程序转到子程序。

ACALL 指令称短调用指令，为双字节指令，被调用的子程序入口地址必须与调用指令 ACALL 的下一条指令在相同的 2 KB 存储区之内。其保护断点地址过程同上，不过 PC 只需加 2。其转入子程序入口的过程同 LCALL 指令。

RET 指令是子程序返回指令，执行时将堆栈区内的断点地址(调用时压入的 PCH 和 PCL)弹出，送入 PC，从而使程序返回到原断点地址。

RETI 指令是实现从中断子程序返回的指令，它只能用做中断服务子程序的结束指令。RET 指令与 RETI 指令决不能互换使用。

(四)空操作指令(1 条)

汇编指令格式及注释如下：

```
NOP                     ; 空操作
```

这是一条单字节指令，它控制 CPU 不进行任何操作(即空操作)而转到下一条指令。这条指令常用于产生一个机器周期的延迟，如果反复执行这一指令，则机器处于踏步等待状态。

五、位操作类指令

在 MCS-51 单片机中，有专门的位处理机(布尔处理机)，它具有丰富的位处理功能。处理位变量的指令包括位数据传送、位逻辑运算、位条件转移等指令，共计 17 条。在进行位操作时，进位标志 CY 作为位累加器 C，其功能类似于累加器 A。

在 MCS-51 汇编语言中，位地址的表达方式有以下四种：

(1)直接(位)地址方式：如 23H、68H、D7H 等。

(2)点操作符方式：如 PSW.3、P1.2、(B8H)4 等。

(3)位名称方式：如 RS0、P、OV 等。

(4)用户定义名称方式：用伪指令 bit 定义的任意位，具体方法参见下节内容。

(一)位数据传送指令(2 条)

汇编指令格式及注释如下：

```
MOV   C，bit          ；(bit) → C
MOV   bit，C          ；(C) → bit
```

这两条指令主要是利用位操作累加器 C 进行数据传送。前一条指令的功能是将某指定位的内容送入位累加器 C 中，不影响其他标志。后一条指令是将 C 的内容传送到指定位，在对端口进行操作时，先读入端口 8 位的全部内容，然后把 C 的内容传送到指定位，再把 8 位内容传送到相应端口的锁存器，所以也是“读-改-写”指令。

例如，要将位地址 40H 单元的内容传送至位地址 35H 单元，应执行以下两条指令：

```
MOV   C，40H          ；40H 位送 CY
MOV   35H，C          ；CY 送 35H 位
```

(二)位修正指令(6 条)

汇编指令格式及注释如下：

CLR C	； 0 → C
CLR bit	； 0 → bit
CPL C	； $\overline{(C)}$ → C
CPL bit	； $\overline{(bit)}$ → bit
SETB C	； 1 → C
SETB bit	； 1 → bit

这类指令的功能是分别对位累加器 C 或直接寻址位进行清零、取反、置位操作，执行结果不影响其他标志。当直接位地址为端口中某一位时，具有“读-改-写”功能。

(三)位逻辑运算指令(4 条)

汇编指令格式及注释如下：

ANL C，bit	； (C)∧(bit) → C
ANL C，/bit	； (C)∧$\overline{(bit)}$ → C
ORL C，bit	； (C)∨(bit) → C
ORL C，/bit	； (C)∨$\overline{(bit)}$ → C

这组指令的功能是把进位标志 C 的内容和直接位地址的内容逻辑与、或运算后的操作

结果送回到 C 中。斜杠“/”表示对该位取反后再参与运算，但不改变原来的数值。

例如，假设 M、N、L 都代表位地址，编程进行 M、N 内容的异或操作，结果存入 L。即按 $L=M\oplus N=M\overline{N}+\overline{M}N$ 公式进行异或运算。实现该功能的程序如下：

```
MOV   C，N
ANL   C，/M        ；CY←N M̄
MOV   L，C
MOV   C，M
ANL   C，/N        ；CY←M N̄
ORL   C，L         ；CY←M N̄ + M̄ N
MOV   L，C         ；异或结果送 L 位
```

(四)位条件转移指令(5 条)

汇编指令格式及注释如下：

```
JC    rel          ；若(C)=1，(PC)+2+rel → PC
                   ；若(C)=0，(PC)+2 → PC
JNC   rel          ；若(C)=0，(PC)+2+rel → PC
                   ；若(C)=1，(PC)+2 → PC
JB    bit，rel     ；若(bit)=1，(PC)+3+rel → PC
                   ；若(bit)=0，(PC)+3 → PC
JNB   bit，rel     ；若(bit)=0，(PC)+3+rel → PC
                   ；若(bit)=1，(PC)+3 → PC
JBC   bit，rel     ；若(bit)=1，(PC)+3+rel → PC，0 →bit
                   ；若(bit)=0，(PC)+3 → PC
```

这组指令的功能是分别判断进位标志 C 或直接寻址位是 1 还是 0,若条件符合则转移，否则继续执行程序。

前两条指令是双字节，所以 PC 要加 2；后三条指令是三字节，所以 PC 要加 3。另外，最后一条指令的功能是当直接寻址位为 1 时转移，并同时将该位清零，否则顺序执行。该指令也具有“读-改-写”功能。

第四节 汇编系统

一、源程序的编辑

单片机的程序编辑通常都是借助于微机实现的，即在微型计算机上使用编辑软件编写源程序，然后使用汇编程序对源程序进行汇编，最后采用串行通信的方式，将汇编得到的目标代码通过编程设备传送到单片机内，进行程序的调试和运行。

现在使用的源程序编辑软件很多，其使用方法同一般的文字处理软件类似。先是新建一个文件，接着逐行输入源程序，编辑结束后存盘退出即可。

二、源程序的汇编

源程序的汇编有手工汇编和机器汇编两种方式，不过随着微型计算机的普及，已经很少使用手工汇编了。

所谓手工汇编是把源程序用助记符写出后，再通过手工方式查指令编码表(见附录 A)，逐个把助记符指令翻译成机器码，然后把得到的机器码再输入单片机，进行调试和运行。

机器汇编是在微型计算机上使用汇编程序进行源程序的汇编，汇编工作由计算机来完成，最后得到以机器码表示的目标代码。

需要说明的是，随着单片机的应用越来越广泛，各种单片机开发工具也越来越多。现在有许多开发工具将汇编源程序的编辑、汇编、装载等程序集成于一个软件之中，有的软件甚至将单片机仿真也做了进去，使用非常方便。这一类的软件有 QTH、MICE 等。大家可到网上下载相关的安装程序及说明书，这里不再多讲。

三、伪指令

我们知道，单片机只能识别机器语言指令，因此在应用系统中必须把汇编语言源程序通过专门的汇编程序编译成机器语言程序，这个编译过程就称做汇编。汇编程序在汇编过程中，必须要提供一些专门的指令，比如标志汇编源程序的起始及结束等的指令。这些指令在汇编时并不产生目标代码，当然也就不会影响程序的执行，只是在汇编过程中起作用，我们将其称为伪指令。

(一)汇编起始指令 ORG

本指令的功能是对汇编源程序段的起始地址进行定位，即用来规定汇编程序汇编时，目标程序在程序存储器 ROM 中存放的起始地址。指令格式如下：

ORG　addr16

其中 addr16 表示 16 位地址。例如某程序段的开头为“ORG　0060H”则该程序段经过汇编程序汇编后，将被存储于 ROM 中以 0060H 单元开始的空间内。

在一个汇编源程序内，可以多次使用 ORG 命令，以规定不同程序段的起始位置，地址应依从小到大顺序排列，不能重叠。

(二)汇编结束指令 END

本指令的功能是提供汇编结束标志，对 END 指令之后的程序段不再处理，因此该指令应置于汇编源程序的结尾。指令格式如下：

END

(三)定义字节指令 DB

本指令的功能是从指定单元开始定义若干个字节的数据常数表，常用于查表程序。指令格式如下：

［标号：］DB　8 位二进制常数表

常数表中每个数或 ASCII 字符之间要用“，”分开，表示 ASCII 字符时要用单引号引起来。例如某程序中有如下程序段：

ORG　1200H

```
AA:    DB   23H，56H，89H
       DB   'A'，'B'，'C'
```

则经过汇编后，标号 AA=1200H，其后面各 ROM 单元的内容分别为：(1200H)=23H、(1201H)=56H、(1202H)=89H、(1203H)=41H、(1204H)=42H、(1205H)=43H。

(四)定义字指令 DW

本指令的功能是从指定单元开始定义若干个字的数据常数表。指令格式如下：

［标号：］DW　16 位二进制常数表

例如某程序中有如下程序段：

```
       ORG   2400H
AA:    DW    1234H，ABCH，15
```

则经过汇编后，标号 AA=2400H，(2400H)=12H，(2401H)=34H，(2402H)=0AH，(2403H)=BCH，(2404H)=00H，(2405H)=0FH。

(五)赋值指令 EQU

本指令的功能是将数字或汇编符号赋值给某个字符名称。指令格式如下：

字符名称　EQU　数字或汇编符号

使用赋值指令可为程序的编制、调试和阅读带来方便。如果在某程序中要多次用到某一地址，使用 EQU 将其赋值给一个字符名称，则一旦需要对该地址进行变动，只要改变 EQU 命令后面的数字即可，而不必对涉及到该地址的所有指令逐条修改。

例如，某程序中包括如下两行：

```
XYZ   EQU   30H
MOV   A，XYZ
```

则指令执行后，实际是将 30H 单元的内容传送到累加器 A 中。

(六)位地址符号定义指令 BIT

本指令的功能是将位地址赋值给某个字符名称。指令格式如下：

字符名称　BIT　位地址

例如，某程序中包括如下两行：

```
XYZ   BIT   30H
ABC   BIT   P1.2
```

则在汇编过程中，符号 XYZ 等价于位地址 30H，符号 ABC 等价于位地址 P1.2。

第五节　汇编语言程序设计

一、编程的步骤、方法和技巧

要使单片机完成某一具体的工作任务，必须按顺序执行一条条的指令，这种按工作要求编排指令序列的过程称为程序设计。

(一)编程的步骤

使用汇编语言作为程序设计语言的编程步骤与高级语言编程步骤类似，但又略有差异。其程序设计步骤大致可分为以下几步：

(1)明确工作任务要达到的工作目的、技术指标等要求；

(2)分析任务要求，确定解决问题的计算方法和工作步骤；

(3)画程序流程图；

(4)分配工作寄存器和内存工作单元，确定程序与数据存放地址；

(5)按流程图编写源程序；

(6)上机调试、修改并最后确定源程序。

由上述步骤可以看出，在用汇编语言进行程序设计时，主要方法和思路与采用高级语言时相同。主要不同点也是非常重要的一点是第(4)点，这也正是汇编语言面向机器的特点的体现，即在设计程序时还要考虑程序与数据的存放地址，在使用内部 RAM 单元时要注意它们相互之间不能发生冲突。

另外，在进行程序设计时，必须根据实际问题和所使用的单片机的特点来确定算法，然后按照尽可能使程序简单和运行时间短的原则编写程序。

(二)编程的方法和技巧

实际的应用程序一般都是由一个主程序(包括若干个功能模块)和多个子程序构成。每一个程序模块都完成一个明确的任务，实现某个具体功能，如发送、接收、延时、显示、打印等。因此，编写程序时，应注意按模块来编写，首先将程序分成主程序、子程序、中断服务程序等几个模块，个别程序段中还可以再分为几个小模块，然后再具体细化，写出具体的汇编源程序。

采用模块化的程序设计方法，有以下几个方面的优点：

(1)单个模块结构的程序功能单一，易于编写、调试和修改；

(2)便于分工，可使多个程序员同时进行程序的编写和调试，加快开发速度；

(3)程序可读性好，便于功能扩充；

(4)对程序的修改可局部进行，其他无关部分可以保持不变；

(5)对于使用频繁的子程序可以建立子程序库，便于多个模块调用。

在进行模块划分时，应首先弄清楚每个模块的功能，确定其数据结构以及与其他模块的关系；其次是对主要任务进一步细化，把一些专用的子任务交由下一级即第二级子模块完成，这时也需要弄清楚它们之间的相互关系。按这种方法，一直分解到易于理解和实现的小模块为止。实际上，模块的划分有很大的灵活性，但也不能随意划分，在划分模块时应遵循下述原则：

(1)每个模块应具有独立的功能；

(2)模块之间的数据耦合应尽可能少，减少模块之间的数据交换；

(3)模块长度要适中，以 20 ~ 100 条语句为宜。

最后，在进行程序设计时，还应注意以下事项：

(1)尽可能采用循环结构和子程序；

(2)尽量少用无条件转移指令；

(3)子程序设计中要注意保护现场，特别是 PSW 寄存器；

(4)子程序中可考虑通过累加器传递程序的入口参数。

需要说明的是，汇编程序编写固然有很多技巧，但是最根本的还在于多看、多练。要编写出高质量的汇编程序，必须有相当的基本功。

(三)流程图简介

在程序设计中，常常使用程序流程图，把解决问题的方法和步骤用框图形式表示出来，以便于编制程序和查找及修改程序中的错误。

组成流程图的几种框图符号如图 3-1 所示。

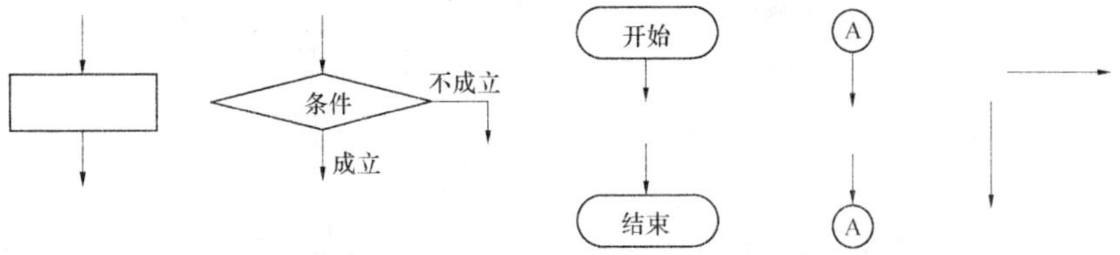

(a)处理框　(b)判别框　(c)起止框　(d)连接框　(e)流向线

图 3-1　程序流程图框图符号

(1)处理框：用于说明一段程序（或一条指令)所完成的功能。这种框通常是一个入口，一个出口。

(2)判别框：进行程序分支的流向判别，框内写入判别条件。这种框通常是一个入口，两个或两个以上出口，在每个出口上要注明分支流向的条件。

(3)起止框：表示一个程序或一个程序模块的开始和结束。起始框内通常用程序名、标号或“开始”等字符来表示，它仅有一个出口。终止框内通常用“结束”、“返回”等字符来表示，它仅有一个入口。

(4)连接框：当一个程序比较复杂，它的流程需要分布在几张图上时，可用连接框表示两根流向线的连接关系，它只有一个入口或出口。连接框内用字母或数字标志，框内字母或数字相同的表示它们有连接关系。

(5)流向线：它表示程序的流向，即程序执行的顺序关系。如果程序的流向是从上向下或从左向右，通常可以不画箭头，其余情况则必须用箭头指明。

二、汇编程序的基本结构

汇编语言程序具有三种结构形式，即顺序结构、分支结构和循环结构。从理论上讲，这三种基本结构可以构成任意复杂的程序。

(一)顺序程序

顺序程序是最简单的程序结构，这种程序中既无分支、循环，也不调用子程序，只是按顺序一条一条地执行指令。

(二)分支程序

分支程序是通过条件转移指令实现的，即根据条件对程序的执行进行判断，满足条件则进行程序转移，不满足条件就顺序执行程序。根据条件的不同情况，分支程序可以分为无条件转移、条件转移和散转三种形式。

(三)循环程序

循环程序主要用于需要重复执行的程序段，采用循环结构可大大地简化程序。循环结构有两种组织方式，如图 3-2 所示。

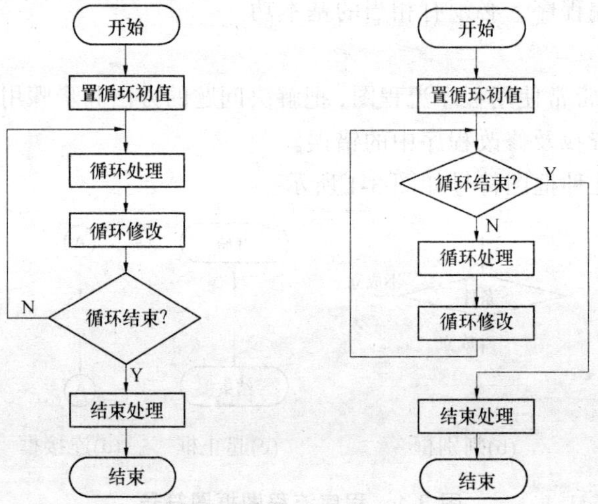

图 3-2　循环程序流程图

由图 3-2 可见，循环程序的结构一般包括下面几个部分：

(1)置循环初值：对循环过程中所使用的工作单元进行初始化；

(2)循环体(循环工作部分)：重复执行的程序段部分；

(3)修改控制变量：控制循环结束的条件；

(4)循环控制部分：判断是否结束循环。

三、汇编程序设计示例

前面我们已经详细介绍了 MCS-51 单片机的指令系统及汇编语言程序设计的方法，下面介绍几个常用程序设计的例子。

(一)顺序程序设计

顺序结构程序是一种最简单、最基本的程序(也称为简单程序)，是所有复杂程序的基础或某个组成部分。顺序结构程序虽然并不难编写，但要设计出高质量的程序还是需要掌握一定的技巧。

【例 3-1】　已知 R0 中存放了一个 BCD 码形式的两位数，试将其转换成二进制数。

解：将原数的高 4 位乘以 10，再加低 4 位数即可(单片机所有运算均为二进制)。

汇编源程序如下：

```
        ORG   0000H              ; 程序初始地址，复位后将从此处执行
        LJMP  ABCD               ; 跳转主程序(ABCD=0050H，符号地址)

        ORG   0050H              ; 主程序初始地址
ABCD:   MOV   A，R0              ; 取出要转换的数
        ANL   A，#0F0H           ; 低 4 位清零，高 4 位不变
        SWAP  A                  ; 将高 4 位换到低 4 位，为乘以 10 做准备
```

```
    MOV   B, #0AH        ; 乘数为 10
    MUL   AB             ; 原数的高 4 位乘以 10
    MOV   R1, A          ; 将中间结果暂存于 R1 寄存器
    MOV   A, R0          ; 重新取出原始数值
    ANL   A, #0FH        ; 高 4 位清零，低 4 位不变
    ADD   A, R1          ; 低 4 位加上高 4 位乘以 10，即得转换结果
    MOV   R0, A          ; 将结果送回 R0 寄存器
    SJMP  $              ; 原地循环等待
    END                  ; 汇编源程序结束
```

这是一个编写完整的程序。开始的无条件跳转指令 LJMP 是所有程序中都必须要写的，当然也可以根据转移范围用 AJMP、SJMP 等无条件跳转指令。主程序起始地址选择为 0050H 是因为 0003H ~ 002BH 是系统保留作为中断服务子程序入口地址的一些单元，主程序应该避开这个区域。最后的指令"SJMP　$"表示在此指令处循环等待，因为 MCS-51 系列单片机指令系统中没有专门的暂停和程序结束指令，故通常采用此方法表示等待。而伪指令 END 仅表示汇编过程结束，不表示程序执行结束。

(二)分支程序设计

分支结构程序的特点是程序中含有转移指令，分支结构程序可以根据程序要求无条件或有条件地改变程序执行顺序，选择程序流向。编写分支结构程序的重点在于正确使用转移指令，转移指令有无条件转移、条件转移和散转三种，其功能及特点分别如下：

(1)无条件转移：它的程序转移方向是设计者事先安排的，与已执行程序的结果无关，使用时只需给出正确的转移目标地址或偏移量即可。

(2)条件转移：它是根据条件对程序执行结果进行判断，从而决定程序的走向，形成各种分支。在编写有条件转移语句时要特别注意：在使用条件转移指令形成分支前，一定要安排可供条件转移指令进行判别的条件，另外要正确选定所用的转移条件和转移目标地址。

(3)散转：它是根据某种输入或运算的结果，使程序转向各个处理程序中去。MCS-51 单片机中有一条专门的散转指令 JMP　@A+DPTR，可以用它较方便地实现散转功能。

以上三种分支结构中，无条件转移最简单，也最常用，上例中的 LJMP　ABCD 就属于无条件转移。条件转移应用也很多，在编写条件转移类程序时需要正确选定转移条件。散转程序的应用相对较少，但在某些情况下却是非常实用的一种程序结构。

下面先举一个简单的分支程序设计的例子。

【例 3-2】 求符号函数的值。设自变量 X 存放在 R0 中，将结果 Y 存放在 R1 中。

解：根据题意，当 R0 等于 0 时，R1=00H；当 R0 大于 0(最高位为 0)时，R1=01H(+1)；当 R0 小于 0(最高位为 1)时，R1=FFH(−1)。

汇编源程序如下：

```
    ORG   0000H
    LJMP  DCBA


    ORG   0060H
```

```
DCBA:  MOV   A, R0              ; 将自变量取到累加器中
       JNZ   NZERO              ; 判断是否为 0，若不为 0 则转移
       MOV   R1, #00H           ; R0=0 时，R1=00H
       SJMP  WAIT               ; 判断完成，转向结束指令
NZERO: JB    ACC.7, MINUS       ; 判断符号位是否为 1(负数)
       MOV   R1, #01H           ; R0>0 时，R1=01H
       SJMP  WAIT               ; 判断完成，转向结束指令
MINUS: MOV   R1, #0FFH          ; R0<0 时，R1=FFH
       NOP
WAIT:  SJMP  $
       END
```

本程序既采用了无条件转移指令，又采用了条件转移指令，是一个比较典型的分支程序。从本例可以看出，分支程序存在两个或两个以上的结果，这要根据给定的条件进行判断，以得到某一个结果。这样，就要用到比较指令、测试指令以及无条件/条件转移指令。分支程序设计的技巧，就在于正确地使用这些指令。

(三)散转程序设计

散转程序是根据运算结果从多个分支程序中选择其中之一,需要使用 JMP @A+DPTR 指令。它的功能是把 16 位数据指针 DPTR 的内容与累加器 A 中的 8 位无符号数相加，形成散转的目的地址，然后装入程序计数器 PC，使程序转入相应的分支程序中去。通常采用的方法是固定 DPTR 的内容，然后根据 A 中的内容进行散转。

【例 3-3】 单片机四则运算。已知某单片机系统的内部 RAM 区 30H、31H 中存放操作数两个，P1.0、P1.1 两端口外接控制开关。要求当这两位为 00 时，30H、31H 单元内容进行加法运算，结果仍放回原处；而当 P1.0、P1.1 两位为 01 时，进行减法运算；当 P1.0、P1.1 两位为 10 时，进行乘法运算；当 P1.0、P1.1 两位为 11 时，进行除法运算。

解：此例要求根据 P1.0、P1.1 的值进行四则运算，有四个并行分支，可采用散转结构。汇编源程序如下：

```
       ORG   0000H
       LJMP  XYZ

       ORG   0070H
XYZ:   MOV   P1, #0FFH          ; 启动 P1 端口
       MOV   DPTR, #TAB         ; DPTR 指向散转表的初始地址
       MOV   A, P1              ; 读入 P1 端口内容
       ANL   A, #03H            ; 高 6 位清零(03H=00000011B)
       MOV   B, #02H            ; 散转值乘以 2，因 AJMP 指令为双字节
       MUL   AB
       JMP   @A+DPTR
TAB:   AJMP  PRO1               ; 转到加法程序
```

```
        AJMP   PRO2                 ；转到减法程序
        AJMP   PRO3                 ；转到乘法程序
        AJMP   PRO4                 ；转到除法程序
        NOP
PRO1：  MOV   A，30H                ；取被加数
        ADD   A，31H                ；做加法运算
        MOV   30H，A                ；结果放回 30H
        AJMP   WAIT                 ；运算完成，转向结束指令
PRO2：  MOV   A，30H                ；取被减数
        CLR   C                     ；借位标志清零
        SUBB   A，31H               ；做减法运算
        MOV   30H，A                ；结果放回 30H
        AJMP   WAIT                 ；运算完成，转向结束指令
PRO3：  MOV   A，30H                ；取被乘数
        MOV   B，31H                ；取乘数
        MUL   AB                    ；做乘法运算
        MOV   30H，A                ；结果低 8 位放回 30H
        MOV   31H，B                ；结果高 8 位放回 31H
        AJMP   WAIT                 ；运算完成，转向结束指令
PRO4：  MOV   A，30H                ；取被除数
        MOV   B，31H                ；取除数
        DIV   AB                    ；做除法运算
        MOV   30H，A                ；商放回 30H
        MOV   31H，B                ；余数放回 31H
        NOP
WAIT：  SJMP   $
        END
```

本程序中，散转表由双字节指令 AJMP 组成，因而散转地址的最大范围为 2 KB。散转表中各转移指令地址依次相差两个字节，所以累加器 A 中变址值必须乘以 2。若需扩大范围，可采用长跳转指令 LJMP，只不过由于 LJMP 指令为 3 字节，故散转值应乘以 3，此时散转范围扩大到整个 64 KB 内的任何地址。

主程序开始处的"MOV P1，#0FFH"指令是为了激活 P1 端口。由于其结构原因，MCS-51 单片机的 PIO 端口在使用前，应先置 1，以使其处于工作状态。另外，本例中的程序只是为了介绍散转程序的编写过程，并不具有实用价值。再者，由于程序中累加器 A 的最大值为 FFH，故而散转点不得超过 256。为了克服上述局限性，可采用两个寄存器存放散转点，具体汇编源程序编写请大家思考。

(四)循环程序设计

在很多程序中会遇到需多次重复执行某段程序的情况，这时可把这段程序设计为循环

结构，这种结构可大大缩短程序，也是最常用的一种程序结构。若需要循环次数过多，还可采用多重循环(循环嵌套)的方式。

【例 3-4】 将内部 RAM 中 30H ~ 3FH 单元的数传送到外部 RAM 中 2000H ~ 200FH 单元。

解：若一个一个数据传送，显然程序很长，采用循环结构则可大大简化程序。

汇编源程序如下：

```
        ORG   0000H
        LJMP  MAIN

        ORG   0080H
MAIN:   MOV   R0, #30H          ; 内部数据区起始单元地址
        MOV   DPTR, #2000H      ; 外部数据区起始单元地址
        MOV   R1, #10H          ; 循环次数为 16 次
LOOP:   MOV   A, @R0
        MOVX  @DPTR, A          ; 传送
        INC   R0                ; 修改内部数据单元地址
        INC   DPTR              ; 修改外部数据单元地址
        DJNZ  R1, LOOP          ; 判断是否到 16 次
        SJMP  $
        END
```

其中 R1 为循环控制变量，开始赋初值 10H，每次循环后减 1，然后据其是否为 0 判断循环是否结束。R0、DPTR 分别确定内部和外部的数据单元地址，循环过程中不断加 1，使地址顺序增加。

【例 3-5】 某单片机系统，要求复位后 P1 端口送出 8 个 0，5 秒钟后送出 8 个 1(已知单片机使用的晶振为 12 MHz)。

解：由于单片机使用的晶振为 12 MHz，所以每个机器周期为 1 μs，即单片机执行每条指令的时间为 1 ~ 4 μs。现要求延时 5 s，需要设计某个指令重复执行几十万次，只能采用多重循环的方法。

汇编源程序如下：

```
        ORG   0000H
        LJMP  MAIN

        ORG   0080H
MAIN:   MOV   P1, #00H          ; P1 端口先送出 8 个 0
        MOV   R0, #100          ; R0 初值为 100(没有 H 后缀，为十进制)
DL3:    MOV   R1, #200          ; 执行次数为 100
DL2:    MOV   R2, #124          ; 执行次数为 200 × 100
DL1:    DJNZ  R2, DL1           ; 执行次数为 124 × 200 × 100
```

```
DJNZ  R1, DL2           ; 执行次数为 200×100
DJNZ  R0, DL3           ; 执行次数为 100
MOV  P1, #0FFH          ; P1 端口送出 8 个 1
SJMP  $
END
```

该延时程序是一个三重循环程序，各个循环的执行次数见注释。由于 DJNZ 指令为双机器周期，MOV 指令为单机器周期，所以执行一次的时间分别为 2 μs 和 1 μs。下面计算其延时时间。

MOV R0, #100	执行 1 次	延时 1 μs
MOV R1, #200	执行 100 次	延时 100 μs
MOV R2, #124	执行 200×100 次	延时 20 000 μs
DJNZ R2, DL1	执行次数为 124×200×100	延时 4 960 000 μs
DJNZ R1, DL2	执行次数为 200×100	延时 40 000 μs
DJNZ R0, DL3	执行次数为 100	延时 200 μs

故而本例中三重循环的总延时时间为 5 020 301 μs，近似为 5 s。

需要说明的是，采用软件实现延时功能，方法简单，不需要占用硬件资源，但在延时过程中 CPU 一直被占用，且定时精度不如一般的硬件定时器高，所以通常用在要求不高的定时场合。

(五)查表程序设计

查表程序就是把已知对应关系的函数值按一定规律编成表格，存放在单片机的程序存储器中，当用户程序中需要用到这些函数值时，直接按编排好的索引值寻找答案。这种方法节省了运算步骤，使程序更简便、执行速度更快。特别是在控制应用场合和智能化仪器仪表中，经常使用查表程序。这种方法唯一的不足是要占用一定的 ROM 存储单元，但随着存储器价格的大幅度下降，查表程序的应用越来越广泛。

在 MCS-51 指令系统中，有两条查表指令，即 MOVC A, @A+DPTR 和 MOVC A, @A+PC。这两条指令的共同点是都从程序存储器读取数据；并且 DPTR 和 PC 都是基址寄存器，用来指示表格首地址；累加器 A 的内容为查表值与表格首地址之间的偏移量，它限制了表格的长度，一般在 256 字节之内。第一条查表指令采用 DPTR 作为数据表格的首地址指针，表格可设置在程序存储器 64 KB 范围的任何区域，查表前把数据表格起始地址存入 DPTR，然后把所查表的索引值送入累加器 A 中，最后使用 MOVC A, @A+DPTR 完成查表。第二条查表指令采用程序指针 PC 作为数据表格的首地址指针，表格只能设置在该指令之后的 256 字节范围之内，因此应用相对较少。

为了便于查表，要求表中的数据按照便于查找的次序排列，并将它们存放在从指定的首地址开始的存储单元(利用 DB 或 DW 伪指令)，函数值在表中的序号(即索引值)应该和函数值有直接的对应关系，函数值的存放地址即等于首地址加上索引值。自变量可以是规则变量也可以是非规则变量，但不论其如何变化，与表格中的函数值一定是一一对应的。函数值可以是单字节、双字节或三字节等，但同一表格中的所有值必须具有相同的字节数，这样的表格具有规律性，便于编制查表程序。

【例 3-6】 设计一个将十六进制数转换成 ASCII 码的子程序。设十六进制数存放在 30H 单元中的低 4 位，要求将转换后的 ASCII 码仍送回到 30H 中。

解：0 ~ 9 的 ASCII 码分别为 30H ~ 39H，A ~ F 的 ASCII 码分别为 41H ~ 46H，表中所有的值都是单字节，表格长度为 16 个字节。

汇编源程序如下：

```
        ORG   0000H
        LJMP  MAIN

        ORG   0080H
MAIN:   MOV   A, 30H                  ; 取十六进制数
        ANL   A, #0FH                 ; 高 4 位清零
        MOV   DPTR, #TAB              ; 数据表首地址赋给 DPTR
        MOVC  A, @A+DPTR              ; 查表
        MOV   30H, A                  ; 转换结果送回 30H
        SJMP  $
TAB:    DB    30H, 31H, 32H, 33H      ; 数据表
        DB    34H, 35H, 36H, 37H
        DB    38H, 39H, 41H, 42H
        DB    43H, 44H, 45H, 46H
        END
```

上例中的表格每数只有一个字节，程序编写比较简单，下面再看一个双字节的例子。

【例 3-7】 编写一个立方表程序。设内部 RAM 区 30H 中有一个 0 ~ 9 之间的数，试求其立方值，结果放到 31H、32H 单元中(要求结果以 BCD 码形式表示)。

解：立方表中每个数据需要占用两个字节，例如 8^3=512，只能表示为 05 12。

汇编源程序如下：

```
        ORG   0000H
        LJMP  MAIN

        ORG   0080H
MAIN:   MOV   A, 30H                  ; 取自变量
        MOV   B, #02H                 ; 索引号应乘以 2，每个数据占两个字节
        MUL   AB
        MOV   R0, A                   ; 暂存索引号
        MOV   DPTR, #TAB              ; 数据表首地址赋给 DPTR
        MOVC  A, @A+DPTR              ; 查出高字节
        MOV   31H, A                  ; 高字节送回 31H
        MOV   A, R0                   ; 重新取回索引号
        INC   A                       ; 索引号加 1
```

```
        MOVC   A, @A+DPTR         ; 查出低字节
        MOV    32H, A             ; 低字节送回 32H
        SJMP   $
TAB:    DB   00H, 00H, 00H, 01H   ; 数据表
        DB   00H, 08H, 00H, 27H
        DB   00H, 64H, 01H, 25H
        DB   02H, 16H, 03H, 43H
        DB   05H, 12H, 07H, 29H
        END
```

(六)子程序设计

子程序是一种具有特定功能的程序段，其资源可供所有调用程序共享。因此，子程序在功能上应具有通用性，在结构上应具有独立性。

子程序第一条指令的地址，通常称为子程序的入口地址或首地址。为编程方便，通常要给每个子程序赋一个名字，实际上就是入口地址的标号。每个子程序的末尾都必须有一条子程序返回指令，标志子程序的结束，同时返回调用程序，接着从原来的断点(调用指令的下一条指令地址，称为断点)向下执行。

主程序调用子程序是通过 LCALL addr16 和 ACALL addr11 指令来实现的。子程序调用指令的功能是将 PC 中的内容压入堆栈(即保护断点)，然后将调用地址送入 PC，使程序转入子程序的入口地址。

子程序的返回是通过 RET 指令实现的。这条指令的功能是将堆栈中存放的返回地址(即断点)弹出堆栈，送回到 PC，使程序继续从断点处向下执行。

在编写子程序时应注意以下几点：

(1)能正确传递参数。即首先要有入口条件，说明进入子程序时，它所要处理的数据是如何得到的(例如是把它放在 ACC 中还是放在某工作寄存器中)。另外还要有出口条件，即处理的结果是如何存放的。

(2)注意保护现场和恢复现场。在执行子程序时，可能要使用累加器或某些工作寄存器，而在调用子程序之前，这些寄存器中可能存放有主程序的中间结果，这些中间结果是不允许被破坏的。因此，子程序在使用累加器和这些工作寄存器之前，要将其中的内容保存起来，即保护现场。当子程序执行完后，返回主程序之前，再将这些内容取出，送回到原来的寄存器中，这一过程称为恢复现场。保护和恢复现场通常用堆栈操作来进行。

(3)子程序应具有一定的通用性。子程序中的操作对象，应尽量用地址或寄存器形式，而不用立即数。另外，子程序中如含有转移指令，应尽量用相对转移指令。

【例 3-8】 计算 X^3+Y^3。已知 X 存放在 30H 中，Y 存放在 31H 中，均为 0 ~ 9 之间的数，求出 X^3+Y^3，结果放到 40H、41H 中。

解：该程序需查立方表两次，可采用子程序结构，则只需编写一个查表程序就可以了。

汇编源程序如下：

```
        ORG    0000H
        LJMP   MAIN
```

```
        ORG   0080H
MAIN:   MOV   A, 30H              ; 取第一个自变量
        LCALL  SPRO               ; 调用查表子程序
        MOV   40H, R1             ; 结果高字节送到 40H
        MOV   41H, R2             ; 结果低字节送到 41H
        MOV   A, 31H              ; 取第二个自变量
        LCALL  SPRO               ; 调用查表子程序
        MOV   A, R2               ; 先将低字节送到累加器 A
        ADD   A, 41H              ; 两个结果的低字节相加
        DA    A                   ; 十进制调整
        MOV   41H, A              ; 最终结果的低字节送回 41H
        MOV   A, R1               ; 再将高字节送到累加器 A
        ADDC  A, 40H              ; 两个结果的高字节相加
        DA    A                   ; 十进制调整
        MOV   40H, A              ; 最终结果的高字节送回 40H
        NOP
        SJMP  $
SPRO:   MOV   B, #02H             ; 查表子程序，入口地址标号为 SPRO
        MUL   AB
        MOV   R0, A               ; 暂存索引号
        MOV   DPTR, #TAB          ; 数据表首地址赋给 DPTR
        MOVC  A, @A+DPTR          ; 查出高字节
        MOV   R1, A               ; 高字节送回 R1
        MOV   A, R0               ; 重新取回索引号
        INC   A                   ; 索引号加 1
        MOVC  A, @A+DPTR          ; 查出低字节
        MOV   R2, A               ; 低字节送回 R2
        RET                       ; 返回主程序
TAB:    DB  00H, 00H, 00H, 01H    ; 数据表
        DB  00H, 08H, 00H, 27H
        DB  00H, 64H, 01H, 25H
        DB  02H, 16H, 03H, 43H
        DB  05H, 12H, 07H, 29H
        END
```

可见，把子程序结构应用到编写复杂程序中去，就可以把一个复杂的程序分割成很多独立的、关联较少的功能模块，称为模块化结构。这种方式不但结构清楚、易读、节省空间，而且也易于分别调试，是大程序中经常采用的编程方式。

(七)其他程序设计

在 MCS-51 单片机的汇编程序设计中，基本的程序结构就是上面我们介绍的顺序程序、分支程序、散转程序、循环程序、查表程序和子程序结构，这其中包含了汇编程序设计的基本思想。如果能够熟练掌握这几种结构，再多进行编程实践，就可以编写出任意复杂的单片机程序了。

下面再举几个具体的例子。

【例 3-9】 数码转换程序。已知内部 RAM 区 30H 中有一个 1 字节二进制数，将其转换为 BCD 码，结果放到 31H、32H、33H 中。

解：BCD 码是 4 位二进制数表示的十进制数，它在单片机中有两种存放形式：一种是 1 字节放 1 位 BCD 码，高 4 位均置 0，常用于显示和输出；另一种是 1 字节存放 2 位 BCD 码，高低 4 位各有一个 BCD 码，称做压缩 BCD 码，有利于节省存储空间。本题中，30H 单元内二进制数的最大值为 FFH，转换为 BCD 码后，最大为 255。若采用非压缩 BCD 码形式，最多需要 3 个单元存储。

本例的重点在于算法的分析，程序编写非常简单，请大家自行阅读，并给源程序加上注释。汇编源程序如下：

```
        ORG   0000H
        LJMP   MAIN

        ORG   0080H
MAIN:   MOV   A，30H
        MOV   B，#64H
        DIV   AB
        MOV   31H，A
        MOV   A，B
        MOV   B，#0AH
        DIV   AB
        MOV   32H，A
        MOV   33H，B
        SJMP   $
        END
```

【例 3-10】 编程实现两个双字节无符号数相乘。已知被乘数存放在 R2、R3 中，乘数存放在 R6、R7 中，计算其乘积，并将结果存放在 R2、R3、R4、R5 中。

解：汇编源程序如下(请大家自行阅读，并给源程序加上注释)：

```
        ORG   0000H
        LJMP   MAIN

        ORG   0080H
MAIN:   MOV   A，R3
```

```
MOV  B, R7
MUL  AB
MOV  R5, A
MOV  R4, B
MOV  A, R3
MOV  B, R6
MUL  AB
ADD  A, R4
MOV  R4, A
CLR  A
ADDC A, B
MOV  R3, A
MOV  A, R2
MOV  B, R7
MUL  AB
ADD  A, R4
MOV  R4, A
CLR  A
ADDC  A, B
ADD  A, R3
MOV  R3, A
MOV  A, R2
MOV  B, R6
MUL  AB
ADD  A, R3
MOV  R3, A
CLR  A
ADDC  A, B
MOV  R2, A
NOP
SJMP  $
END
```

本程序用到的算法可以很容易地推广到更多字节的乘法运算中。

【例 3-11】 排序程序。已知单片机片内 RAM 的 30H ~ 3FH 中存放着 16 个无符号单字节数，试将其按从小到大的顺序重新排列。

解：汇编源程序如下(本程序采用计算机中通用的冒泡法排序，请大家自行阅读，并给源程序加上注释)：

```
ORG  0000H
```

```
        LJMP   MAIN

        ORG   0080H
MAIN:   MOV   R0, #30H
        MOV   R7, #16
        MOV   A, R7
        MOV   R5, A
SRT1:   CLR   F0
        MOV   A, R5
        DEC   A
        MOV   R5, A
        MOV   R2, A
        JZ   SRT4
        MOV   A, R0
        MOV   R6, A
SRT2:   MOV   A, @R0
        MOV   R3, A
        INC   R0
        MOV   A, @R0
        MOV   R4, A
        CLR   C
        SUBB   A, R3
        JNC   SRT3
        SETB   F0
        MOV   A, R3
        MOV   @R0, A
        DEC   R0
        MOV   A, R4
        MOV   @R0, A
        INC   R0
SRT3:   DJNZ   R2, SRT2
        MOV   A, R6
        MOV   R0, A
        JB   F0, SRT1
SRT4:   NOP
        SJMP   $
        END
```

实训课题

一、顺序结构程序设计

(一)实训目的

(1)熟悉 VW 软件的使用。

(2)熟悉基本汇编指令的应用。

(3)熟悉顺序程序的基本结构。

(4)熟悉简单顺序结构程序的设计方法。

(二)实训设备

微机一台(安装 VW 软件)。

(三)实训要求

(1)编程要求：用 VW 软件编写一个汇编语言程序。

(2)功能要求：把内存 40H 单元中的两位十进制数(如 56D)转化为压缩 BCD 码，并放入内存 41H 单元中。

(3)实训观察：实验过程中，单步运行时，可通过 VW 的 CPU 窗口观察通用寄存器的变化，通过 DATA 窗口观察 41H 单元的内容，结果为 56H。

(四)实训原理

利用 BCD 码的定义，把两位数分解为十位和个位，然后把十位存在高 4 位，个位存在低 4 位，从而完成向压缩 BCD 码的转换。

(五)参考源程序

```
        ORG   0000H          ；程序初始地址，复位后将从此处执行
        LJMP   MAIN          ；跳转主程序(MAIN=0060H，符号地址)

        ORG   0060H          ；主程序初始地址
MAIN：  MOV   A，40H         ；取出要转换的数
        MOV   B，#0AH        ；除数为 10
        DIV   AB             ；除完之后，A 中存十位数据，B 中存个位数据
        SWAP A               ；将低 4 位换到高 4 位
        ORL   A，B           ；形成压缩 BCD 码
        MOV   41H，A         ；将结果送到 41H 单元
        SJMP   $             ；原地循环等待
        END                  ；汇编源程序结束
```

(六)实训步骤

(1)新建一个文件，编写汇编程序，并保存为 shunxu.asm。

(2)调出 VW 的 CPU 窗口和 DATA 窗口，将内存 40H 单元中的内容修改为 56D，编译文件，生成 shunxu.hex 文件。

(3)执行单步运行操作，同时观察 CPU 窗口中寄存器区(Reg)的变化。

(4)在 DATA 窗口观察内存 41H 单元中的最终结果。

(5)改变内存 40H 单元中的内容，重复执行步骤(1) ~ (4)。

二、分支结构程序设计

(一)实训目的

(1)熟悉 VW 软件的使用。

(2)熟悉基本汇编指令的应用。

(3)熟悉分支程序的基本结构。

(4)熟悉简单分支结构程序的设计方法。

(二)实训设备

微机一台(安装 VW 软件)。

(三)实训要求

(1)编程要求：编写一个汇编语言程序。

(2)实现功能：设内部 RAM 中 40H、41H 单元分别存放两个无符号数，找出其中的大数并把它放入 42H 单元。

(3)实训观察：实验过程中，单步运行时，可通过 VW 的 CPU 窗口观察通用寄存器的变化，通过 DATA 窗口观察 42H 单元的内容。如果 40H 单元存 23H，41H 单元存 34H，则最终 42H 中会得到 34H。

(四)实训原理

比较两个数的大小，MCS-51 系统中没有专门的指令，但我们可以通过两个数相减，看有没有借位来判断两个数的大小。如：A 减 B，如果没有借位，则 $A \geqslant B$。

(五)参考源程序

```
        ORG   0000H          ；程序初始地址，复位后将从此处执行
        LJMP  MAIN           ；跳转主程序(MAIN=0060H，符号地址)

        ORG   0060H          ；主程序初始地址
MAIN：  CLR   C              ；清除借位
        MOV   A，40H         ；取出第一位要比较的数
        SUBB  A，41H         ；用 40H 中的数减去 41H 中的数
        JC    XIAO
        MOV   42H，40H       ；将大数送到 42H 单元
        SJMP  L1
XIAO：  MOV   42H，41H       ；将大数送到 42H 单元
L1：    SJMP  $              ；原地循环等待
        END                  ；汇编源程序结束
```

(六)实训步骤

(1)新建一个文件，编写汇编程序，并保存为 fenzhi.asm。

(2)调出 VW 的 CPU 窗口和 DATA 窗口，分别修改 40H 单元和 41H 单元中的内容为 23H 和 34H，编译文件，生成 fenzhi.hex 文件。

(3)执行单步运行操作，同时观察 CPU 窗口中寄存器区(Reg)的变化。

(4)在 DATA 窗口观察内存 42H 单元中的最终结果。

(5)改变内存 40H、41H 单元中的内容，重复执行步骤(1) ~ (4)。

三、循环结构程序设计

(一)实训目的

(1)熟悉 VW 软件的使用。

(2)熟悉基本汇编指令的应用。

(3)熟悉循环程序的基本结构。

(4)熟悉简单循环结构程序的设计方法。

(二)实训设备

微机一台(安装 VW 软件)。

(三)实训要求

(1)编程要求：编写一个汇编语言程序。

(2)实现功能：把片内 RAM 中 50H ~ 55H 单元中的数据累加，结果的高 8 位放入 57H，结果的低 8 位放入 56H。其中 50H=(54H)，51H=(F6H)，52H=(1BH)，53H=(20H)，54H=(04H)，55H=(C1H)。

(3)实训观察：54H+F6H+1BH+20H+04H+C1H=024AH，最终 57H=(02H)，56H=(4AH)。

(四)实训原理

利用循环程序实现 6 个数据连续相加。

(五)参考源程序

```
        ORG     0000H         ；程序初始地址，复位后将从此处执行
        LJMP  MAIN            ；跳转主程序(MAIN=0060H，符号地址)

        ORG     0060H         ；主程序初始地址
MAIN:   MOV     R0，#50H      ；把初始地址送给 R0
        MOV     R1，#06H      ；设循环次数
        MOV     R2，#00H      ；结果高 8 位初值
        MOV     A，#00H       ；累加器清零
LOOP:   CLR     C             ；清进位
        ADD     A，@R0        ；进行相加
        INC     R0            ；地址加 1
        JC      HIGHT         ；判断是否有进位
        SJMP    L1
HIGHT:  INC     R2            ；有进位,高 8 位加 1
L1:     DJNZ    R1，LOOP      ；判断是否完成加法
```

```
MOV   56H, A        ; 结果低 8 位送 56H
MOV   57H, R2       ; 结果高 8 位送 57H
SJMP  $             ; 原地循环等待
END                 ; 汇编源程序结束
```

(六)实训步骤

(1)新建一个文件，编写汇编程序，并保存为 xunhuan.asm。

(2)调出 VW 的 CPU 窗口和 DATA 窗口，修改 50H ~ 55H 单元中的内容，编译文件，生成 xunhuan.hex 文件。

(3)执行单步运行操作，同时观察 CPU 窗口中寄存器区(Reg)的变化。

(4)在 DATA 窗口观察内存 56H、57H 单元中的最终结果。

(5)改变内存 50H ~ 55H 单元中的内容，重复执行步骤(1) ~ (4)。

本章小结

本章主要介绍了 MCS-51 单片机的寻址方式、指令系统、汇编程序设计方法。

MCS-51 单片机的寻址方式包括直接寻址、寄存器寻址、寄存器间接寻址、立即寻址、变址寻址、相对寻址、位寻址七种方式。

根据功能的不同，MCS-51 指令系统主要包括数据传送类、算术运算类、逻辑运算类、控制转移类、位操作类五大类指令，共计 111 条。

在 MCS-51 单片机的汇编程序设计中，基本的程序结构包括顺序程序、分支程序、散转程序、循环程序、查表程序和子程序结构。学会这六种结构，就可以编写任意复杂的汇编程序。

习题与思考题

1. 简述下列名词术语的含义：指令、伪指令、程序、寻址方式。

2. MCS-51 单片机有哪几种寻址方式，这几种寻址方式是如何寻址的？

3. 单片机的指令系统根据功能可分为哪几类？试说明各类指令的作用。

4. 在单片机内部 RAM 中，已知(30H)=38H，(38H)=40H，(40H)=48H，(48H) =90H，请分析下段程序中各指令的作用，说明源操作数的寻址方式并按顺序执行每条指令后的结果。

```
MOV   A, 40H
MOV   R0, A
MOV   P1, #0F0H
MOV   @R0, 30H
MOV   DPTR, #1246H
MOV   40H, 38H
MOV   R0, 30H
```

```
MOV   90H, R0
MOV   48H, #30H
MOV   A, @R0
MOV   P2, P1
```

5. 试说明下列指令执行后，A 的最终值为多少，并分析执行最后一条指令对 PSW 有何影响。

```
(1) MOV   R0, #72H
    MOV   A, R0
    ADD   A, #4BH
(2) MOV   A, #02H
    MOV   B, A
    MOV   A, #0AH
    ADD   A, B
    MUL   AB
(3) MOV   A, #20H
    MOV   B, A
    ADD   A, B
    SUBB  A, #10H
    DIV   AB
```

6. 试编程完成以下数据传送要求。

(1) R5 的内容送到 R4；

(2) 片外 RAM 区 50H 内容送到寄存器 B；

(3) ROM 区 2030H 内容送到内部 RAM 区 60H；

(4) ROM 区 3040H 内容送到外部 RAM 区 3040H。

7. 试说明下段程序中每条指令的作用。当指令执行后，R0 中的内容是什么？

```
MOV   R0, #0A7H
XCH   A, R0
SWAP  A
XCH   A, R0
```

8. 请分析依次执行下面指令的结果。

```
MOV   30H, #0A4H
MOV   A, #0D6H
MOV   R0, #30H
MOV   R2, #47H
ANL   A, R2
ORL   A, @R0
SWAP  A
CPL   A
```

```
XRL  A，#0FFH
ORL  30H，A
```

9. 试说明入栈指令和出栈指令的作用及执行过程。

10. 试编程将外部数据存储器1000H单元中的最高位置1，其余位清零。

11. 试编程将内部RAM区40H单元的高4位置1，低4位取反。

12. 试编程将P1.1和80H位相与的结果，通过P1.2输出。

13. 请用位操作指令求下面的逻辑方程。

(1) P1.7=ACC.0 · (B.0+P2.1)+P3.2

(2) PSW.5=P1.3 · ACC.2+B.5 · P1.1

(3) P2.3=P1.5 · B.4+ACC.7 · P1.0

14. 编程将片内40H～60H单元中的内容送到以3000H为首地址的外部数据存储区中。

15. 设有两个4位BCD码，分别存放在21H、22H单元和31H、32H单元中。求它们的和，并送入40H、41H、42H单元中去(其中40H单元存进位标志)。

16. 编程计算片内RAM区50H～59H单元中数的算术平均值，结果存放在5AH中。

17. 设有两个长度均为15的数组，分别存放在外部RAM区以2100H和2200H为首地址的存储区中。试编程求其对应项之和，结果存放到以2100H为首地址的存储区中。

18. 设有100个有符号数，连续存放在外部RAM区以2000H为首地址的存储区中。试编程统计其中正数、负数、零的个数。

19. 试编写一查表程序，从ROM区首地址为0200H，长度为100的数据块中找出第一个ASCII码A，将其地址送到R0和R1单元中。

20. 有一个无符号数据块，其长度在30H单元，首地址为31H单元。找出数据块中的最大值，并存入40H单元。

21. 试分别编写延时1 s、1 min、1 h的子程序。

22. 编程实现$C=A^2+B^2$。设A、B均小于10，分别存在31H、32H单元中。将结果C存入33H单元。

第四章　MCS-51 单片机的中断系统

提要 本章主要学习中断系统的基本概念、应用场合以及中断的响应过程，学习 MCS-51 单片机的中断系统结构、控制方法及应用。

重点 中断的概念及作用、MCS-51 中断系统及其控制方法、中断响应过程及中断实现方法、外部中断的扩展方法、MCS-51 单片机中断的应用。

难点 中断控制和中断初始化方法、中断服务程序入口地址及其在存储空间上的安排、中断优先级控制原则。

导入 中断的概念，我们可以从生活中的例子来理解。某同学正在教室看书，突然手机响了，该同学在书上做个记号后放下书，到教室外去接电话，交谈之后，回来从刚才做记号处继续看书，这就是生活中的“中断”现象，即正常的事件被突发事件打断了。用单片机语言描述的话，所谓中断，指 CPU 正在处理某项事件 A 的时候，如果外界或者内部发生了紧急事件 B 要 CPU 暂停处理事件 A 而去处理紧急事件 B，待事件 B 处理完之后，再回到事件 A 中原来中断的地方，继续执行事件 A 的这个过程。引起 CPU 中断的原因称为中断源；中断源向 CPU 提出的处理请求，称为中断请求(或中断申请)；CPU 暂时停止处理自身的事件，转去执行中断请求所需处理事件的过程，称为中断响应过程；对事件 B 的整个处理过程，称为中断服务(或中断处理)；处理完毕，再回到原来被中断的地方，称为中断返回。在单片机中实现上述中断功能的部件称为中断系统(中断结构)。

第一节　MCS-51 中断系统

中断概念的出现，是计算机系统结构设计中的重大变革。设置单片机中断系统的主要目的是让 CPU 对内部或外部的突发事件及时地做出响应，该系统包括硬件和软件编程，中断系统的灵活应用让单片机实现了分时操作、实时处理及故障处理，提高了 CPU 的效率。

MCS-51 系列单片机的中断系统包括中断源、中断允许寄存器 IE、中断优先级寄存器 IP、中断矢量等。

一、中断系统概述

(一)中断系统的几个概念

(1)中断：程序执行过程中，允许外部或内部事件通过硬件打断当前程序的执行，使其转向处理外部或内部事件的中断服务子程序中去；完成中断服务程序后，CPU 继续执行原来被打断的程序，这样的过程称为中断响应过程。

(2)中断源：能产生中断请求的外部或内部事件。MCS-51 系列单片机共有 5 个中断源：两个外部中断源、两个定时/计数器中断源和一个串行口中断源。

(3)中断优先级：当有多个中断源同时申请中断时，或者 CPU 正在处理某中断源服务程序时，又有另一中断源申请中断，那么 CPU 必须要区分哪个中断源更重要，从而确定优先去处理哪个中断源。从这点看就有必要设置中断优先级。

(4)中断嵌套：优先级高的事件可以中断 CPU 正在处理的低级中断服务程序，待完成了高级中断服务程序之后，再继续被打断的低级中断服务程序，该过程称为中断嵌套。

(二)中断响应

单片机的中断响应可以分为以下几个步骤。

(1)停止主程序运行。当前指令执行完后立即终止现行程序的运行。

(2)保护断点。把程序计数器 PC 的当前值压入堆栈，保存中断地址(断点地址)，以便从中断服务程序返回时能继续执行该程序。

(3)寻找中断入口。根据 5 个不同的中断源所产生的中断，查找 5 个不同的入口地址(即查找中断矢量表)。

(4)执行中断服务程序。该步骤与中断的任务有关。

(5)中断返回。执行完中断服务程序后，就从断点处返回主程序，继续向下执行。

以上工作是由计算机自动完成的，与编程者无关，但是所涉及到的中断服务程序一定要对应存放到该中断源的入口地址，否则中断服务程序就有可能不被执行。

(三)中断的主要功能

1. 实现分时操作，提高 CPU 效率

多数外部设备速度较慢，与速度飞快的 CPU 之间无法实现数据的同步交换，比如打印机与单片机的接口，此时可用中断的方法来协调 CPU 与外部设备之间的工作。只有当外部设备向 CPU 发出中断申请时，才去为它服务，这样 CPU 就可用中断功能同时为多个外部设备服务，提高了 CPU 的工作效率。

2. 实现实时控制

利用中断技术，各个服务对象可以根据需要随时向 CPU 发出中断申请，使其及时发现和处理中断请求并为之服务，以满足实时控制的要求。

3. 实现故障的及时发现与处理

单片机应用中由于外界干扰、硬件或软件设计中存在问题等因素，在实际运行中会出现硬件故障、运算错误、程序运行故障等，有了中断技术，单片机就能及时发现故障并自动处理。

4. 实现人机联系

比如通过键盘向单片机发出中断请求，可以实时干预单片机的工作。

(四)中断系统结构

MCS-51 的中断系统包括中断源、中断矢量、中断允许寄存器 IE、中断优先级寄存器 IP 及内部硬件查询电路等。

图 4-1 是 MCS-51 的中断系统结构示意图。

二、中断源

(一)中断源

MCS-51 中有五个中断源，包括两个外部中断源和三个内部中断源，每一个中断源都

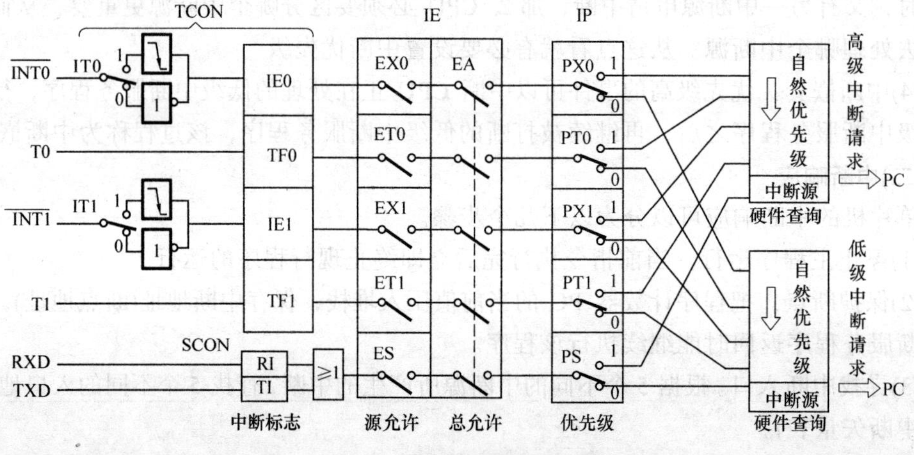

图 4-1 MCS-51 的中断系统结构示意图

能被指定为高优先级或低优先级。两个外部中断源分别为 $\overline{\text{INT0}}$ 和 $\overline{\text{INT1}}$，外部设备的中断请求信号、掉电等故障信号都可以从 $\overline{\text{INT0}}$ 或 $\overline{\text{INT1}}$ 引脚输入。三个内部中断源为定时/计数器 T0 和 T1 的定时/计数溢出中断源、串行口发送或接收中断源。MCS-51 的五个中断源可以分为三类。

1. 外部中断

外部中断是由外部信号引起的，共有两个外部中断。它们的中断请求信号分别从引脚 $\overline{\text{INT0}}$(P3.2)和 $\overline{\text{INT1}}$(P3.3)上引入。

外部中断请求有两种信号触发方式，即电平有效触发方式和跳变有效触发方式。触发方式可通过设置有关控制位进行定义。

当设定为电平有效方式时，若 $\overline{\text{INT0}}$ 或 $\overline{\text{INT1}}$ 引脚上采样到有效的低电平，则向 CPU 提出中断请求；当设定为跳变有效方式时，则当 $\overline{\text{INT0}}$ 或 $\overline{\text{INT1}}$ 引脚上采样到有效负跳变时，即向 CPU 提出中断请求。

2. 定时中断

定时中断是为满足定时或计数的需要而设置的。当计数器发生计数溢出时，表明设定的定时时间已到或计数值已满，这时可以向 CPU 申请中断。由于定时/计数器在单片机芯片内部，所以定时中断属于内部中断。MCS-51 内部有两个定时/计数器，所以定时中断源有两个，即定时/计数器 T0 溢出中断(TF0)和定时/计数器 T1 溢出中断(TF1)。

3. 串行中断

串行中断是为满足串行数据传送的需要而设置的。每当串行口发送或接收一组串行数据时，就产生一个中断请求。串行中断发送和接收的中断标志分别为 TI 和 RI。

(二)中断矢量地址

当 CPU 响应五个中断源中的任一中断时，由硬件直接产生一个固定的地址，即中断矢量地址，由矢量地址指出每个中断源的中断服务子程序的入口，这种方法通常称为矢量中断。很显然，每个中断源应分别有自己的中断服务子程序，而每个中断服务子程序又有自己的矢量地址。即当 CPU 识别出某个中断源时，由硬件直接给出一个与该中断源相对应的矢量地址，从而转入相应的中断服务子程序中去。

中断矢量地址见表 4-1。

表 4-1　中断矢量地址

中断源	中断矢量地址
外部中断 0($\overline{\text{INT0}}$)	0003H
定时/计数器 0(T0)	000BH
外部中断 1($\overline{\text{INT1}}$)	0013H
定时/计数器 1(T1)	001BH
串行口(RXD、TXD)	0023H

三、中断控制

(一)中断请求标志

$\overline{\text{INT0}}$、$\overline{\text{INT1}}$、T0 及 T1 的中断标志存放在 TCON(定时/计数器控制)寄存器中；串行口中断标志存放在 SCON(串行口控制)寄存器中。

1. 定时/计数器控制寄存器 TCON

TCON 为定时/计数器控制寄存器，字节地址为 88H，其各位定义如下：

位地址	8FH	8EH	8DH	8CH	8BH	8AH	89H	88H
功能	TF1	TR1	TF0	TR0	IE1	IT1	IE0	IT0

各位意义及用法分别为：

IT1(TCON.2)、IT0(TCON.0)：分别为$\overline{\text{INT1}}$、$\overline{\text{INT0}}$的中断申请触发方式控制位，以 IT0 为例介绍其作用。当 IT0=1 时，$\overline{\text{INT0}}$为边沿触发方式，$\overline{\text{INT0}}$输入引脚上的电平从高到低的下降沿有效。CPU 在每个周期的 S5P2 阶段采样$\overline{\text{INT0}}$输入电平，如果在连续的两个机器周期检测到$\overline{\text{INT0}}$由高电平变为低电平，则置 IE0=1，产生中断请求。在该方式下，CPU 响应中断时硬件能自动对 IE0 清零。注意，采用边沿触发方式时，外部信号的高低电平必须保持 1 个机器周期以上。当 IT0=0 时，为电平触发方式，$\overline{\text{INT0}}$低电平有效。CPU 在每个周期的 S5P2 阶段采样$\overline{\text{INT0}}$输入电平，当采样到低电平时，置 IE0=1，产生中断请求。当采样到高电平时，将 IE0 清零。注意，在电平触发方式下，CPU 响应中断时，不能自动对 IE0 清零，所以，在中断返回前必须撤销$\overline{\text{INT0}}$引脚的低电平，因为 IE0 的状态完全由 INT0 状态决定。

IE1(TCON.3)、IE0(TCON.1)：分别为$\overline{\text{INT1}}$、$\overline{\text{INT0}}$的中断申请标志位。当 IE1、IE0=1 时，表示外部设备向 CPU 申请中断；当 IE1、IE0=0 时，没有中断申请。

TF1(TCON.7)、TF0(TCON.5)：分别为定时/计数器 T1、T0 的中断申请标志位。当 T1 或 T0 启动后，开始从初值加 1 计数，直至最高位产生溢出，此时硬件自动置位 TF1、TF0，表示定时/计数器向 CPU 申请中断；当 TF1、TF0=0 时，没有中断申请。

TR1(TCON.6)、TR0(TCON.4)：分别为定时/计数器 T1、T0 的运行方式控制位。

2. 串行口控制寄存器 SCON

串行口控制寄存器 SCON 的字节地址为 98H，其各位定义如下：

位地址	9FH	9EH	9DH	9CH	9BH	9AH	99H	98H
功能	SM0	SM1	SM2	REN	TB8	RB8	TI	RI

其中与中断相关的有两位：

RI(SCON.0)：串行口接收中断请求标志位。接收完一帧，由硬件置位。但 CPU 响应中断时并不清除 RI，必须在中断服务子程序中用软件清零。

TI(SCON.1)：串行口发送中断请求标志位。发送完一帧，由硬件置位。同 RI 一样，CPU 响应中断时并不清除 TI，必须用软件清零。

(二)中断允许控制

中断的允许和禁止由中断允许寄存器 IE 控制，IE 的字节地址为 A8H，其各位定义如下：

位地址	AFH	AEH	ADH	ACH	ABH	AAH	A9H	A8H
功能	EA	/	/	ES	ET1	EX1	ET0	EX0

IE 寄存器中的各位为 0 时，禁止中断；为 1 时，允许中断。系统复位后 IE 寄存器中各位均为 0，即此时禁止所有中断。

与中断有关的控制位共 6 位，分别为：

(1)EX0：外部中断 $\overline{INT0}$ 中断允许位。

(2)ET0：定时/计数器 T0 中断允许位。

(3)EX1：外部中断 $\overline{INT1}$ 中断允许位。

(4)ET1：定时/计数器 T1 中断允许位。

(5)ES：串行口中断允许位。

(6)EA：CPU 中断允许位。当 EA=1 时，允许中断开放，具体各中断的允许或禁止由各中断源的中断允许控制位进行设置；当 EA=0 时，屏蔽所有中断。

MCS-51 通过中断允许控制寄存器对中断的允许实行两级控制，即以 EA 位作为总控制位，以各中断源的中断允许控制位作为分控制位。只有当总控制位 EA 有效，即开放中断系统时，各分控制位才能对相应中断源分别进行开放或禁止。

如果要设置外部中断 1、内部定时器 1 允许中断，而其他均禁止中断，可以用位操作指令来实现。

```
SETB   EA
SETB   ET1
SETB   EX1
CLR   ES
CLR   ET0
CLR   EX0
```

也可以用字节操作指令“MOV IE，#8CH”或“MOV 0A8H，#8CH”来实现。

(三)中断优先级控制

在 MCS-51 中有高、低两个中断优先级。每一个中断源均可编程为高优先级中断或低优先级中断。具体到中断优先级的控制，MCS-51 有一个中断优先级寄存器 IP，其字节地址为 B8H，其各位定义如下：

位地址	BFH	BEH	BDH	BCH	BBH	BAH	B9H	B8H
功能	/	/	/	PS	PT1	PX1	PT0	PX0

IP 中的低 5 位为各中断源的优先级控制位，可用软件来设定。若控制位设置为 1，则相应的中断源就规定为高级中断；反之，若控制位设置为 0，相应的中断源就规定为低级中断。各位的含义如下：

(1)PX0：外部中断 0 中断优先级控制位；

(2)PT0：定时/计数器 T0 中断优先级控制位；

(3)PX1：外部中断 1 中断优先级控制位；

(4)PT1：定时/计数器 T1 中断优先级控制位；

(5)PS：串行口中断优先级控制位。

如果要设置定时器 T0、外部中断 1 为高优先级，其他的为低优先级，此时的设置过程为：IP 的高 3 位没用，可任意取值，假设为 000，后面根据要求设定相应的值(定时器 T0、外部中断 1 两位为 1，其余三位为 0)，可得 IP 的值为 06H。

有了 IP 的控制，可实现如下功能：

(1)按内部查询顺序排队。通常系统中有多个中断源，因此就会出现数个中断源同时提出中断请求的情况。这样，就必须由设计者事先根据它们的轻重缓急，为每个中断源确定一个 CPU 为其服务的顺序号。当数个中断源同时向 CPU 发出中断请求时，CPU 根据中断源顺序号的次序依次响应其中断请求。

(2)实现中断嵌套。当 CPU 正在处理一个中断请求时，又出现了另一个优先级比它高的中断请求，这时 CPU 就暂时中止执行原来优先级较低的中断源的服务程序，保护当前断点，转去响应优先级更高的中断请求，并为其服务。待服务结束，再继续执行原来较低级的中断服务程序。该过程称为中断嵌套(类似于子程序的嵌套)，该中断系统称为多级中断系统。

两级中断嵌套的中断过程如图 4-2 所示。

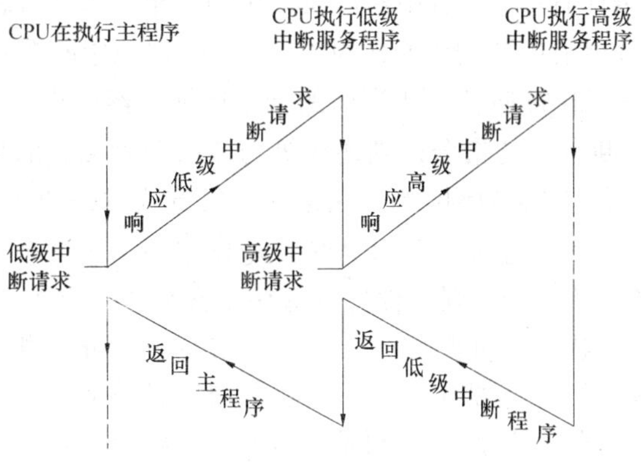

图 4-2　两级中断嵌套示意图

另外，当 CPU 同时接收到几个同一优先级的中断请求，响应哪个中断源就取决于内部硬件查询顺序，这个顺序又称为自然优先级顺序。其排列如下：

中断源	自然优先级
外部中断 $\overline{\text{INT0}}$	最高
定时/计数器 T0	↓
外部中断 $\overline{\text{INT1}}$	↓
定时/计数器 T1	↓
串行口	最低

四、中断响应的过程

前面已经对中断的响应过程作了简要介绍，下面进行具体分析。一般来讲，中断响应过程可分为三个阶段，即中断响应、中断处理和中断返回。由于各单片机系统的硬件结构不同，中断响应的方式也有所不同，在此仅说明 MCS-51 单片机的中断处理过程。以外设提出接收数据请求为例，当 CPU 执行主程序到第 *K* 条指令时，外设向 CPU 发一信号，告知自己的数据寄存器已“空”，提出接收数据的请求(即中断请求)。CPU 接到中断请求，在当前指令执行完毕后，中断主程序的执行，并保存断点地址，然后转去向外设输出数据(响应中断)。CPU 向外设输出数据(中断服务)后，返回到主程序的第 *K*+1 条指令处继续执行(即中断返回)。在中断响应时，首先应在堆栈中保护主程序的断点地址(第 *K*+1 条指令的地址)，以便中断返回时，执行 RETI 指令能将断点地址从堆栈中弹出到 PC，正确返回。

由此可见，CPU 执行的中断服务程序如同子程序，因此又被称做中断服务子程序。两者的区别在于，中断的发生是随机的，而什么时候进行子程序调用是编程人员事先安排好的；子程序是用 LCALL(或 ACALL)指令来调用的，而中断服务子程序是通过中断请求，然后由 CPU 自动根据中断源调用的。所以，在中断服务子程序中也存在保护现场、恢复现场的问题。

(一)中断响应

1. 中断响应条件

CPU 响应中断的条件有：①要有中断源发出中断请求。②中断总允许位 EA 要置为 1，即 CPU 开放中断，而且申请中断的中断源没有被屏蔽，即该中断源对应的中断允许位为 1。③无更高级或同级中断正在被服务。④当前的指令周期已经结束。⑤若现行指令为 RETI 或者是 IE 或 IP 等与中断有关的指令，则还要等与该指令紧接着的另一条指令执行完毕。

以 CPU 对外部中断的响应为例，当采用边沿触发方式时，CPU 在每个机器周期的第 5 个状态 S5P2 期间采样外部中断输入信号 $\overline{\text{INT0}}$ (或 $\overline{\text{INT1}}$)，如果在相邻的两次采样中，第一次采样信号为 1，第二次为 0，则硬件将特殊功能寄存器 TCON 中的 IE0(或 IE1)置 1，请求中断。IE0(或 IE1)的状态一直保存下去，直到 CPU 响应此中断，进入到中断服务程序时，才由硬件自动清零。由于外部中断在每个机器周期只被采样一次，因此输入的高或低电平必须至少保持 12 个振荡周期(一个机器周期)，以保证能被采样到。

2. 中断响应过程

MCS-51 的 CPU 在每个机器周期顺序采样每个中断源，而在下一个机器周期按优先级顺序查询中断标志，如查询到某个中断标志为 1，则将在接下来的机器周期按优先级进行中断处理。中断系统自动将相应的中断矢量地址装入 PC，以进入相应的中断服务程序。

MCS-51 单片机的中断系统中有两个不可编程的“优先级生效”触发器。一个是“高优先级生效”触发器，用以指明已进行高级中断服务，并阻止其他一切中断请求；另一个是“低优先级生效”触发器，用以指明已进行低优先级中断服务，并阻止除高优先级以外的一切中断请求。8051 单片机一旦响应中断，首先置位相应的中断“优先级生效”触发器，然后由硬件执行一条长调用指令 LCALL，把当前 PC 值压入堆栈，以保护断点，再将相应的中断服务程序的入口地址(如外部中断 0 的入口地址为 0003H)送入 PC，于是 CPU 接着从中断服务程序的入口处开始执行。

也就是说，CPU 执行中断服务程序之前，自动将程序计数器 PC 的内容(断点地址)压入堆栈保护起来(但不保护程序状态寄存器 PSW、累加器 A 和其他寄存器的内容)，然后将对应的中断矢量地址装入程序计数器 PC，使程序转向该中断矢量地址对应的程序存储器单元中，以执行中断服务程序。

CPU 在响应中断后会自动清除定时器溢出标志 TF0、TF1 和边沿触发方式下的外部中断标志 IE0、IE1，但有些中断标志不会自动清除，只能由用户用软件清除，如串行口接收发送中断标志 RI 和 TI。在电平触发方式下的外部中断标志 IE0 和 IE1 则是根据引脚 $\overline{\text{INT0}}$ 和 $\overline{\text{INT1}}$ 的电平变化的，CPU 无法撤销，只能在其引脚处加硬件使其撤销外部中断请求。

3. 中断响应时间

CPU 不是在任何情况下都对中断请求予以响应，而且不同的情况下对中断响应的时间也是不同的。现以外部中断为例，说明中断响应的最短时间。

在每个机器周期的 S5P2 期间，$\overline{\text{INT0}}$ 和 $\overline{\text{INT1}}$ 引脚的电平经反相放大器被锁存到 TCON 的 IE0 和 IE1 中，CPU 在下一个机器周期才会查询这些值，如果满足中断响应条件，CPU 就响应中断，由硬件产生一条长调用指令“LCALL”，使程序转至对应的矢量地址入口。完成该指令要花费 2 个机器周期。因此，从外部中断请求有效到开始执行中断服务程序的第一条指令，中间至少需要 3 个完整的机器周期，这是最短的响应时间。

如果遇到中断受阻的情况，则中断响应时间会更长一些。例如，一个同级或高优先级的中断正在进行，则附加的等待时间将取决于正在进行的中断服务程序。如果正在执行的一条指令还没有进行到最后一个机器周期，则附加的等待时间为 1 ~ 3 个机器周期。因为 MCS-51 指令系统中指令的最长执行时间为 4 个机器周期(MUL 和 DIV 指令)。如果正在执行的是 RETI 指令或者是读/写 IE 或 IP 的指令，则附加的时间在 5 个机器周期之内(为完成正在执行的指令，还需要 1 个机器周期，加上为完成下一条指令所需的最长时间为 4 个机器周期，故最长为 5 个机器周期)。

所以，若系统中只有一个中断源，则响应时间在 3 ~ 8 个机器周期之间。

(二)中断处理

CPU 响应中断后即转至中断服务程序的入口，执行中断服务程序。中断服务程序从中断入口地址开始，到返回指令 RETI 为止。执行中断服务程序的过程称为中断处理或中断服务。一般中断处理包括两部分内容：一是保护现场，二是完成中断源申请的服务。

1. 保护现场

主程序通常会用到程序状态字 PSW、累加器 A 和工作寄存器，如果在中断服务程序中也要用这些寄存器，就会破坏其原来的内容，中断返回后就会造成主程序混乱，所以在进入中断服务之前应保护现场，即将它们的内容压栈保护起来，然后在中断结束执行 RETI 指令前再恢复现场。

2. 中断服务

中断服务针对中断源的具体要求进行相应的处理。用户在编写中断服务程序时，应注意以下几点：

(1)由于各中断源的入口地址间只相隔 8 个单元，一般的中断服务程序是存放不下的，因此通常在中断入口地址单元处存放一条无条件转移指令，转至用户安排的中断服务程序的初始地址处。这样的话，中断服务程序可以灵活地安排在存储器的任何空间。

(2)若需要在执行当前中断程序时禁止更高优先级中断，则可以用软件关闭 CPU 中断或屏蔽更高级中断源的中断，在中断返回前再开放中断。

(3)在保护现场和恢复现场时，一般应关闭 CPU 中断，使 CPU 不响应其他中断请求，以免现场信息受到破坏或造成混乱。在保护现场和恢复现场后，再开放中断。

(三)中断返回

当某一中断源发出中断请求时，CPU 就要决定是否响应这个中断请求。若响应此中断请求，CPU 必须把正在执行的指令(假设该指令为第 K 条)执行完，再把 PC 值(第 $K+1$ 条指令的地址)压入堆栈中进行保护 (保护断点)。当中断处理完后，再将压入堆栈的第 $K+1$ 条指令的地址弹回到 PC(恢复断点)中，程序返回到原断点处继续运行。

在中断服务程序中，最后一条指令必须为中断返回指令 RETI。CPU 执行此指令时，一方面将相应中断优先级状态触发器清零，通知中断系统中断服务程序已执行完毕；另一方面将中断响应时压入堆栈进行保护的断点地址从栈顶弹出并送回 PC，使 CPU 从断点处继续执行程序。所以，若用户在中断服务程序中进行了压栈操作，则应在中断返回前进行相应的出栈操作，使 SP 与保护断点后的值相同。也就是说，在中断服务程序中，PUSH 指令与 POP 指令必须成对使用，否则程序将不能正确返回断点。

注意，不能用 RET 指令代替 RETI 指令。RET 指令虽然也能控制 PC 返回到原来的断点，但没有中断优先级状态触发器清零的功能。

第二节　中断系统的应用

一、中断服务程序

中断服务程序的结构及内容与 CPU 对中断的处理过程密切相关。编写汇编程序时通常分为主程序和中断服务程序两大部分。

(一)主程序

1. 主程序的起始地址

MCS-51 系列单片机复位后，(PC)=0000H，0003H～002BH 分别为各中断源的入口地址。所以，编程时应在 0000H 处写一跳转指令(一般为长跳转指令)，使 CPU 在执行程序时，从 0000H 跳过各中断源的入口地址，然后进入主程序开始执行。主程序则是以跳转的目标地址作为起始地址开始编写，一般从 0030H 开始，具体地址可由用户自由确定，例如可使用 0040H、0080H、0100H 等。

2. 主程序的初始化

所谓初始化，是对将要用到的 MCS-51 系列单片机内部部件或扩展芯片进行初始工作状态设定。MCS-51 系列单片机复位后，特殊功能寄存器 IE、IP 的内容均为 00H，所以应对 IE、IP 进行初始化编程，以开放 CPU 中断、允许某些中断源中断和设置中断优先级等。

(二)中断服务程序

1. 中断服务程序的起始地址

当CPU接收到中断请求信号并予以响应后，CPU把当前的PC内容压入堆栈进行保护，然后转入相应的中断服务程序入口处执行。MCS-51 系列单片机的中断系统对五个中断源分别规定了各自的入口地址，但这些入口地址相距很近(仅 8 个字节)，如果中断服务程序的指令代码少于 8 个字节，则可从规定的中断服务程序入口地址开始，直接编写中断服务程序；若中断服务程序的指令代码大于 8 个字节，则应采用与主程序相同的方法，在相应的入口处写一条跳转指令，并以跳转指令的目标地址作为中断服务程序的起始地址进行编程。

2. 中断服务程序编制中的注意事项

编写时应当注意：①根据需要确定是否保护现场。②及时清除那些不能被硬件自动清除的中断请求标志，以免产生错误的中断。③中断服务程序中的压栈(PUSH)与出栈(POP)指令必须成对使用，以确保中断服务程序的正确返回。④主程序和中断服务程序之间的参数传递与主程序和子程序间的参数传递方式应该相同。

二、中断的扩展方法

MCS-51 单片机有两个外部中断请求输入端，即 $\overline{\text{INT0}}$ 和 $\overline{\text{INT1}}$。在实际应用中，若外部中断源有两个以上，就需要扩展。本节介绍两种扩展外部中断源的方法。

(一)利用定时器扩展外部中断源

MCS-51 单片机有两个定时器，每个定时器都有两个内部中断标志和外部计数输入引脚。当定时器设置为计数方式，且计数初值设置为满量程 FFH 时，一旦外部信号从计数器引脚输入一个负跳变信号，计数器加 1 产生溢出中断，从而可以转去处理该外部中断源的请求。因此，我们可以把外部中断源接至定时器的 T0(P3.4)或 T1(P3.5)引脚上，该定时器的溢出中断标志及中断服务程序作为扩充外部中断源的中断标志和中断服务程序。具体原理请参见第五章。

(二)中断加查询扩展中断源

利用 MCS-51 的两根外部中断输入线。每一中断输入线都可以通过“线或”的关系连接多个外部中断源，同时利用输入端口线作为各中断源的识别线。

图 4-3 为某系统中使用的多个外部中断源连接方法。图中的四个外部装置通过集电极开路的 OC 门构成“线或”的关系，四个装置的中断请求输入均通过 $\overline{\text{INT0}}$ 传给 CPU。无论哪一个外设提出中断请求，都会使 $\overline{\text{INT0}}$ 引脚电平变低。究竟是哪个外设申请中断，可以通过程序查询 P1.0 ~ P1.3 的逻辑电平获知。设这四个中断源的优先级为装置 1 最高，装置 4 最低。软件查询时，由最高至最低的顺序查询。

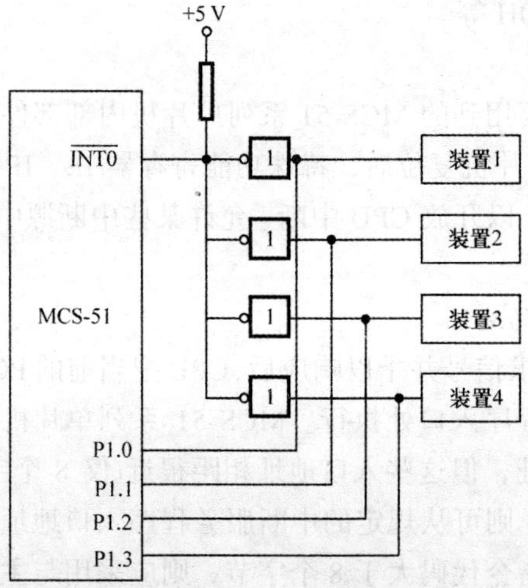

图 4-3　多个外部中断源连接方法

中断服务程序的片断如下：

```
        ORG    0000H
        LJMP   MAIN

        ORG    0003H
        LJMP   INTRP

        ORG    0030H
MAIN：                          ；主程序
        ⋮
INTRP： PUSH   PSW
        PUSH   ACC
        JB     P1.0，DV1
        JB     P1.1，DV2
        JB     P1.2，DV3
        JB     P1.3，DV4
EXIT：  POP    A
        POP    PSW
        RETI
DV1：                           ；装置 1 的中断服务程序
        ⋮
        AJMP   EXIT
DV2：                           ；装置 2 的中断服务程序
        ⋮
```

```
        AJMP    EXIT
DV3:                              ；装置 3 的中断服务程序
          ⋮
        AJMP    EXIT
DV4:                              ；装置 4 的中断服务程序
          ⋮
        AJMP    EXIT
        END
```

三、中断系统应用举例

【例 4-1】 电路如图 4-4 所示。单片机读 P1.0 的状态，把这个状态送到 P1.7 的指示灯中去，当 P1.0 为高电平时，指示灯亮；当 P1.0 为低电平时，指示灯不亮。要求用中断控制这一输入/输出过程，每请求中断一次，完成一个读写过程。

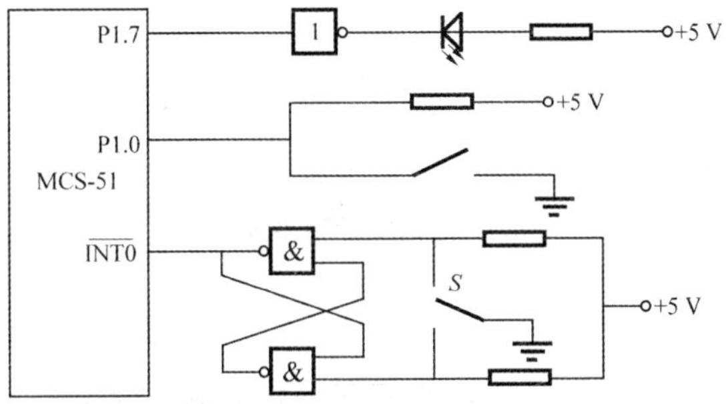

图 4-4　外部中断实例

程序如下：

```
        ORG     0000H
        AJMP    MAIN

        ORG     0003H
        AJMP    INT00              ；转中断服务子程序

        ORG     0050H
MAIN：  SETB    IT0
        SETB    EX0
        SETB    EA
HERE：  SJMP    HERE               ；主程序踏步

        ORG     0200H
INT00： MOV     A，#0FFH
```

```
        MOV   P1, A              ; 设输入状态
        MOV   A, P1              ; 读开关状态
        RR    A                  ; 送 P1.0 到 P1.7
        MOV   P1, A              ; 驱动二极管发光
        RETI
        END
```

主程序完成初始化之后，立即进入到“HERE：SJMP HERE”指令，每执行一次，程序仍跳回原地，相当于一个很长的主程序一直执行下去，等待中断的到来。

【例 4-2】 设计一个程序，能够实时显示$\overline{INT0}$引脚上出现的负跳变信号的累计数(设此数小于等于 255)。

解：设计主程序为一显示程序，实时显示某一寄存器(例如 R7)中的内容。利用$\overline{INT0}$引脚上出现的负跳变作为中断请求信号，每中断一次，R7 的内容加 1。

汇编程序如下：

```
        ORG     0000H
        AJMP    MAIN             ; 转主程序

        ORG     0003H
        AJMP    ZD0              ; 转中断服务程序

        ORG     0030H
MAIN:   SETB    IT0              ; 设INT0为边沿触发方式
        SETB    EA               ; CPU 开放中断
        SETB    EX0              ; 允许INT0中断
        MOV     R7, #00H         ; 计数器赋初值
LP:     ACALL   DISP             ; 调显示子程序
        AJMP    LP
ZD0:    INC     R7               ; 计数器加 1
        RETI                     ; 中断返回
DISP:   ……                       ; 显示子程序
        RET
        END
```

实训课题

一、实训目的

(1)掌握单片机中断的原理。

(2)学会简单的中断程序设计方法。

(3)加深 VW、STC-ISP-V3.5 软件的应用。

(4)加深 STC-2007 单片机实验板的使用。

二、实训设备

(1)微机一台(安装 VW、STC-ISP-V3.5 软件)。

(2)STC-2007 单片机实验板一块。

三、实训要求

单片机上电后，U3 Display 单元的所有 LED 都熄灭。U2 Key 单元的 K0 按下后，D300、D308 点亮。K1 按下，D300、D308 熄灭，D301、D309 点亮。

四、实训原理及电路图

四脚微动开关行线接低电平。在开关断开时，列线输出高电平；当开关闭合时，对应的列线输出低电平。把开关 K0、K1 列线接到单片机外部中断上，当键盘被按下时，在列线上就有一个电平跳变，触发中断申请，执行相应的中断服务子程序。中断系统实训电路原理见图 4-5。

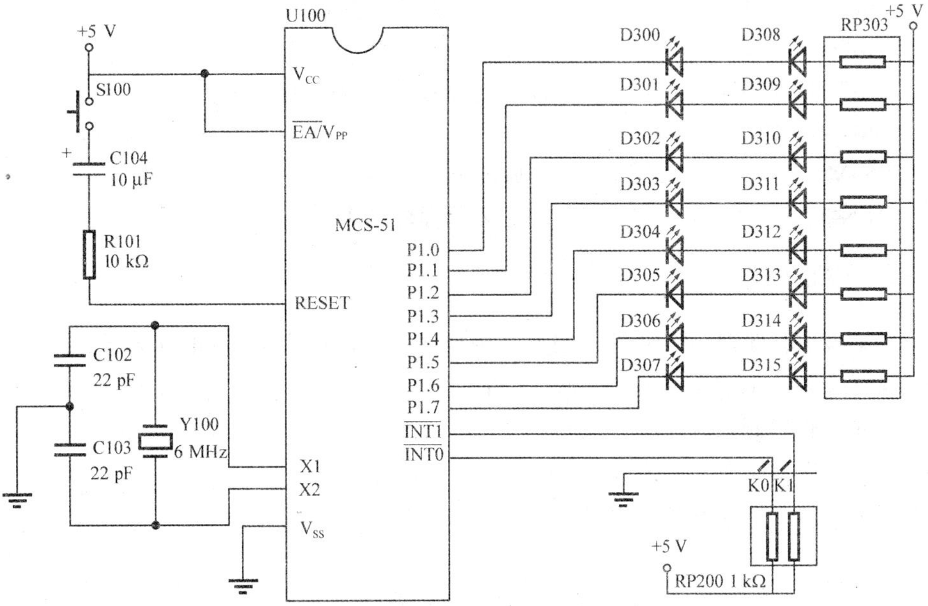

图 4-5　中断系统实训电路原理图

五、实训电路连接

(1)基本接线：编程下载线接到 U6 Max232 单元的 J602(绿色线接 G)；电源线接到 U9 Power 单元的 JP901，S901 的 U1、U2、U3、U6 拨到“ON”端。

(2)功能接线：U2 Key 单元的 J201 Row 接 U9 Power 电源的 J903 GND；U2 Key 单元

的 J200 Col 的 0、1 分别接 U1 MCU 单元的 J100 的 $\overline{INT0}$、$\overline{INT1}$；U1 MCU 单元的 J111 P1 接 U3 Display 单元的 J303 Light，J111 的 0 接 J303 的 0。

六、参考源程序

```
        ORG     0000H           ；程序初始地址，复位后将从此处执行
        LJMP    MAIN            ；跳转主程序(MAIN=0060H，符号地址)

        ORG     0003H           ； INT0中断入口
        MOV     P1，#0FEH
        RETI

        ORG     0013H           ；INT1中断入口
        MOV     P1，#0FDH
        RETI

        ORG     0060H           ；主程序初始地址
MAIN：  MOV     P1，#0FFH       ；使 16 盏 LED 都熄灭
        MOV     IE，#85H        ；开放INT0、INT1
        SETB    IT0             ；设置为边沿触发
        SETB    IT1
        SJMP    $               ；原地循环等待
        END                     ；汇编源程序结束
```

七、实训步骤

(1)启动 VW，新建一个文件，编写汇编程序，并保存为 zhongduan.asm。

(2)编译文件，生成 zhongduan.hex 文件。

(3)连接硬件电路。

(4)启动 STC-ISP-V3.5，把 zhongduan.hex 文件下载到单片机。

(5)按下开关，观察实验板变化。

本章小结

中断是单片机中的一个重要概念。中断是指在 CPU 执行程序的过程中，一旦遇到某些异常的情况或特殊请求，则暂停正在执行的程序，转入中断服务程序，待中断服务完成之后，再返回到原来的断点继续执行。

MCS-51 提供五个中断源：两个片外中断源 $\overline{INT0}$、$\overline{INT1}$和片内 T0、T1 的溢出中断源及串行口发送或接收中断源。每个中断源在程序存储器中都有相应的中断矢量，作为中断服务程序的入口地址。中断系统的五个中断源可分别设置成两个优先级，高优先级中断

可打断低优先级中断，而同级间或低级对高级则不能形成这种中断嵌套。

五个中断源的标志寄存在 TCON 和 SCON 有关位中。中断允许寄存器 IE 控制着各中断源的中断允许或禁止。中断优先级寄存器 IP 相应控制着各中断源所处的优先级。

习题与思考题

1. 什么是中断和中断系统，其主要功能是什么？

2. MCS-51 系列单片机能提供几个中断源？几个中断优先级？各个中断源的优先级怎样确定？在同一优先级中，各个中断源的优先顺序怎样确定？

3. 在单片机中，中断能实现哪些功能？

4. MCS-51 系列单片机共有哪些中断源？对其中断请求如何进行控制？

5. 什么是中断优先级？中断优先处理的原则是什么？

6. 说明外部中断请求的查询和响应过程。

7. MCS-51 在什么条件下可响应中断？

8. 简述 MCS-51 单片机的中断响应过程。

9. MCS-51 单片机如果扩展 6 个中断源，可采用哪些方法？如何确定其优先级？

10. 当正在执行某一中断源的中断服务程序时，如果有新的中断请求出现，那么在什么情况下可响应新的中断请求？在什么情况下不能响应新的中断请求？

11. MCS-51 单片机外部中断源有几种触发中断请求的方法？如何实现中断请求？

12. MCS-51 单片机有五个中断源，但只能设置两个中断优先级。因此，中断优先受到一定的限制。试问以下几种中断优先顺序的安排(级别由高到低)是否可能？若可能，应如何设置中断源的中断级别？否则，请简述不可能的理由。

(1)定时器 0 溢出中断，定时器 1 溢出中断，外中断 0，外中断 1，串行口中断。

(2)串行口中断，外中断 0，定时器 0 溢出中断，外中断 1，定时器 1 溢出中断。

(3)外中断 0，定时器 1 溢出中断，外中断 1，定时器 0 溢出中断，串行口中断。

(4)外中断 0，外中断 1，串行口中断，定时器 0 溢出中断，定时器 1 溢出中断。

(5)串行口中断，定时器 0 溢出中断，外中断 0，外中断 1，定时器 1 溢出中断。

(6)外中断 0，外中断 1，定时器 0 溢出中断，串行口中断，定时器 1 溢出中断。

(7)外中断 0，定时器 1 溢出中断，定时器 0 溢出中断，外中断 1，串行口中断。

第五章　MCS-51 单片机的定时/计数器

提要 本章主要介绍定时/计数器的结构、功能、定时与对外计数的工作方式，详细讨论定时/计数器四种工作方式的原理与使用、定时/计数器初始值的求法，以及定时/计数器的应用方法。

重点 定时/计数器的结构、四种工作方式及其应用。

难点 定时/计数器四种工作方式的应用。

导入 在工业检测、控制等许多场合都要用到定时或计数功能。例如，对外部脉冲进行计数、产生精确的定时时间、作为串行通信口的波特率发生器等。这些方面的需要，可由MCS-51 单片机内的两个可编程的定时/计数器来实现。

第一节　定时/计数器概述

一、定时的方法

在一般的控制系统中，定时通常有以下三种实现方法。

(一)硬件法

硬件定时功能完全由硬件电路完成，不受单片机的影响，当然也就不占用 CPU 时间。但当要求改变定时的时间时，只能通过改变电路中的元件参数来实现，使用很不灵活。

(二)软件法

软件定时是通过执行一段循环程序来进行时间延时，在第三章已介绍过延时程序的例子。软件定时的优点是无额外的硬件开销，时间比较精确。但在定时期间，将占用 CPU 的时间，所以软件延时时间不宜过长。另外，在实时控制等对响应时间敏感的场合也不能使用。

(三)可编程定时器

可编程定时器综合了软件法和硬件法的优点，可以通过软件编程来实现定时时间的改变，通过中断或查询方法来完成定时功能，占用 CPU 的时间非常少。其工作方式灵活、编程简单，使用它对减轻 CPU 的负担和简化外围电路都有很大好处。目前已有专门的可编程定时/计数器、日历芯片可供选用，比如 Intel 公司的 8253、Philips 公司的 PCF8583 等。

二、MCS-51 定时/计数器

由于定时/计数器在日常应用中使用很广泛，所以目前单片机中的大部分已经配备了定时/计数器。MCS-51 芯片内包含有两个 16 位的定时/计数器，分别称做 T0 和 T1，其结构及其与 CPU 的关系如图 5-1 所示。

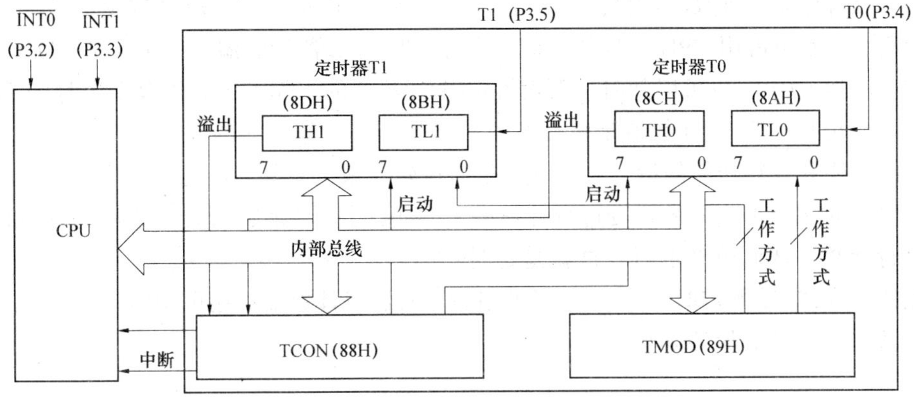

图 5-1　MCS-51 的定时/计数器结构框图

其实，MCS-51 单片机的定时/计数器的核心是加 1 计数器，其基本功能是加 1 计数，可由软件设置为定时或计数工作方式，在定时或计数工作方式下，又可被设置为工作方式 0、1、2 或 3。这些功能均由特殊功能寄存器 TMOD 和 TCON 所控制，即均可通过软件设定。当定时/计数器工作在定时方式时，其定时脉冲由内部产生，即通过对时钟脉冲进行 12 分频得来。计数方式时，外部计数脉冲通过引脚 T0(P3.4)和 T1(P3.5)输入，并对其进行计数。

从图 5-1 可以看出，与定时/计数器相关的特殊功能寄存器一共有 6 个。其中两个 16 位定时/计数器 T0 和 T1 分别由两个 8 位寄存器组成，即 T0 由 TH0 和 TL0 构成，T1 由 TH1 和 TL1 构成，其 RAM 地址依次为 8CH、8AH、8DH 和 8BH，用于存放定时/计数器的初值。此外，在定时/计数器中还有两个 8 位特殊功能寄存器，一个是定时/计数方式寄存器 TMOD，另一个是定时/计数控制寄存器 TCON。TMOD 主要是用于确定定时/计数器的工作方式，TCON 主要是用于控制定时/计数器的启动与停止。

三、定时/计数器的工作原理

当定时/计数器作为定时器工作时，计数器的加 1 信号由振荡器的 12 分频信号产生，即每过一个机器周期，计数器加 1，直至计满溢出为止。显然，定时器的定时时间与系统的振荡频率有关。因为一个机器周期等于 12 个振荡周期，所以计数频率 $f_C=f_{OSC}/12$。例如，当晶振为 12 MHz 时，计数周期为 1 μs，这是最短的定时周期。若要改变定时时间，则需通过改变定时器的初值及设置合适的工作方式来实现。

当定时/计数器作为计数器工作时，通过引脚 T0 和 T1 对外部信号进行计数。计数器在每个机器周期的 S5P2 期间采样引脚输入电平，若一个机器周期采样值为 1，而下一个机器周期采样值为 0，则计数器加 1。此后的机器周期 S3P1 期间，新的计数值装入计数器。所以，检测一个由 1 至 0 的跳变需要两个机器周期，外部事件的最高计数频率为振荡频率的 1/24。例如，如果选用 12 MHz 晶振，则最高计数频率为 0.5 MHz。另外，虽然对外部输入信号的占空比无特殊要求，但为了确保某给定电平在变化前至少被采样一次，则外部计数脉冲的高电平与低电平保持时间均需在一个机器周期以上。

当用软件给定时/计数器设置某种工作方式之后，定时/计数器就会按设定的工作方式自动运行，而不再占用 CPU 的操作时间。只有定时/计数器计满溢出，才可能中断 CPU 当前操作。当然，CPU 也可以随时重新设置定时/计数器的工作方式，以改变定时/计数器的操作。由此可见，定时/计数器是单片机中效率高而且工作灵活的部件。

定时功能和计数功能的设定和控制都是通过软件来设置的。若是对单片机的 T0 或 T1 引脚上输入的一个 1 到 0 的跳变进行计数增 1，即是计数功能；若是对单片机内部的机器周期进行计数，从而得到定时，这就是定时功能。

此外，MCS-51 的定时/计数器除了可用做定时器或计数器，还可用做串行接口的波特率发生器和用于工业检测等场合。

第二节　定时/计数器的控制

前已叙及，定时/计数器的控制主要通过 6 个特殊功能寄存器实现，分别设置其初始值、工作方式及启停。

一、初始值的设置

(一)定时/计数器的初始化

由于定时/计数器的功能是通过编程确定的，所以一般在使用定时/计数器前都要对其进行初始化，使其按设定的方式工作。初始化步骤如下：

(1)确定工作方式：通过对 TMOD 赋值实现。

(2)预置定时/计数器的初值：直接将初值写入 TH0、TL0 或 TH1、TL1。

(3)根据需要开放定时/计数器的中断：直接对 IE 寄存器的相应位赋值。

(4)启动定时/计数器：若已规定用软件启动，则可把 TR0 或 TR1 置“1”；若已规定由外中断引脚电平启动，则需给外引脚加启动电平。当实现了启动要求之后，定时器即按规定的工作方式和初始值开始定时或计数。

(二)定时/计数器初值的确定

不同工作方式下，计数器位数不同，因而其最大计数值也不同。假设最大计数值为 M，各种工作方式下的 M 值如下：

方式 0(13 位)：$M=2^{13}=8\,192$；

方式 1(16 位)：$M=2^{16}=65\,536$；

方式 2(8 位)：　$M=2^{8}=256$；

方式 3：将定时器 T0 分成两个 8 位定时/计数器，所以两个 M 均为 256。

因为定时/计数器是做“加 1”计数，并在计满溢出时产生中断，故初值 X 的计算公式为：

$$X = M - \text{计数值}$$

现举一例说明定时/计数器初值的计算方法。若已知单片机的时钟频率为 6 MHz，要求利用 T1 产生 4 ms 的定时，工作方式选择方式 1，试计算初值。

在时钟频率为 6 MHz 时，计数器每“加 1”一次所需的时间为 2 μs。如果要产生 4 ms

的定时时间，则需“加 1”的次数为 4 ms/2 μs =2 000，即计数值为 2 000。那么：

初值 $X = M -$ 计数值=65 536–2 000=63 536=F830H

其指令为：

```
MOV   TH1，＃0F8H
MOV   TL1，＃30H
```

二、工作方式寄存器

工作方式寄存器 TMOD 用来确定定时/计数器的工作方式，其字节地址为 89H，格式如下：

位号	D7	D6	D5	D4	D3	D2	D1	D0
功能	GATE	$C/\overline{T}$	M1	M0	GATE	$C/\overline{T}$	M1	M0
定时/计数器	T1				T0			

各位功能如下：

(1)M1 和 M0：工作方式选择位。由 M1 和 M0 组合可以定义四种工作方式，如表 5-1 所示。有关这四种工作方式的详细介绍见下一节。

表 5-1　定时/计数器工作方式的选择

M1	M0	工作方式	功能描述
0	0	方式 0	13 位定时/计数器
0	1	方式 1	16 位定时/计数器
1	0	方式 2	8 位定时/计数器，可自动重装初值
1	1	方式 3	将 T0 分成两个 8 位定时/计数器

(2)$C/\overline{T}$：定时/计数功能选择位。当 $C/\overline{T}$=0 时，为定时器方式；当 $C/\overline{T}$=1 时，为计数器方式。

(3)GATE：门控位。当 GATE=0 时，只要控制位 TR0 或 TR1 置 1，即可启动相应定时器开始工作；当 GATE=1 时，除需要将 TR0 或 TR1 置 1 外，还需要将引脚 $\overline{INT0}$(P3.2)或 $\overline{INT1}$(P3.3)置为高电平，才能启动相应的定时器开始工作。详细介绍见下一节。

需要说明的是，TMOD 不能进行位寻址，只能用字节传送指令来设置定时器的工作方式，低 4 位用于定义定时/计数器 T0，高 4 位用于定义定时/计数器 T1。单片机复位时，TMOD 所有位均为 0，定时器处于停止工作状态。

现举一例说明 TMOD 寄存器的用法。设要求 T1 为计数工作方式，只需通过软件启动 T1，按方式 1 工作；T0 为定时工作方式，要求由硬件启动定时器 T0，按方式 3 工作。根据 TMOD 各位的定义，命令字应为 01011011B，其指令形式为：

```
MOV   TMOD，#5BH
```

三、定时/计数控制寄存器

控制寄存器 TCON 的作用是控制定时器的启动和停止，同时标志定时器的溢出和中断情况，其 RAM 字节地址是 88H，格式如下：

位地址	8FH	8EH	8DH	8CH	8BH	8AH	89H	88H
功能	TF1	TR1	TF0	TR0	IE1	IT1	IE0	IT0

各位功能分别为：

(1)TF1：定时器 T1 中断标志位。当 TF1=1 时，定时器 T1 溢出，向 CPU 申请中断；当 TF1=0 时，定时器 T1 没有溢出。

(2)TR1：定时器 T1 运行控制位。当 TR1=1 时，启动定时器 T1；当 TR1=0 时，关闭定时器 T1。

(3)TF0：定时器 T0 中断标志位。当 TF0=1 时，定时器 T0 溢出，向 CPU 申请中断；当 TF0=0 时，定时器 T0 没有溢出。

(4)TR0：定时器 T0 运行控制位。当 TR0=1 时，启动定时器 T0；当 TR0=0 时，关闭定时器 T0。

TCON 中其他各位在第四章中断系统中已讨论过，在此不再赘述。

控制寄存器 TCON 是可以位寻址的，因此如果只启动定时器工作，则可以用位操作指令来实现。例如，执行“SETB　TR0”指令后，即可启动定时器 T0 开始工作(当然前面还要设置方式字)。当系统复位时，TCON 的所有位均清零。

第三节　定时/计数器四种方式及应用

由上节可知，通过对 TMOD 寄存器中 M1、M0 两位的设置，T0 可选择 4 种工作方式，T1 可选择 3 种工作方式。本节将介绍各种工作方式的结构、特点、工作过程及应用。

一、工作方式 0 及应用

定时/计数器 T0 、T1 都可以设置为方式 0，下面以定时/计数器 T0 为例加以说明。

在方式 0 下，定时/计数器的长度为 13 位，即 16 位寄存器(TH0、TL0)只用 13 位。其中 TH0 为整个 13 位的高 8 位，而 TL0 的高 3 位未用，其低 5 位即为整个 13 位的低 5 位。图 5-2 是定时/计数器 T0 在工作方式 0 时的逻辑电路结构。T0 计数溢出与否可通过查询 TF0 是否置位或者是否产生定时器 T0 中断来确定。

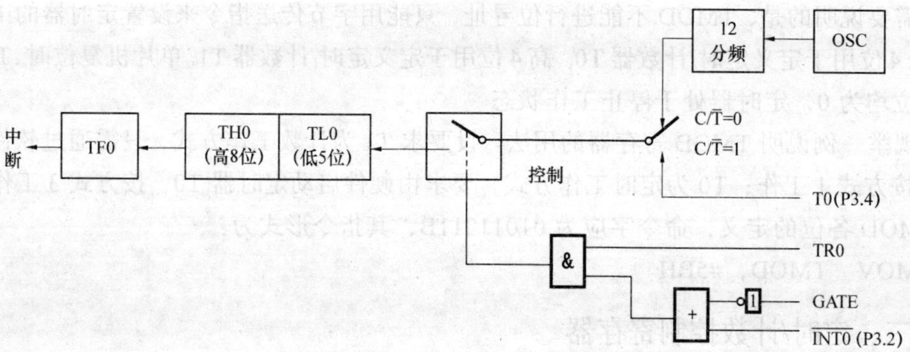

图 5-2　方式 0 逻辑电路结构

由逻辑电路结构可以看出，当 $C/\overline{T}=0$ 时，多路开关连接振荡器的 12 分频器输出，T0 对机器周期进行计数，这就是定时工作方式；当 $C/\overline{T}=1$ 时，多路开关与引脚 T0(P3.4)相连，外部计数脉冲由引脚 T0 输入，当外部信号电平发生 1 到 0 跳变时，计数器加 1，这就是计数工作方式，可作外部事件计数器。

下面来说明门控位 GATE 的作用。当 GATE=0 时，经非门后输出为 1，则或门输出始终为 1，使引脚 $\overline{\text{INT0}}$ 输入信号无效。这时，只用 TR0 即可控制 T0 的开启和关闭。若 TR0=0，则关闭控制开关，停止计数；若 TR0=1，接通控制开关，启动定时/计数器 T0 工作，T0 在原计数值上做加 1 计数，直至溢出。当计数器溢出后，计数寄存器 TH0、TL0 的值为 0，TF0 置位，向 CPU 申请中断，同时 T0 从 0 开始计数。因此，若希望计数器溢出后，仍按原计数初值开始计数，那么在计数溢出后，应立即给计数器重新赋初值。另外，当 GATE=1 且 TR0=1 时，外部信号通过 $\overline{\text{INT0}}$ 引脚直接开启或关闭定时/计数器。当输入高电平时，允许计数，否则将停止计数。将 T0 置于定时方式，并由外部信号控制启停，通过读取 TH0 和 TL0 的值可测量外部信号的脉冲宽度。

【例 5-1】 设 T0 选择定时工作方式 0，定时时间为 1 ms，晶振频率 f_{OSC}=6 MHz。试确定 T0 初值，并编程实现单片机的 P1.2 端口产生周期为 2 ms 的方波。

解：工作方式 0 为 13 位定时/计数器，其最大计数值为 2^{13}=8 192 。晶振频率 f_{OSC}=6 MHz 时，每个机器周期为 2 μs，现需定时 1 ms，则计数值为 1 ms/2 μs=500，初始值 X=8 192–500=7 692，转换成二进制数为 1111000001100，即：

T0 的高 8 位(TH0)：11110000B=0F0H

T0 的低 5 位(TL0)：01100B=0CH

要产生周期为 2 ms 的方波，只需 P1.2 端口每隔 1 ms 取反一次。这样，即会产生高—低—高—低的电平，其控制程序如下：

```
        ORG   0000H
        AJMP  MAIN

        ORG   000BH
        MOV   TL0，#0CH          ；重新装入初始值，保证每次定时时间相同
        MOV   TH0，#0F0H
        CPL   P1.2               ；取反，以输出方波
        RETI

        ORG   0100H
MAIN：  MOV   TMOD，#00H         ；T0 设为定时工作方式 0
        MOV   TL0，#0CH          ；设定 T0 定时初始值
        MOV   TH0，#0F0H
        SETB  ET0                ；允许 T0 溢出中断
        SETB  EA
        SETB  TR0                ；启动定时器 T0
```

```
HERE：SJMP    HERE           ；循环等待
      END
```

二、工作方式 1 及应用

定时/计数器 T0、T1 都可以设置为方式 1，方式 1 设置定时/计数器的长度是 16 位。在方式 1 下，定时/计数器的逻辑电路结构与方式 0 下的基本相同，唯一的差别是方式 1 中定时/计数器 TH0(TH1)、TL0(TL1)的 16 位均参与操作，最大计数值为 2^{16}=65 536。

【例 5-2】 用定时器 T1 产生一个 50 Hz 的方波，由 P1.1 输出，已知 f_{OSC}=12 MHz。

解：方波周期=1/50 Hz=0.02 s=20 ms，则只需定时 10 ms 即可。而机器周期为 1 μs，故计数值为 10 ms/1 μs=10 000。所以，T1 的初始值 X=65 536−10 000=55 536=D8F0H。

程序如下：

```
      ORG   0000H
      LJMP  MAIN

      ORG   0080H
MAIN：MOV   TMOD，#10H       ；T1 设为定时工作方式 1
      SETB  TR1              ；启动定时器 T1
LOOP：MOV   TH1，#0D8H
      MOV   TL1，#0F0H
      JNB   TF1，$            ；没有溢出，等待
      CLR   TF1              ；产生溢出，清标志位
      CPL   P1.1
      SJMP  LOOP
      END
```

本程序采用查询方式判断定时器是否溢出，而没有使用中断，程序比较简单。但此时 CPU 需要一直查询定时器的工作状况，不能处理其他事务，所以应用较少。

三、工作方式 2 及应用

定时/计数器 T0、T1 都可以设置为方式 2，方式 2 为能重置初始值的 8 位定时/计数器。在使用方式 0、方式 1 时，若用于循环重复定时/计数(如产生连续脉冲信号)，每次计满溢出后，计数寄存器全部为 0，则第二次计数必须重新装入计数初值。这样不仅在编程上比较麻烦，而且会影响定时的精度。而方式 2 则可以自动恢复初始值，适合用于比较精确的定时脉冲信号发生器。

在方式 2 中，16 位的计数器被拆成两个，其逻辑电路结构见图 5-3。其中 TL0 用做 8 位计数器，TH0 则用以保持初始值。在程序初始化时，TL0 和 TH0 应由软件赋予相同的初始值。计数器开始工作后，只有 TL0 开始加 1 计数，一旦 TL0 计数溢出，则置位 TF0 并申请中断，同时将 TH0 中保存的初始值装入 TL0，继续从头开始计数，如此重复循环下去。这种工作方式可省去用户软件中重装初始值的程序，能够产生比较精确的定时时间，特别

适用于串行口波特率发生器(详见第六章)。

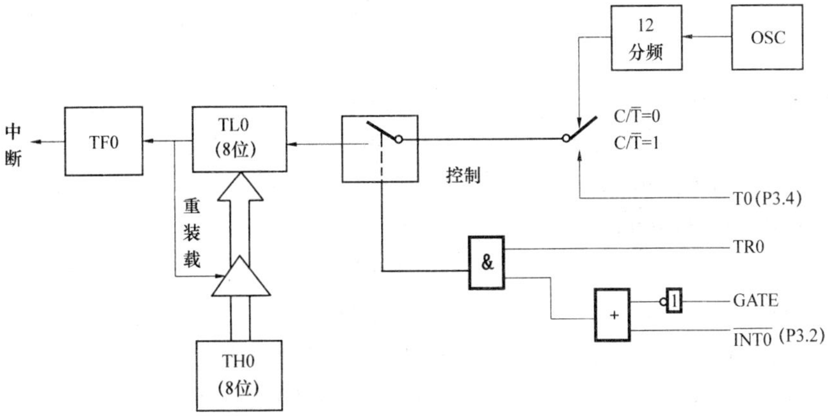

图 5-3　方式 2 逻辑电路结构

【例 5-3】　当 P3.4 引脚上的电平发生负跳变时，从 P1.0 输出一个 500 μs 的同步脉冲。请编程实现该功能。假设单片机的晶振频率为 6 MHz。

解：首先对定时/计数器的工作方式进行选择。开始时，T0 应为计数工作方式 2，对外部事件进行计数。当 P3.4 引脚上的电平发生负跳变时，T0 计数器加 1，溢出标志 TF0 置 1。然后改变 T0 为定时工作方式，定时时间为 500 μs，并使 P1.0 输出由高电平变为低电平。T0 定时时间到，使 P1.0 引脚恢复输出高电平，同时 T0 恢复外部事件计数方式。其波形图如图 5-4 所示。

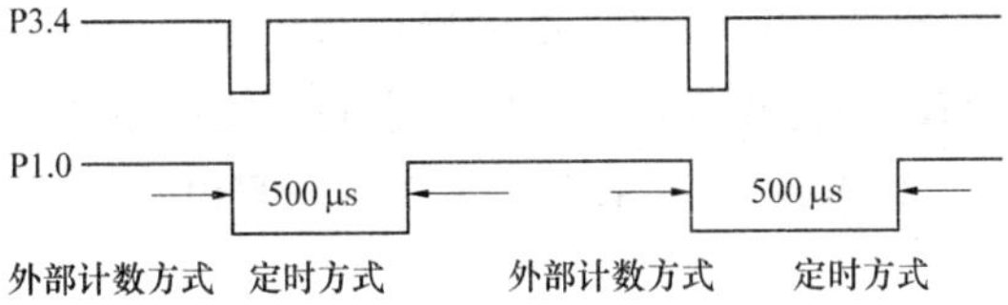

图 5-4　例 5-3 要求产生的波形图

接下来计算初始值。T0 开始为计数工作方式 2，要求加 1 后计数器溢出，故其初始值应为 0FFH。T0 为定时工作方式 2 时，要求定时 500 μs，由于晶振频率为 6 MHz，机器周期为 2 μs，故计数值为 250，其初始值应设置为 $X=2^8-250=6=06H$。

程序如下：

```
        ORG   0000H
        LJMP   MAIN

        ORG   0060H
MAIN：  MOV   TMOD，#06H          ；T0 设置为计数方式 2
        MOV   TH0，#0FFH          ；赋计数初始值
        MOV   TL0，#0FFH
        SETB  TR0                 ；启动 T0 计数
```

```
LOOP1: JBC   TF0, T0INT1          ; 查询 T0 溢出中断标志
       SJMP  LOOP1                ; 继续等待 T0 溢出中断

T0INT1: CLR  TR0                  ; 停止计数
       MOV   TMOD, #02H           ; T0 重新设为定时方式 2
       MOV   TH0, #06H            ; 赋定时初始值
       MOV   TL0, #06H
       CLR   P1.0                 ; P1.0 改为低电平
       SETB  TR0                  ; 启动 T0 定时
LOOP2: JBC   TF0, T0INT2          ; 查询 T0 溢出中断标志
       SJMP  LOOP2                ; 继续等待 T0 溢出中断

T0INT2: SETB P1.0                 ; P1.0 恢复高电平
       CLR   TR0                  ; 停止定时
       SJMP  MAIN
       END
```

四、工作方式 3 及应用

只有定时/计数器 T0 可以工作在方式 3，在方式 3 下 T0 被拆成两个独立的 8 位定时/计数器 TL0 和 TH0，其逻辑电路结构见图 5-5。其中 TL0 使用原来 T0 的控制位、引脚和中断源。除了仅用 8 位寄存器 TL0，其功能和操作与工作方式 0、方式 1 完全相同，可用于定时也可用于计数。TH0 只能用于内部定时，它同样使用原来定时器 T1 的控制位和中断源。其启动和关闭仅受 TR1 控制，当 TR1 置 1 时，TH0 启动定时；TR1 置 0 时，TH0 停止定时。

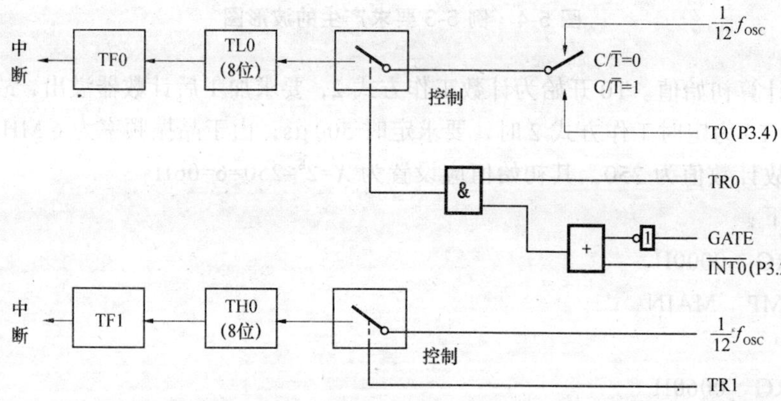

图 5-5　方式 3 逻辑电路结构

当定时器 T0 采用工作方式 3 时，T1 仍可设置为方式 0、1 或 2。由于 TR1、TF1 等控制位和中断源均被定时器 TH0 占用，故仅有控制位 $C/\overline{T}$ 用于切换其定时器或计数器方式，

而且当计数溢出后，只能将输出送到串行口。此时，定时器 T1 一般用做串行口波特率发生器。设置好工作方式后，定时器 T1 自动开始运行(TR1 已被 TH0 使用)。若要停止操作，只需重新设置定时器 T1 为工作方式 3 即可。通常情况下，定时器 T1 设置为工作方式 2，可自动重装初始值，用做波特率发生器比较方便。

【例 5-4】 已知某用户系统中已使用了两个外部中断源，并置定时器 T1 工作在方式 2，作为串行口波特率发生器使用。现要求再增加一个外部中断源，并用 P1.0 引脚输出一个 5 kHz 的方波(f_{OSC}=12 MHz)。

解：为了不增加硬件，可设置 T0 工作在方式 3。其中 TL0 采用计数方式。把 T0(P3.4)引脚作为外部中断输入端，TL0 计数初值设为 0FFH。当检测到 T0(P3.4)引脚电平出现由 1 至 0 的负跳变时，TL0 立即产生溢出并申请中断，相当于边沿触发的外部中断源。

另外 TH0 作为 8 位定时器，控制 P1.0 引脚输出 5 kHz 的方波信号。由于 P1.0 的方波频率要求为 5 kHz，其周期 T=1/5 kHz=0.2 ms=200 μs，故 TH0 只需定时 100 μs 即可，即控制 P1.0 引脚每隔 100 μs 取反一次。此时，TH0 的初始值 X=256−100=156=9CH。

程序如下：

```
        ORG   0000H
        LJMP   MAIN

        ORG   000BH
        LJMP   TL0INT

        ORG   001BH
        MOV   TH0，#9CH          ；TH0 重新赋初值
        CPL   P1.0               ；P1.0 取反输出
        RETI

        ORG   0060H
MAIN：  MOV   TMOD，#27H         ；T0 为工作方式 3，T1 为工作方式 2
        MOV   TL0，#0FFH         ；置 TL0 计数初值
        MOV   TH0，#9CH          ；置 TH0 定时初值
        MOV   TH1，#0FDH         ；假设 FDH 是根据波特率要求而设置的常数
        MOV   TL1，#0FDH
        MOV   TCON，#55H         ；启动定时器 T0 和 T1，并设两外部中断为边沿触发
        MOV   IE，#9FH           ；开放全部中断
         ⋮                       ；主程序(省略)
         ⋮
TL0INT：MOV   TL0，#0FFH         ；TL0 重新赋初值
         ⋮                       ；中断服务程序(省略)
        RETI
```

END

需要说明的是，本程序中还应包括串行口、外部中断 0、外部中断 1 的中断服务子程序，在此不再一一列出。

实训课题

一、MCS-51 的定时器

(一)实训目的

(1)进一步熟悉单片机中断系统。

(2)了解单片机定时器的用法。

(3)学会简单的定时器中断程序设计方法。

(4)加深 STC-2007 单片机实验板的使用。

(二)实训设备

(1)微机一台(安装 VW、STC-ISP-V3.5 软件)。

(2)STC-2007 单片机实验板一块。

(三)实训要求

利用定时器实现 U3 Display 单元的 LED D300、D308 以 5 Hz 的频率闪烁。

(四)实训原理及电路图

可以用定时器 T0 工作方式 1 定时 0.1 s，以控制单片机 P1.0 引脚电平翻转，实现 LED 阴极电平变化，使灯亮 0.1 s 后熄灭 0.1 s，达到 5 Hz 频率的闪烁效果。如图 5-6 所示。

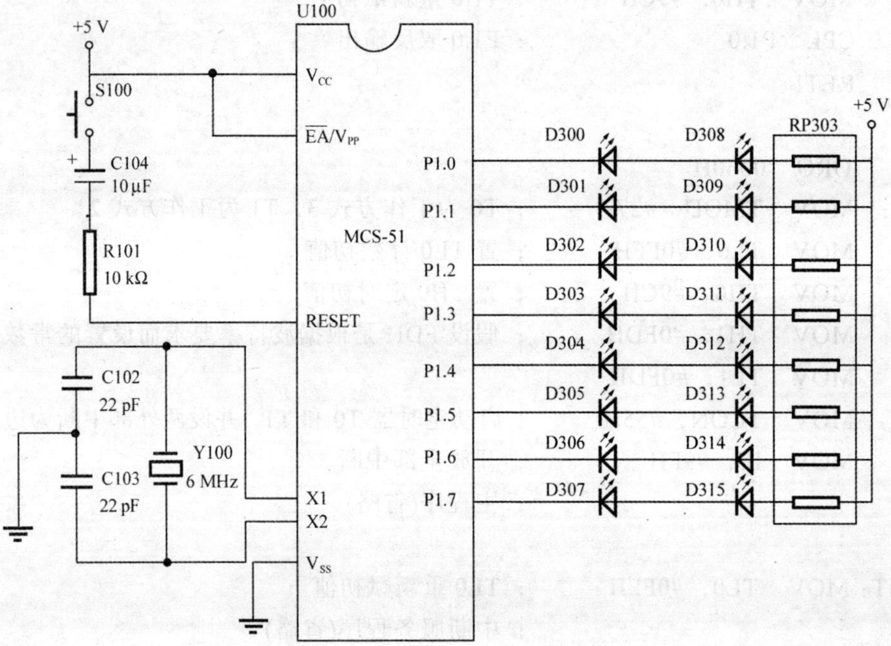

图 5-6　定时器实训电路原理图

(五)实训电路连接

(1)基本接线：编程下载线接到 U6 Max232 单元的 J602(绿色线接 G)；电源线接到 U9 Power 单元的 JP901，S901 的 U1、U3、U6 拨到“ON”端。

(2)功能接线： U1 MCU 单元的 J111 P1 接 U3 Display 单元的 J303 Light，J111 的 0 接 J303 的 0。

(六)参考源程序

```
       ORG     0000H          ；程序初始地址，复位后将从此处执行
       LJMP    MAIN           ；跳转主程序(MAIN=0060H，符号地址)

       ORG     000BH          ；T0 中断入口地址
       MOV     TL0，#0B0H     ；重置定时初值
       MOV     TH0，#3CH
       CPL     P1.0
       RETI

       ORG     0060H          ；主程序初始地址
MAIN： MOV     P1，#0FFH      ；使 16 盏 LED 都熄灭
       MOV     IE，#82H       ；开放 T0 中断
       MOV     TMOD，#01H     ；设置定时器 T0，方式 1
       MOV     TL0，#0B0H     ；设定定时值 0.1 s
       MOV     TH0，#3CH
       SETB    TR0            ；启动定时器 T0
       SJMP    $              ；原地循环等待
       END                    ；汇编源程序结束
```

(七)实训步骤

(1)启动 VW，新建一个文件，编写汇编程序，并保存为 dsq.asm。

(2)编译文件，生成 dsq.hex 文件。

(3)连接硬件电路。

(4)启动 STC-ISP-V3.5，把 dsq.hex 文件下载到单片机。

(5)观察实验板变化。

二、简易扬声器

(一)实训目的

(1)进一步熟悉定时器的基本原理和应用。

(2)掌握扬声器的发声原理。

(3)加深 STC-2007 单片机实验板的使用。

(二)实训设备

(1)微机一台(安装 VW、STC-ISP-V3.5 软件)。

(2)STC-2007 单片机实验板一块。

(三)实训要求

利用 STC-2007 单片机实验板演奏《送别》。

(四)实训原理及电路图

本实训通过定时器 1 来定时产生中断，控制 P1.0 线上的脉冲输出，并经三极管驱动扬声器，发出音调信号。如图 5-7 所示。

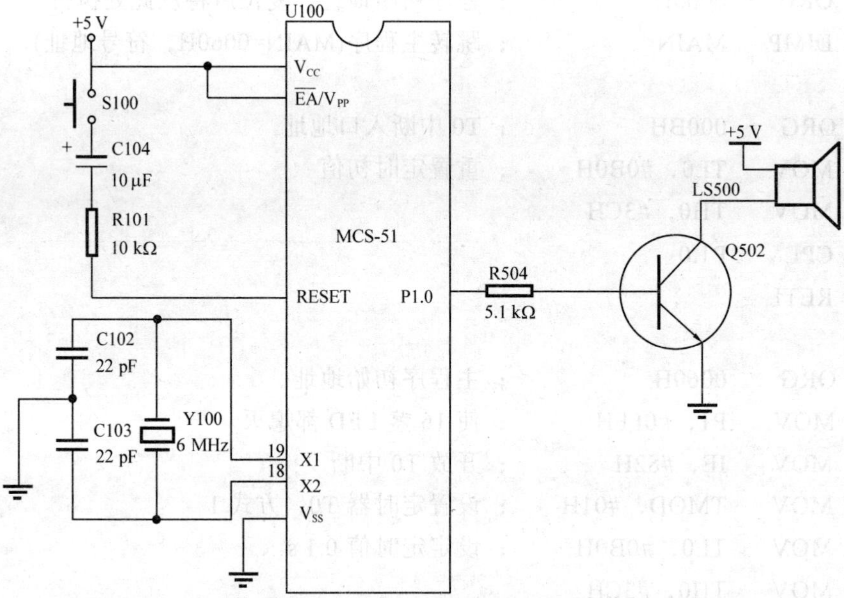

图 5-7　简易扬声器实训电路原理图

(五)实训电路连接

(1)基本接线：编程下载线接到 U6 Max232 单元的 J602(绿色线接 G)；电源线接到 U9 Power 单元的 JP901，S901 的 U1、U5、U6 拨到“ON”端。

(2)功能接线：U1 MCU 单元的 J111 P1 的 0 接 U5 Buzzer 单元的 J507 Buz-In(J507 两引脚相连)。

(六)参考源程序

```
        ORG     0000H
        LJMP    MAIN

        ORG     001BH
        CPL     P1.0
        RETI

        ORG     0100H
MAIN：  MOV     R0,#1BH
```

```
        MOV     TMOD,#20H
        MOV     IE,#88H
L1:     MOV     DPTR,#3FFFH
        MOV     A,R0
        INC     R0
        MOVC    A,@A+PC
        JZ      MAIN
        MOV     TH1,A
        SETB    TR1
L2:     CLR     C
        MOV     A,DPL
        SUBB    A,#01
        MOV     DPL,A
        MOV     A,DPH
        SUBB    A,#00H
        MOV     DPH,A
        ORL     A,DPL
        JNZ     L2
        CLR     TR1
        SJMP    L1
        DB  99H,99H,85H,99H,0B3H,0B3H,0B3H,0B3H,0A5H,0A5H,0B3H,0A5H,99H
        DB  99H,99H,99H,99H,99H,65H,75H,85H,85H,85H,75H,65H,75H
        DB  75H,75H,75H,75H,75H,75H,75H,99H,99H,85H,99H,0B3H,0B3H
        DB  0B3H,0AFH,0A5H,0A5H,0B3H,0B3H,99H,99H,99H,99H,75H,85H,8DH
        DB  8DH,8DH,5BH,65H,65H,65H,65H,65H,65H,65H,65H,0A5H,0A5H
        DB  0B3H,0B3H,0B3H,0B3H,0B3H,0B3H,0AFH,0AFH,0A5H,0AFH,0B3H,0B3H
        DB  0B3H,0B3H,0A5H,0AFH,0B3H,0A5H,0A5H,99H,85H,65H,75H,75H,75H
        DB  75H,75H,75H,75H,75H,99H,99H,85H,99H,0B3H,0B3H,0B3H,0AFH
        DB  0A5H,0A5H,0B3H,0A5H,99H,99H,99H,99H,99H,99H,75H,85H,8DH
        DB  8DH,8DH,5BH,65H,65H,65H,65H,65H,65H,65H,65H,00H
        END
```

(七)实训步骤

(1)启动 VW，新建一个文件，编写汇编程序，并保存为 ysq.asm。

(2)编译文件，生成 ysq.hex 文件。

(3)连接硬件电路。

(4)启动 STC-ISP-V3.5，把 ysq.hex 文件下载到单片机。

(5)观察实验板变化。

本章小结

MCS-51 单片机内部有两个可编程的定时/计数器 T0、T1，它们有四种工作方式。方式 0 是 13 位的定时/计数器，方式 1 是 16 位的定时/计数器，方式 2 是可以自动重装初值的 8 位定时/计数器，方式 3 只适用于定时器 T0，将定时器 T0 分为两个独立的定时/计数器，同时定时器 T1 可以作为串行口波特率发生器。不同位数的定时/计数器，其最大计数值也不同。

对于各种工作方式的应用，本章用几个定时实例进行了详细的介绍。

习题与思考题

1. MCS-51 单片机内部设有几个定时/计数器？它们是由哪些特殊功能寄存器组成的？

2. 定时/计数器用做定时器时，其定时时间与哪些因素有关？用做计数器时，对外界计数频率有何限制？

3. MCS-51 定时器有哪几种工作方式，各有什么特点？

4. 当定时器 T0 工作在方式 3 时，由于 TR1 位已被 T0 占用，如何控制定时器 T1 的开启和关闭？

5. 单片机用内部定时方法产生频率为 100 kHz 的等宽矩形波，并由 P1.7 输出。假定单片机的晶振频率为 12 MHz。请编程实现。

6. 以定时/计数器 T1 进行外部事件计数。每计数 1 000 个脉冲，定时/计数器 T1 转为定时工作方式。定时 10 ms 后，又转为计数方式，如此循环不止。假定单片机晶振频率为 6 MHz。请使用方式 1 编程实现。

7. 已知 MCS-51 单片机的 f_{OSC}=6 MHz，试编写一段程序，使 P1.0 输出矩形波。要求矩形波高电平宽 50 μs，低电平宽 300 μs。

8. 已知 MCS-51 单片机的 f_{OSC}=12 MHz，试编程实现由 P1.0 和 P1.1 引脚分别输出周期为 2 ms 和 500 μs 的方波。

9. 单片机 MCS-51 的时钟频率为 6 MHz，若要求定时值分别为 0.1 ms、1 ms 和 10 ms，那么当定时器 T0 工作在方式 0、方式 1 和方式 2 时，其定时器初值各是多少？

10. 设 f_{OSC}=12 MHz，试编写一段程序，对定时器 T0 初始化，使之工作在方式 2，产生 200 μs 定时，并用查询 T0 溢出标志的方法，控制 P1.0 输出周期为 2 ms 的方波。

第六章　MCS-51 单片机的串行口

提要 本章主要学习串行通信的基本概念，学习 MCS-51 单片机串行口的结构、工作原理、控制寄存器、波特率控制以及多机通信的实现方法。

重点 串行口的工作原理及控制、串行口的工作方式及应用、单片机与 PC 机的串行通信方法。

难点 串行口四种工作方式的工作原理、多机通信的实现方法。

导入 随着我国经济的发展，电话机已经成为我们日常生活中必不可少并且非常普遍的物品了。那么，我们是否知道，电话机是怎样通过一根细细的电话线实现天南海北的通话功能的呢？

第一节　串行通信的基本知识

计算机与外界的信息交换称为通信，基本的通信方式有并行通信和串行通信两种。近距离数据传送大多采用并行方式。一些微机系统，比如 IBM 系列 PC 机，由于磁盘机、CRT、打印机与主机系统的距离有限，所以使用多条电缆线以提高数据传送速度还是合算的。但是，计算机之间、计算机与其终端之间的距离有时非常远，此时，电缆线过多是不经济的。

串行通信只用一条数据线传送数据的位信号，即使加上几条通信联络控制线，也用不了多少电缆线。因此，串行通信适合远距离数据传送，如大型主机与其远程终端之间、处于两地的计算机之间。这时，采用串行通信就非常经济。当然，串行通信要求有数据格式转换、时间控制等逻辑电路，这些电路目前已被集成在大规模集成电路之中(称为可编程串行通信控制器)，使用方便。

一、数据通信

在实际工作中，计算机的 CPU 与外部设备之间常常要进行信息交换，一台计算机与其他计算机之间也往往要交换信息，所有这些信息交换均可称为通信。

我们已经知道，通信方式有两种，即并行通信和串行通信。通常根据信息传送的距离来决定采用哪种通信方式。例如，在 IBM 系列 PC 机与外部设备(如打印机等)通信时，如果距离小于 30 m，可采用并行通信方式；当距离大于 30 m 时，则要采用串行通信方式。MCS-51 单片机具有并行和串行两种基本通信方式。

并行通信是指数据的各位同时进行传送(发送或接收)。其优点是可以同时传送多位数据，因而传送速度快；缺点是数据有多少位，就需要多少根传送线。

串行通信指数据是一位一位地按顺序进行传送。它的突出特点是只需一对传输线(电话线就可作为传输线)，这样就大大降低了传送成本，特别适用于远距离通信；其缺点是传送速度较慢。假设并行传送 N 位数据所需时间为 T，那么串行传送所需时间为 NT，且实际

上要大于 NT。

二、串行通信的传输方式

串行通信的传输方式通常有三种，如图 6-1 所示。

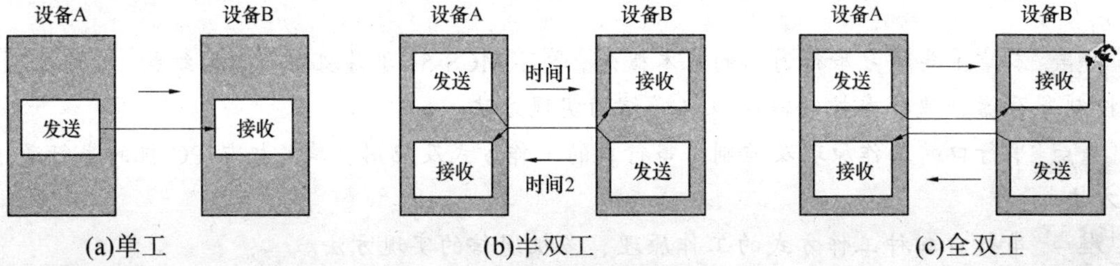

图 6-1 串行通信传输方式

(1)单向(单工)配置：只允许数据向一个方向传送，只需一根传输线即可。

(2)半双向(半双工)配置：允许数据向两个方向中的任一方向传送，但每次只能有一个站点发送。

(3)全双向(全双工)配置：允许同时双向传送数据，因此全双工配置是一对单向配置，它要求两端的通信设备都具有完整、独立的发送和接收能力。

三、异步通信和同步通信

串行通信有两种基本通信方式，即同步通信和异步通信。

(一)异步通信

在异步通信中，数据通常以字符(或字节)为单位组成数据帧进行传送，如图 6-2 所示。

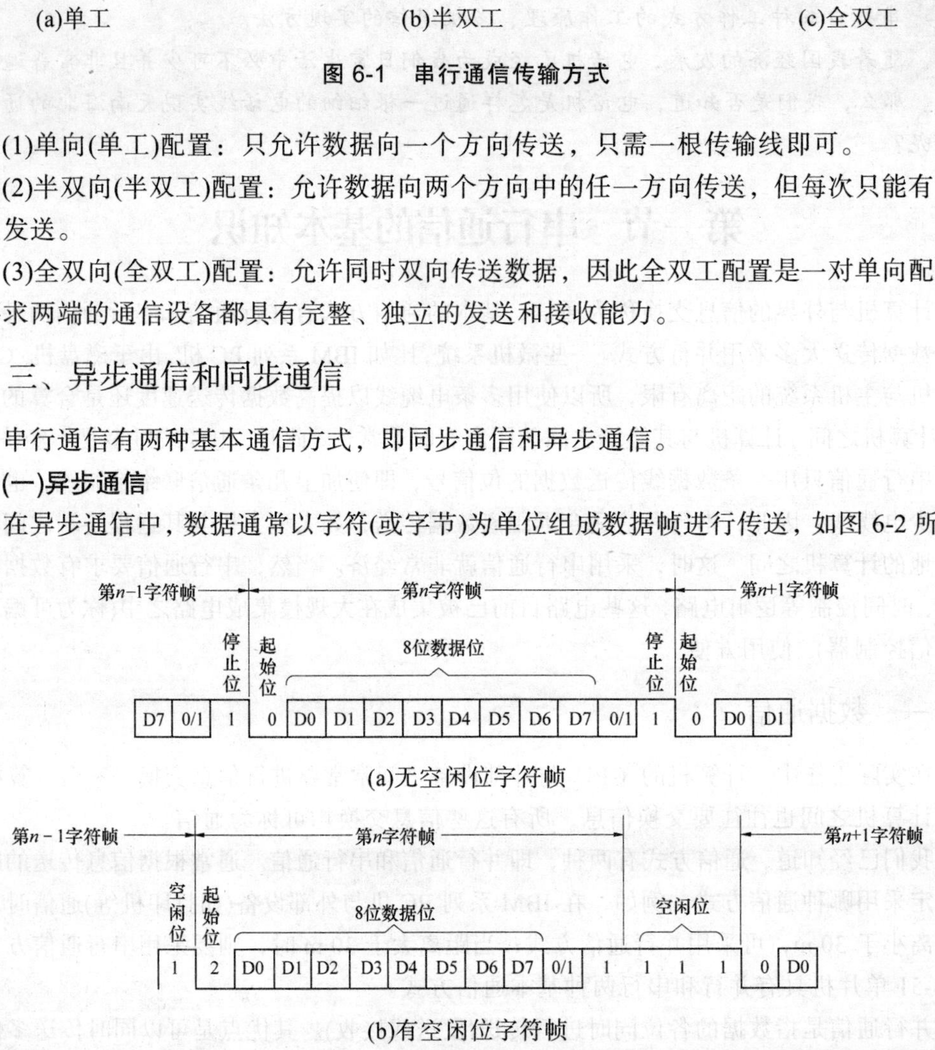

图 6-2 异步通信的字符帧格式

每一帧数据都包括以下几个部分：

(1)起始位：位于数据帧开头，占一位，始终为低电平，标志数据传送的开始，用于向接收设备发送端表示开始发送一帧数据。

(2)数据位：要传送的字符(或字节)，紧跟在起始位之后。用户可根据情况取 5 位、6 位、7 位或 8 位。若所传数据为 ASCII 字符，则常取 7 位，由低位到高位依次传送。

(3)奇偶校验位：位于数据位之后，仅占一位，用于校验串行发送数据的正确性。可根据需要采用奇校验或偶校验。

(4)停止位：位于数据帧末尾，占一位、一位半或两位，为高电平，用于向接收端表示一帧数据已发送完毕。

在串行通信中，有时为了使收发双方有一定的操作间隙，可以根据需要在相邻数据帧之间插入若干空闲位，空闲位和停止位一样也是高电平，表示线路处于等待状态。存在空闲位是异步通信的特征之一。

有了以上数据帧的格式规定，发送端和接收端就可以连续协调地传送数据。也就是说，接收端会知道发送端何时开始发送和何时结束发送。平时，传输线为高电平，每当接收端检测到传输线上发送过来的低电平时，就知道发送端已开始发送；每当接收端接收到数据帧中的停止位时，就知道一帧数据已发送完毕。发送端和接收端可以由各自的时钟源来控制数据的发送和接收，这两个时钟源彼此独立，互不同步。

异步通信因为每帧数据都有起始位和停止位，所以传送数据的速率受到限制，一般在 50 ~ 9 600 b/s 之间。但异步通信对硬件要求较低，因而在数据传送量不是很大、传送速率要求不高的远距离通信场合得到了广泛应用。

(二)同步通信

在同步通信中，每个数据块开始传送时，均采用一个或两个同步字符作为起始标志(接收端不断对传送线采样，并把采样得到的字符和双方约定的同步字符进行比较，只有比较成功后才会把后面接收到的数据加以储存)。数据在同步字符之后，其个数不受限制，由所需传送的数据块长度确定。其格式如图 6-3 所示。

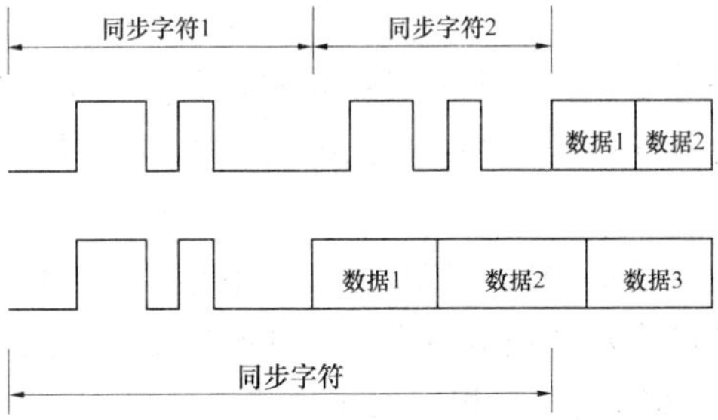

图 6-3　同步传送的数据格式

同步通信中的同步字符可以使用统一的标准格式，此时单个同步字符常采用 ASCII 码中规定的 SYN(即16H)代码，双同步字符一般采用国际通用的标准代码 EB90H。

同步通信一次可以连续传送几个数据，每个数据均不需起始位和停止位，且数据之间不留间隙，因而其数据传输速率高于异步通信，通常可达 56 000 b/s。但同步通信要求用准确的时钟来实现发送端与接收端之间的严格同步。为了保证数据传输正确无误，发送方除了发送数据，还要同时把时钟传送到接收端。同步通信常用于传送数据量大、传送速率要求较高的场合。

四、串行通信的过程及通信协议

(一)串并转换与设备同步

两个通信设备在串行线路上成功地实现通信必须解决两个问题：一是串并转换，即把要发送的并行数据串行化，把接收的串行数据并行化；二是设备同步，即同步发送设备和接收设备的工作节拍，以确保发送数据在接收端被正确读出。

1. 串并转换

串行通信是将计算机内部的并行数据转换成串行数据，将其通过一根通信线传送，并将接收到的串行数据再转换成并行数据送到计算机中。

在串行发送数据之前，计算机内部的并行数据被送入移位寄存器并一位一位地移出，从而将并行数据转换成串行数据，如图 6-4 所示。在接收数据时，来自通信线路的串行数据被送入移位寄存器，满 8 位后并行送到计算机内部，如图 6-5 所示。

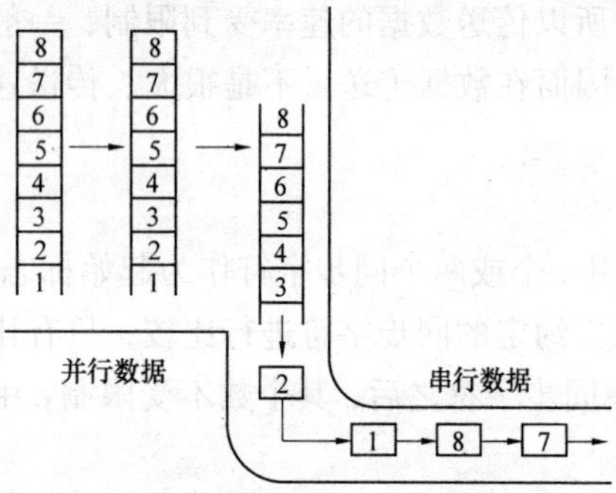

图 6-4 并→串转换

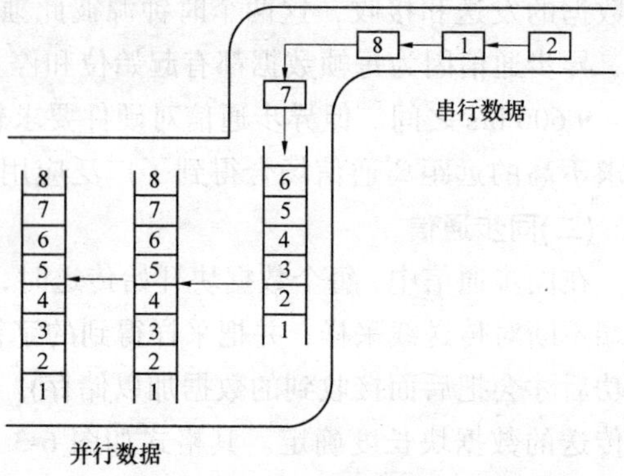

图 6-5 串→并转换

在串行通信控制电路中，串并、并串转换逻辑被集成在串行异步通信控制器芯片中。例如，MCS-51 单片机的串行口和 IBM-PC 机中的 8250 芯片都可完成这一功能。

2. 设备同步

进行串行通信的两台设备必须同步工作才能有效地检测通信线路上的信号变化，从而采样传送数据脉冲。设备同步对通信双方有两个共同要求：一是通信双方必须采用统一的编码方法，二是通信双方必须能产生相同的传送速率。

采用统一的编码方法确定了一个字符二进制表示值的位发送顺序和位串长度，当然还包括统一的逻辑电平规定，即电平信号高低与逻辑 1 和逻辑 0 的固定对应关系。

通信双方只有产生相同的传送速率，才能确保设备同步，这就要求发送设备和接收设备采用相同频率的时钟。发送设备在统一的时钟脉冲上发出数据，接收设备才能正确检测出与时钟脉冲同步的数据信息。

(二)串行通信协议

通信协议是对数据传送方式的规定，包括数据格式定义和数据位定义等，通信双方必须遵守统一的通信协议。串行通信协议包括同步协议和异步协议两种，在此只讨论异步串行通信协议和异步串行协议规定的字符数据的传送格式。

1. 起始位

通信线上没有数据被传送时处于逻辑 1 状态。当发送设备要发送一个字符数据时，首先发出一个逻辑 0 信号，这个逻辑低电平就是起始位。起始位通过通信线传向接收设备，接收设备检测到这个逻辑低电平后，就开始准备接收数据位信号。起始位所起的作用就是设备同步，通信双方必须在传送数据位前协调同步。

2. 数据位

当接收设备收到起始位后，紧接着就会收到数据位。数据位的个数可以是 5、6、7 或 8。IBM 系列 PC 机中经常采用 7 位或 8 位数据传送，MCS-51 串行口采用 8 位或 9 位数据传送。在数据传送过程中，数据位从最低有效位开始发送，在接收设备中依次被转换为并行数据。

3. 奇偶校验位

数据位发送完之后，可以发送奇偶校验位。奇偶校验用于有限差错检测，通信双方需约定一致的奇偶校验方式。如果选择偶校验，那么组成数据位和奇偶校验位的逻辑 1 的个数必须是偶数；如果选择奇校检，那么逻辑 1 的个数必须是奇数。

4. 停止位

在奇偶校验位或数据位(当无奇偶校验时)之后发送的是停止位。停止位是一个字符数据的结束标志，可以是 1 位、1.5 位或 2 位的高电平。接收设备收到停止位之后，通信线路上便又恢复逻辑 1 状态，直至下一个字符数据的起始位到来。

5. 波特率设置

在串行通信中，一个重要的指标是波特率。通信线上传送的所有信号都保持一致的信号持续时间，每一位的信号持续时间都由数据传送速度确定，而传送速度是以每秒多少个二进制位来衡量的，该速度叫波特率。它反映了串行通信的速率，也反映了对于传输通道的要求。波特率越高，要求传输通道的频带越宽。如果数据以 300 个二进制位每秒在通信线上传送，那么传送速度为 300 b/s。一般异步通信的波特率在 50 ~ 9 600 b/s 之间。

由于异步通信双方各用自己的时钟源，要保证捕捉到的信号正确，最好采用较高频率的时钟，一般选择时钟频率比波特率高 16 倍或 64 倍。若是时钟频率等于波特率，则频率稍有偏差便会产生接收错误。

MCS-51 串行通信的波特率由定时器 T1 的溢出率获得(仅指串行口方式 1 和方式 3，方式 0 和方式 2 的波特率固定)。

在异步通信中，收、发双方必须事先规定两件事：一是字符格式，即字符各部分所占的位数、是否采用奇偶校验以及校验的方式(偶校验还是奇校验)等通信协议；二是采用的波特率以及时钟频率和波特率的比例关系。

6. 握手信号约定方式

要想保证通信成功，通信双方必须有一系列的约定，比如：作为发送方，必须知道什么时候发送信息，发什么，对方是否收到，收到的内容有没有错，要不要重发，怎样通知对方结束等；作为接收方，必须知道对方是否发送了信息，发的是什么，收到的信息是否有错，如果有错怎样通知对方重发，怎样判断结束等。这种约定就叫做通信规程或协议，它必须在编程之前确定下来。要想使通信双方能够正确交换信息和数据，在协议中对什么时候开始通信、什么时候结束通信、何时交换信息等都必须做出明确的规定。只有双方都遵守这些规定，才能顺利地进行通信。

第二节　MCS-51 单片机的串行口

MCS-51 单片机的串行口是一个全双工串行通信接口，即能同时进行串行发送和接收数据。它可以作 UATR(通用异步接收和发送器)用，也可以作同步移位寄存器用。其帧格式可以有 8 位、10 位或 11 位，并能设置各种波特率，因而给使用带来了很大的灵活性。使用串行接口可以实现 MCS-51 单片机系统之间点对点的单机通信和 MCS-51 与系统机(如 IBM-PC 机等)的单机或多机通信。

一、MCS-51 串行口的结构

MCS-51 通过引脚 RXD(P3.0，串行数据接收端)和引脚 TXD(P3.1，串行数据发送端)与外界进行通信，其内部结构示意图如图 6-6 所示。

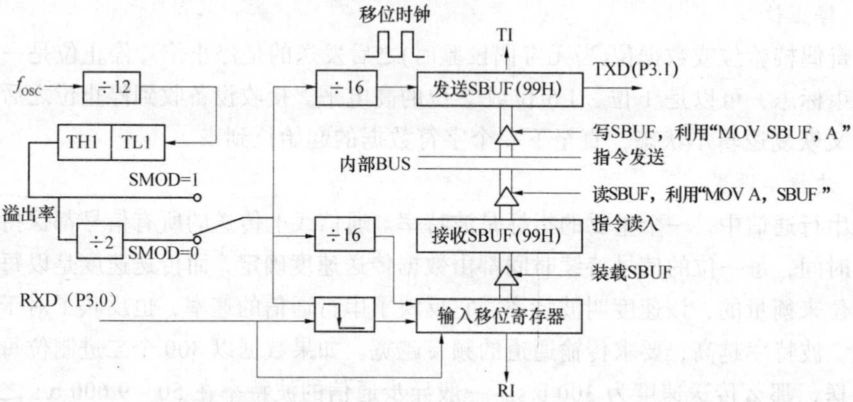

图 6-6　串行口内部结构示意简图

由图 6-6 可见，串行发送与接收的速率与移位时钟同步。MCS-51 用定时器 T1 作为串行通信的波特率发生器，T1 溢出率经 2 分频(或不分频)后又经 16 分频作为串行发送或接收的移位脉冲，此移位脉冲的速率即为波特率。图中有两个物理上独立的接收、发送缓冲器 SBUF，它们占用同一地址 99H，可同时发送、接收数据。发送缓冲器只能写入，不能读出；接收缓冲器只能读出，不能写入。接收器是双缓冲结构，在前一个字节被从接收缓冲器 SBUF 读出之前，第二个字节即开始被接收(串行输入至移位寄存器)，但是若第二个字节接收完毕时前一个字节仍未被 CPU 读取，则会丢失前一个字节。对于发送缓冲器，因为发送时 CPU 是主动的，不会产生重叠错误，所以一般不需要用双缓冲结构来保持最大传送速率。

串行口的发送和接收都是以特殊功能寄存器 SBUF 的名义进行读或写的。当向 SBUF

发“写”命令时(执行“MOV　SBUF，A”指令)，即向发送缓冲器 SBUF 装载，并开始由 TXD 引脚向外发送一帧数据，发送完成后，便置发送中断标志位 TI=1。

在满足串行口接收中断标志位 RI(SCON.0)=0 的条件下，置允许接收位 REN=1，就会接收一帧数据进入移位寄存器，并装载到接收 SBUF 中，同时使 RI=1。当 CPU 发出读 SBUF 命令时(执行“MOV　A，SBUF”指令)，便由接收缓冲器(SBUF)取出信息，并通过 MCS-51 内部总线送 CPU。

二、串行口控制寄存器

MCS-51 串行口是可编程接口，对它进行初始化编程只用两个控制字分别写入特殊功能寄存器 SCON(98H)和电源控制寄存器 PCON(87H)即可。

(一)串行口控制寄存器 SCON(98H)

MCS-51 串行通信的方式选择、接收和发送控制以及串行口的状态标志等均由特殊功能寄存器 SCON 控制和指示，其控制字格式如图 6-7 所示。

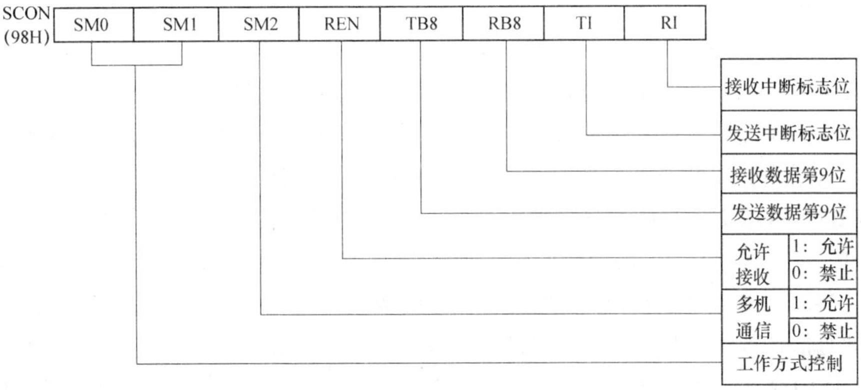

图 6-7　串行口控制寄存器

各位的功能定义如下：

(1)SM0 和 SM1(SCON.7、SCON.6)：串行口工作方式选择位。

两个选择位对应四种通信方式，如表 6-1 所示，其中 f_{OSC} 是振荡频率。

表 6-1　串行口工作方式

SM0	SM1	工作方式	功能	波特率
0	0	方式 0	8 位同步移位寄存器	$f_{OSC}/12$
0	1	方式 1	10 位异步收发	由定时器 T1 控制
1	0	方式 2	11 位异步收发	$f_{OSC}/32$ 或 $f_{OSC}/64$
1	1	方式 3	11 位异步收发	由定时器 T1 控制

(2)SM2(SCON.5)：多机通信控制位，主要用于方式 2 和方式 3。

若置 SM2=1，则允许多机通信。多机通信协议规定，第 9 位数据(D8)为 1，说明本帧数据为地址帧；若第 9 位为 0，则本帧为数据帧。当一片 8051(主机)与多片 8051(从机)通信时，所有从机的 SM2 位都置 1。主机首先发送的一帧数据为地址，即某从机的机号，其中第 9 位为 1。所有的从机接收到数据后，将其中第 9 位装入 RB8 中。各个从机根据收到的第 9 位数据(RB8 中)的值来决定从机可否再接收主机的信息。若(RB8)=0，说明是数据帧，则使接收中断标志位 RI=0，信息丢失；若(RB8) =1，说明是地址帧，则将数据装入 SBUF 并置 RI=1，中断所有从机。被寻址的目标从机清除 SM2 以接收主机发来的一帧数据。其他从机仍然保持 SM2=1。若 SM2=0，不允许多机通信，则接收一帧数据后，不管第 9 位数据是 0 还是 1，都置 RI=1，接收到的数据装入 SBUF 中。

根据 SM2 的这个功能，可实现多个 MCS-51 单片机应用系统的串行通信。在方式 1 时，若 SM2=1，则只有接收到有效停止位时，RI 才置 1，以便接收下一帧数据。在方式 0 时，SM2 必须是 0。

(3)REN(SCON.4)：允许接收控制位。由软件置 1 或清零，相当于串行接收的开关，只有当 REN=1 时才允许接收；若 REN=0，则禁止接收。

在串行通信接收控制过程中，如果满足 RI=0 和 REN=1(允许接收)，就允许接收，接收的一帧数据装载入接收 SBUF 中。

(4)TB8(SCON.3)：发送数据的第 9 位(D8)，装入 TB8 中。在方式 2 或方式 3 中，根据发送数据的需要由软件置位或复位。在许多通信协议中可用做奇偶校验位，也可在多机通信中作为发送地址帧或数据帧的标志位。对于后者，TB8=1，说明该帧数据为地址；TB8=0，说明该帧数据为数据字节。在方式 0 或方式 1 中，该位未用。

(5)RB8(SCON.2)：接收数据的第 9 位。在方式 2 或方式 3 中，接收到的第 9 位数据放在 RB8 位。它或是约定的奇/偶校验位，或是约定的地址/数据标识位。在方式 2 和方式 3 多机通信中，若 SM2=1，RB8=1，则说明收到的数据为地址帧。在方式 1 中，若 SM2=0(即不是多机通信情况)，则 RB8 中存放的是已接收到的停止位。在方式 0 中，该位未用。

(6)TI(SCON.1)：发送中断标志位。在一帧数据发送完成时被置位，即在方式 0 串行发送第 8 位结束或其他方式串行发送到停止位的开始时由硬件置位，可用软件查询，它同时也申请中断。TI 置位意味着向 CPU 提供“发送缓冲器 SBUF 已空”的信息，CPU 应该准备发送下一帧数据。串行口发送中断被响应后，TI 不会自动清零，必须由软件清零。

(7)RI(SCON.0)：接收中断标志位。在接收到一帧有效数据后由硬件置位。在方式 0 中，第 8 位数据发送结束时，由硬件置位；在其他三种方式中，当接收到停止位中间时，由硬件置位。RI=1，申请中断，表示一帧数据接收结束，并已装入接收 SBUF 中，要求 CPU 取走数据。RI 也必须由软件清零，清除中断申请，并准备接收下一帧数据。

串行发送中断标志 TI 和接收中断标志 RI 是同一个中断源，CPU 事先不知道是发送中断 TI 还是接收中断 RI 产生的中断请求，所以，在全双工通信时，必须由软件来判别。复位时，SCON 所有位均清零。

(二)电源控制寄存器 PCON(87H)

PCON 中只有 SMOD 位与串行口工作有关，如图 6-8 所示。

SMOD(PCON.7)：波特率倍增位。在串行口方式 1、方式 2 和方式 3 时，波特率和 2^{SMOD} 成正比，亦即当 SMOD=1 时，波特率提高一倍。复位时，SMOD=0。

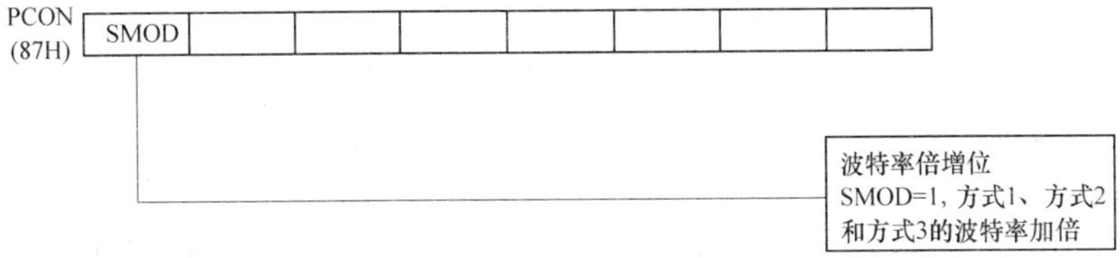

图 6-8　电源控制寄存器 PCON

三、串行通信工作方式

根据实际需要，MCS-51 串行口可设置四种工作方式，可有 8 位、10 位或 11 位帧格式。

方式 0 以 8 位数据为一帧，不设起始位和停止位，先发送或接收最低位。其帧格式如下：

…	D0	D1	D2	D3	D4	D5	D6	D7	…

方式 1 以 10 位数据为一帧传输，设有 1 个起始位、8 个数据位和 1 个停止位。其帧格式如下：

…	起始	D0	D1	D2	D3	D4	D5	D6	D7	停止	…

方式 2 和方式 3 以 11 位数据为一帧传输，设有 1 个起始位、8 个数据位、1 个附加第 9 位和 1 个停止位。附加第 9 位(D8)由软件置 1 或清零，发送时在 TB8 中，接收时送 RB8 中。其帧格式如下：

…	起始	D0	D1	D2	D3	D4	D5	D6	D7	D8	停止	…

下面具体介绍 MCS-51 单片机串行口的四种工作方式。

(一)方式 0

方式 0 当 SM0、SM1=00 时，选择此方式。

方式 0 为同步移位寄存器方式，常用于扩展 I/O 口。串行数据通过 RXD 输入或输出，而 TXD 用于输出移位时钟，作为外接部件的同步信号。这种方式不适用于两个 MCS-51 之间的直接数据通信，但可以通过外接移位寄存器来实现单片机的接口扩展。例如，74LS164 可用于扩展并行输出口，74LS165 可用于扩展并行输入口。在这种方式下，收发的数据为 8 位，低位在前，无起始位、奇偶校验位及停止位，波特率是固定的 $f_{OSC}/12$。

当执行任何一条写 SBUF 的指令(如 MOV　SBUF，A)时，就启动串行数据的发送。移位寄存器的内容由 RXD(P3.0)引脚串行移位输出，移位脉冲由 TXD(P3.1)引脚输出。在发送期间，每隔一个机器周期，发送移位寄存器右移一位，并在其左边补 0。当数据最高位移到移位寄存器的输出位时，由此向左的所有位均为 0，零检测器通知发送控制器要进行最后一次移位，并撤销发送有效，同时使发送中断标志 TI 置位。至此，完成了一帧数据发送的全过程。若 CPU 响应中断，则执行从 0023H 开始的串行口发送中断服务程序。

当满足 REN=1(允许接收)且接收中断标志 RI=0 时，就会启动一次接收过程。由 TXD(P3.1)引脚输出移位脉冲，在移位脉冲控制下，接收移位寄存器的内容每一个机器周期左移一位，同时由 RXD(P3.0)引脚接收一位输入信号。在最后一次移位即将结束时，接收移位寄存器的内容送入接收数据缓冲寄存器 SBUF，清除接收信号，置位 SCON 中的 RI，发出中断申请，完成一帧数据的接收过程。若 CPU 响应中断，同样执行从 0023H 开始的串行口接收中断服务程序。

(二)方式 1

方式 1 为 10 位异步串行通信方式。当 SM0、SM1=01 时，串行口选择方式 1。

数据传输波特率由定时/计数器 T1 的溢出率决定，由 TXD(P3.1)引脚发送数据，由 RXD(P3.0)引脚接收数据。发送或接收一帧信息为 10 位，包括 1 位起始位、8 位数据位(低位在前，高位在后)和 1 位停止位。

当执行任何一条写 SBUF 的指令时，就启动串行数据的发送。其发送过程与方式 0 类似，只是方式 1 发送的数据包含起始位和停止位，共 10 位数据而不是 8 位。另外，其波特率也与方式 0 不同，具体波特率计算见后面的讨论。

当 REN=1 且清除 RI 后，若在 RXD(P3.0)引脚上检测到一个 1 到 0 的跳变，则立即启动一次接收。如果在第一个时钟周期中接收到的不是 0(起始位)，说明它不是一帧数据的起始位，则复位接收电路，继续检测 RXD(P3.0)引脚上 1 到 0 的跳变。如果接收到的是起始位，就将其移入接收移位寄存器，然后接收该帧的其他位。接收到的位从右边移入，当起始位移到最左边时，接收控制器将控制进行最后一次移位，把接收到的 9 位数据送入接收数据缓冲器 SBUF 和 RB8，并同时对 RI 置位。

在进行最后一次移位时，能将数据送入 SBUF 和 RB8，而且置位 RI 的条件是：RI=0(即上一帧数据接收时发出的中断请求已被响应，并将 SBUF 数据取走)，SM2=0 或接收到的停止位为 1。若以上两个条件中有一个不满足，则将不可恢复地丢失接收到的这一帧信息；如果满足上述两个条件，则数据位装入 SBUF，停止位装入 RB8 且置位 RI。接收这一帧信息之后，不论上述两个条件是否满足，即不管接收到的信息是否丢失，串行口都将继续检测 RXD(P3.0)引脚上 1 到 0 的跳变，准备接收新的信息。

(三)方式 2 和方式 3

方式 2 和方式 3 均为 11 位异步串行通信方式。当 SM0、SM1=10 时，串行口选择方式 2；当 SM0、SM1=11 时，串行口选择方式 3。

由 TXD(P3.1)引脚发送数据，由 RXD(P3.0)引脚接收数据。发送或接收一帧信息为 11 位，包括 1 位起始位、8 位数据位(低位在前，高位在后)、1 位可编程位和 1 位停止位。发送时可编程位 TB8 可设置为 1 或 0，接收时可编程位存入 SCON 寄存器的 RB8 位。方式 2 和方式 3 的不同在于它们的波特率产生方式不同，方式 2 的波特率是固定的，为振荡频率的 1/32 或 1/64，方式 3 的波特率则由定时/计数器 T1 的溢出率决定。

同样，方式 2、方式 3 的数据发送过程也类似于方式 0，只是数据位数及波特率不同。其数据接收过程同方式 1。

四、波特率设计

在串行通信中，收发双方对发送或接收数据的速率有一定的约定。在 MCS-51 串行口的四种工作方式中，方式 0 和方式 2 的波特率是固定的，而方式 1 和方式 3 的波特率是可变的，由定时器 T1 的溢出率来决定。串行口的四种工作方式对应着三种波特率。由于输入的移位时钟来源不同，所以各种方式的波特率计算公式也不同。

(一)方式 0 的波特率

由图 6-9 可见，方式 0 时，发送或接收一位数据的移位时钟脉冲由 S6P2(第 6 个状态周期，第 12 个节拍)给出，即每个机器周期产生一个移位时钟，发送或接收一位数据。因此，波特率固定为振荡频率的 1/12，并不受 PCON 寄存器中 SMOD 位的影响。即：

$$方式\ 0\ 的波特率 \backsimeq f_{OSC}/12 \tag{6-1}$$

注意，符号“≌”表示左面的表达式只是引用右面表达式的数值，即右面的表达式只是提供了一种计算的方法。

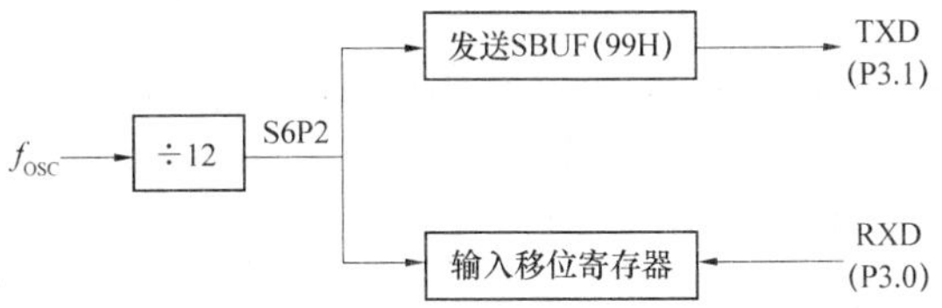

图 6-9　串行口方式 0 波特率的产生

(二)方式 2 的波特率

串行口方式 2 波特率的产生与方式 0 不同，即输入时钟源不同，其时钟输入部分如图 6-10 所示。控制接收与发送的移位时钟由振荡频率 f_{OSC} 的第二个节拍 P2 时钟(即 $f_{OSC}/2$)给出，所以方式 2 的波特率取决于 PCON 中 SMOD 位的值：当 SMOD=0 时，波特率为 f_{OSC} 的 1/64；若 SMOD=1，则波特率为 f_{OSC} 的 1/32。即：

$$方式\ 2\ 的波特率 \backsimeq f_{OSC} \times 2^{SMOD}/64 \tag{6-2}$$

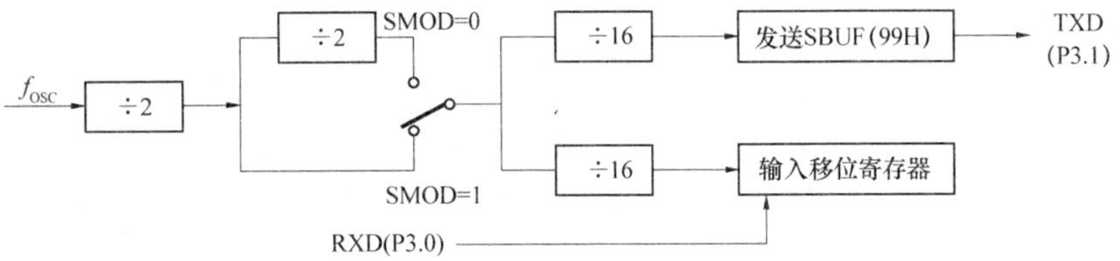

图 6-10　串行口方式 2 波特率的产生

(三)方式 1 和方式 3 的波特率

方式 1 和方式 3 的移位时钟脉冲由定时器 T1 的溢出率决定，如图 6-11 所示。因此，MCS-51 串行口方式 1 和方式 3 的波特率由定时器 T1 的溢出率与 SMOD 值同时决定。即：

$$方式\ 1\ 和方式\ 3\ 的波特率 \backsimeq T1\ 的溢出率 \times 2^{SMOD}/32 \tag{6-3}$$

其中，T1 溢出率取决于 T1 的计数速率(计数速率 $\backsimeq f_{OSC}/12$)和 T1 预置的初值。当定时器 T1 采用方式 1 时，波特率公式如下：

$$方式\ 1\ 和方式\ 3\ 的波特率 \backsimeq (2^{SMOD}/32) \times (f_{OSC}/12)/(2^{16}-初值) \tag{6-4}$$

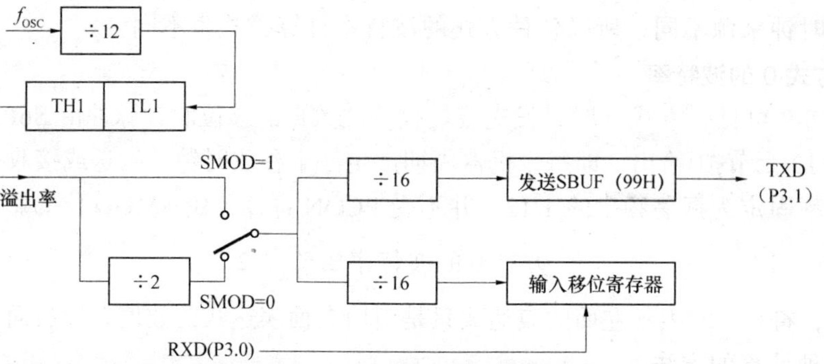

图 6-11　串行口方式 1 和方式 3 波特率的产生

定时器 T1 用做波特率发生器时，通常选用定时器方式 2(自动重装初值定时器)。要设置定时器 T1 为定时方式，让 T1 计数内部振荡脉冲(注意应禁止 T1 中断，以免溢出而产生不必要的中断)。先设定 TH1 和 TL1 定时计数初值为 X，那么每过“2^8-X”个机器周期，定时器 T1 就会产生一次溢出。因此：

$$\text{T1 溢出率} \cong f_{OSC}/[12\times(256-X)] \quad (6\text{-}5)$$

$$\text{串行口方式 1 和方式 3 的波特率} \cong (2^{SMOD}/32)\times f_{osc}/[12\times(256-X)] \quad (6\text{-}6)$$

由此，可得出定时器 T1 方式 2 的初始值 X：

$$X \cong 256-f_{OSC}\times(SMOD+1)/(384\times\text{波特率}) \quad (6\text{-}7)$$

表 6-2 列出了串行口方式 1、方式 3 常用波特率及其初值。

表 6-2　常用波特率与其他参数选取关系

串行口工作方式	波特率 (b/s)	f_{OSC} (MHz)	SMOD	定时器 T1 设置		
				$C/\overline{T}$	方式	初值
方式 0	1 M	12	×	×	×	×
方式 2	375 k	12	1	×	×	×
	187.5 k	12	0	×	×	×
方式 1 和方式 3	62.5 k	12	1	0	2	FFH
	19.2 k	11.059 2	1	0	2	FDH
	9.6 k	11.059 2	0	0	2	FDH
	4.8 k	11.059 2	0	0	2	FAH
	2.4 k	11.059 2	0	0	2	F4H
	1.2 k	11.059 2	0	0	2	E8H
	137.5	11.059 2	0	0	2	1DH
	110	12	0	0	1	FEEBH
方式 0	0.5 M	6	×	×	×	×
方式 2	187.5 k	6	1	×	×	×
方式 1 和方式 3	19.2 k	6	1	0	2	FEH
	9.6 k	6	1	0	2	FDH
	4.8 k	6	0	0	2	FDH
	2.4 k	6	0	0	2	FAH
	1.2 k	6	0	0	2	F3H
	0.6 k	6	0	0	2	E6H
	110	6	0	0	2	72H
	55	6	0	0	1	FEEBH

系统晶体振荡频率选为 11.059 2 MHz 就是为了使初值为整数，以产生精确的波特率。

如果串行通信选用很低的波特率，则可将定时器 T1 置于方式 0 或方式 1，即 13 位或 16 位定时方式；但在这种情况下，T1 溢出时，需用中断服务程序重装初值。中断响应时间和执行指令时间会使波特率产生一定的误差，可用改变初值的办法加以调整。

【例 6-1】 8051 单片机时钟振荡频率为 11.059 2 MHz，选用定时器 T1 工作方式 2 作为波特率发生器，波特率为 2 400 b/s，求初值。

解：设置波特率控制位 SMOD=0

$$X \cong 256-11.059\,2\times10^6\times(0+1)/(384\times2\,400)=244=\text{F4H}$$

所以，TH1=TL1=F4H。

第三节　MCS-51 串行口的应用

一、串行口方式 0 的应用

MCS-51 单片机串行口基本上是异步通信接口，但在方式 0 时是同步操作。外接串入并出或并入串出器件，可实现 I/O 的扩展。I/O 口扩展有两种不同途径：一种是利用串行口扩展并行输出口，此时需外接串行输入/并行输出的同步移位寄存器，如 74LS164 或 CD4094；另一种是利用串行口扩展并行输入口，此时需外接并行输入/串行输出的同步移位寄存器，如 74LS165 或 CD4014。

串行口方式 0 的数据传送可以采用中断方式，也可以采用查询方式。无论哪种方式，都要借助于 TI 或 RI 标志。在串行口发送时，可以通过 TI 置位后引起中断申请，在中断服务程序中发送下一组数据；或者通过查询 TI 的值，只要 TI 为 0 就继续查询，直到 TI 为 1 后结束查询，进入下一个字符的发送。在串行口接收时，由 RI 引起中断或对 RI 查询来决定何时接收下一个字符。无论采用什么方式，在开始串行通信前，都要先对 SCON 寄存器初始化，进行工作方式的设置。在方式 0 中，SCON 寄存器的初始化只是简单地把 00H 送入 SCON 就可以了。

【例 6-2】 用 MCS 串行口外接一片 CD4094 扩展 8 位并行输出口，并行口的每一位都接一个发光二极管，要求发光二极管从右到左以一定速度轮流点亮，并不断循环。设发光二极管为共阴极接法，如图 6-12 所示。请编制程序。

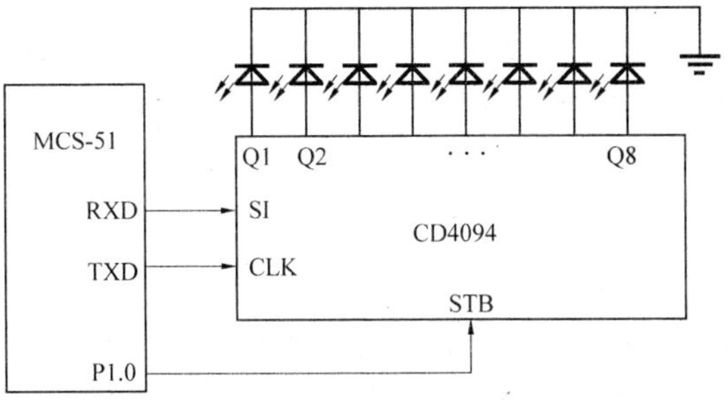

图 6-12　MCS-51 串行口扩展为 8 位并行输出口

解：CD4094是一种8位串行输入(SI端)/并行输出的同步移位寄存器，CLK为同步脉冲输入端，STB为控制端。若STB=0，则8位并行数据输出端(Q1 ~ Q8)关闭，但允许串行数据从SI端输入；若STB=1，则SI输入端关闭，但允许8位数据并行输出。

设串行口采用中断方式发送发光二极管的点亮时间(1 s)，通过延时子程序DELAY实现。程序清单如下：

```
          ORG    0000H
          AJMP   MAIN

          ORG    0023H
          AJMP   SBS

          ORG    0100H
MAIN:     MOV    SCON，#00H        ；串行口设置为方式0
          MOV    A，#01H           ；最右边一位二极管先亮
          CLR    P1.0              ；关闭并行输出，熄灭显示
          MOV    SBUF，A           ；开始串行输出
HERE:     SJMP   HERE              ；等待中断

SBS:      SETB   P1.0              ；启动并行输出
          ACALL  DELAY
          CLR    TI                ；清发送中断标志
          RL     A                 ；准备点亮下一位
          CLR    P1.0              ；关闭并行输出，熄灭显示
          MOV    SBUF，A           ；串行输出
          RETI
          NOP
DELAY:    MOV    R2，#05H
DELAY0：  MOV    R3，#0C8H
DELAY1：  MOV    R4，#0F8H
DELAY2:   DJNZ   R4，DELAY2        ；延时1 s子程序(fOSC=6 MHz)
          DJNZ   R3，DELAY1
          DJNZ   R2，DELAY0
          RET
          END
```

【例6-3】 用MCS-51串行口外接一片CD4014，扩展为8位并行输入口，输入数据由8个开关提供。另有一个开关S提供联络信号，当S=0时，表示要求输入数据，如图6-13所示。请编写程序将输入的8位开关量存入片内RAM的30H单元。

解：CD4014 是并行输入/串行输出的同步移位寄存器。其中，Q8 为串行输出端，CLK 为同步移位脉冲输入端，PA 为控制端。若 $P/\overline{S}=0$，则 CD4014 并行输入端关闭，但可以串行输出；若 $P/\overline{S}=1$，则 CD4014 串行输出端关闭，但可以并行输入数据。

对 RI 采用查询方式来编程，当然，先要查询开关 S 是否闭合。

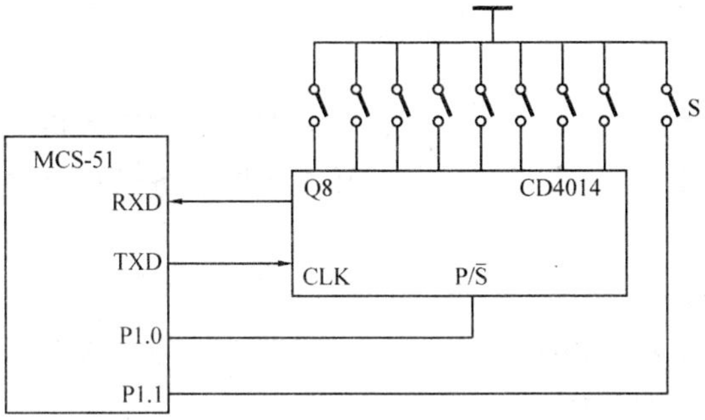

图 6-13　MCS-51 串行口扩展为 8 位并行输入口

程序清单如下：

```
        ORG     0000H
        LJMP    MAIN

        ORG     0100H
MAIN：  MOV     SCON，#10H
WT1：   JB      P1.1，WT1             ；等待开关 S 闭合
        SET     P1.0                  ；令 P/S̄=1，CD4014 并行输入数据
        NOP
        NOP
        CLR     P1.0                  ；令 P/S̄=0，CD4014 开始串行输出
WT2：   JNB     RI，WT2               ；等待接收
        CLR     RI                    ；接收完毕，清 RI
        MOV     A，SBUF               ；读输入数据到累加器
        MOV     30H，A                ；存入内存 30H 单元
        SJMP    $
        END
```

二、串行口方式 1 的应用

【例 6-4】　MCS-51 串行口按全双工方式收发数据。要求将内部 RAM 中 30H 单元开始的 20 个数据发送出去，同时将接收到的数据保存到内部 RAM 中 50H 单元开始的数据缓冲区。要求传送的波特率为 2 400 b/s，f_{OSC}=6 MHz，请编写通信程序。

解：全双工通信要求能同时收、发数据。数据通信可用中断方式进行，响应中断后，通过检测是 RI 置位还是 TI 置位来决定是进行数据发送还是接收操作。发送和接收操作都通过子程序完成。

根据要求的波特率和晶振频率，查表 6-2 可知：定时器采用工作方式 2，初值为 FAH。

程序清单如下：

```
        ORG    0000H
        LJMP   MAIN

        ORG    0023H                ；中断服务子程序入口
        AJMP   SBS1                 ；转至中断服务子程序

        ORG    0100H
MAIN：  MOV    TMOD，#20H           ；定时器 1 设为方式 2
        MOV    TL1，#0FAH
        MOV    TH0，#0FAH           ；置定时器初值
        SETB   TR1                  ；启动 T1
        MOV    SCON，#50H           ；将串行口设置为方式 1，REN=1
        MOV    R0，#30H             ；发送数据区首地址→R0
        MOV    R1，#50H             ；接收数据区首地址→R1
        MOV    R2，#20              ；置发送数据个数→R2
        SETB   ES
        SETB   EA                   ；开放中断
LOOP：  SJMP   LOOP                 ；等待中断

SBS1：  JNB    RI，SEND             ；TI=1，为发送中断
        ACALL  SIN                  ；RI=1，为接收中断
        SJMP   NEXT
SEND：  ACALL  SOUT
NEXT：  RETI

SOUT：  CLR    TI                   ；发送子程序
        DJNZ   R2，LOOP1            ；数据未发送完，继续发送
        SJMP   RR1                  ；发送完，返回
LOOP1： MOV    A，@R0               ；取发送数据到 A
        MOV    SBUF，A              ；发送数据
        INC    R0                   ；指向下一个数据
RR1：   RET
SIN：   CLR    RI                   ；接收子程序
        MOV    A，SBUF              ；读接收数据
        MOV    @R1，A               ；存入数据缓冲区
```

```
        INC     R1                  ；指向下一个存储单元
        RET
        END
```

三、串行口方式 2 和方式 3 的应用

串行口方式 2 与方式 3 基本一样(只是波特率设置不同)，接收或者发送 11 位信息，只比方式 1 多了一位可编程位。

【例 6-5】 编制一个发送程序，将片内 RAM 中 50H～5FH 的数据串行发送。串行口设定为工作方式 2，TB8 作奇偶校验位。

解：在数据写入发送 SBUF 之前，先将数据的奇偶标志 P 写入 TB8。此时，第 9 位数据便可作奇偶校验用。可采用查询和中断两种方式发送。

采用查询方式的程序段：

```
        ORG     0000H
        LJMP    MAIN

        ORG     0100H
MAIN：  MOV     SCON，#80H          ；设工作方式 2
        MOV     PCON，#80H          ；取波特率为 fOSC/32
        MOV     R0，#50H            ；首地址 50H 送 R0
        MOV     R7，#10H            ；数值长度送 R7
LOOP：  MOV     A，@R0              ；取数据
        MOV     C，PSW.0            ；P→C
        MOV     TB8，C              ；奇偶校验位送 TB8
        MOV     SBUF，A             ；发送数据
WAIT：  JBC     TI，CONT
        AJMP    WAIT                ；等待中断标志 TI=1
CONT：  INC     R0
        DJNZ    R7，LOOP            ；数据未发完，继续下一个
        SJMP    $
        END
```

采用中断方式的程序段：

```
        ORG     0000H
        AJMP    MAIN

        ORG     0023H               ；串行口中断服务入口地址
        AJMP    SERVE               ；转向中断服务

        ORG     0100H
```

```
MAIN:  MOV    SCON, #80H
       MOV    PCON, #80H
       MOV    R0, #50H
       MOV    R7, #10H
       SETB   ES
       SETB   EA
       MOV    A, @R0
       MOV    C, PSW.0
       MOV    TB8, C
       MOV    SBUF, A              ; 发送第一个数据
       SJMP   $

SERVE: CLR    TI                   ; 清除发送中断标志
       INC    R0                   ; 修改数据地址
       MOV    A, @R0
       MOV    C, PSW.0
       MOV    TB8, C
       MOV    SBUF, A
       DJNZ   R7, ENDT             ; 数据是否发完，未完转 ENDT
       CLR    ES                   ; 若发完，禁止串行口中断
ENDT:  RETI                        ; 中断返回
       END
```

四、多机通信

MCS-51 串行口方式 2 和方式 3 有一个专门的应用领域，即多机通信。这一功能使它可以方便地应用于集散式分布系统中，这种系统采用一台主机和多台从机，如图 6-14 所示。

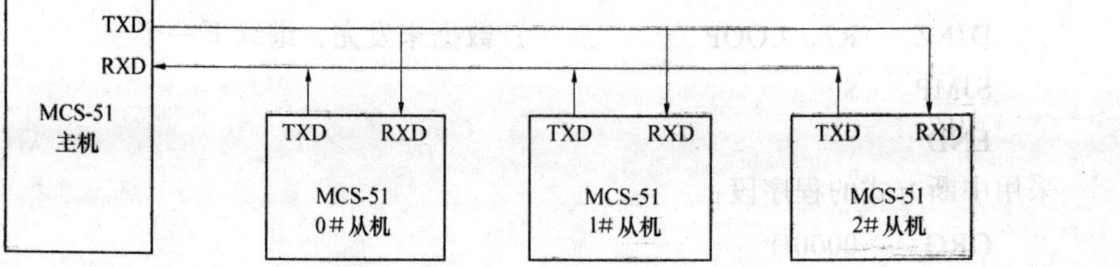

图 6-14 多机通信连接图

多机通信的实现，主要靠主、从机之间正确地设置与判断多机通信控制位 SM2 和发送或接收的第 9 个数据位(D8)。以下简述如何实现多机通信。

在编程前，首先要给各从机定义地址编号，如分别为 00H、01H、02H 等。当主机想发送一数据块给几个从机中的一个时，它首先送出一个地址字节，以辨认从机。地址字节

和数据字节可用第 9 个数据位来区别，主机的第 9 位应该设为 1。所以，在主机发送地址帧时，地址/数据标识位 TB8 应设置为 1，以表示是地址帧。例如，可这样编指令：

```
MOV   SCON，#0D8H        ；设串行口为方式 3，TB8 置 1，准备发地址
```

此时，所有的从机初始化时均置 SM2=1，使它们只处于接收地址帧的状态。例如，从机中可以编写这样的指令：

```
MOV   SCON，#0F0H        ；设串行口为方式 3，SM2=1，允许接收
```

当从机接收到从主机发来的信息后，第 9 位(RB8)若为 1，则置位中断标志 RI，中断后判断主机送来的地址与本从机地址是否相符。若相符，则被寻址的从机清除其 SM2 标志，即置 SM2=0，准备接收即将从主机送来的数据帧；未被选中的从机仍保持 SM2=1。

当主机发送数据帧时，应该置 TB8=0，此时虽然各从机都处于能接收的状态，但由于 TB8=0，所以只有 SM2=0 的那个被寻址的从机才能接收到数据，那些未被选中的从机将不理睬进入到串行口的数据字节，继续进行它们自己的工作，直到一个新的地址字节到来，这样就实现了主机控制的主从机之间的通信。综上所述，通信只能在主从机之间进行，从机之间的通信只有经主机才能实现。

多机之间的通信过程可归纳如下：

(1)主、从机均初始化为方式 2 或方式 3，置 SM2=1，允许多机通信。

(2)主机置 TB8=1，发送要寻址的从机地址。

(3)所有从机均接收主机发送的地址，并进行地址比较。

(4)被寻址的从机确认地址后，如果符合，则置本机 SM2=0，向主机返回地址，供主机核对；如果不符合，则置本机 SM2=1。

(5)核对无误后，主机向被寻址的从机发送命令，通知从机接收或发送数据。

(6)通信只能在主、从机之间进行，两个从机之间的通信需以主机为中介。

(7)本次通信结束后，主、从机重置 SM2=1，主机可再寻址其他从机。

在实际应用中，由于单片机功能有限，因而在较大的测控系统中，常常把单片机应用系统作为前端机(也称为下位机或从机)直接用于控制对象的数据采集与控制，而把 PC 机作为中央处理机(也称为上位机或主机)用于数据处理和对下位机的监控管理。它们之间的信息交换主要采用串行通信，此时单片机可直接利用其串行接口，而 PC 机可利用其配备的 8250 或 8251 等可编程串行接口芯片(使用方法可查看有关手册)。实现单片机与 PC 机串行通信的关键是在通信协议的约定上要一致，如要求设定相同的波特率及帧格式等。在正式工作之前，双方应先互发联络信号，以确保通信收发数据的准确性。

实训课题

一、实训目的

(1)掌握串行通信的原理。

(2)掌握串行口模式 0 的使用方法。

(3)学会简单的串行通信设计方法。

二、实训设备

(1)微机一台(安装 VW、STC-ISP-V3.5 软件)。

(2)STC-2007 单片机实验板一块。

三、实训要求

把内部 RAM 中 30H～3FH 单元的数据通过串行通信送给 74LS164，经过串并转换后用 LED 发光二极管显示出来。30H～37H 单元的数据是 0FFH、0FCH、0F8H、0F0H、0E0H、0C0H、80H、00H。

四、实训原理及电路图

本实训用 74LS164 作为串入并出移位寄存器，接收单片机串行口发送的数据，经过串并转换后的输出口接到发光二极管上。实训电路图见图 6-15。

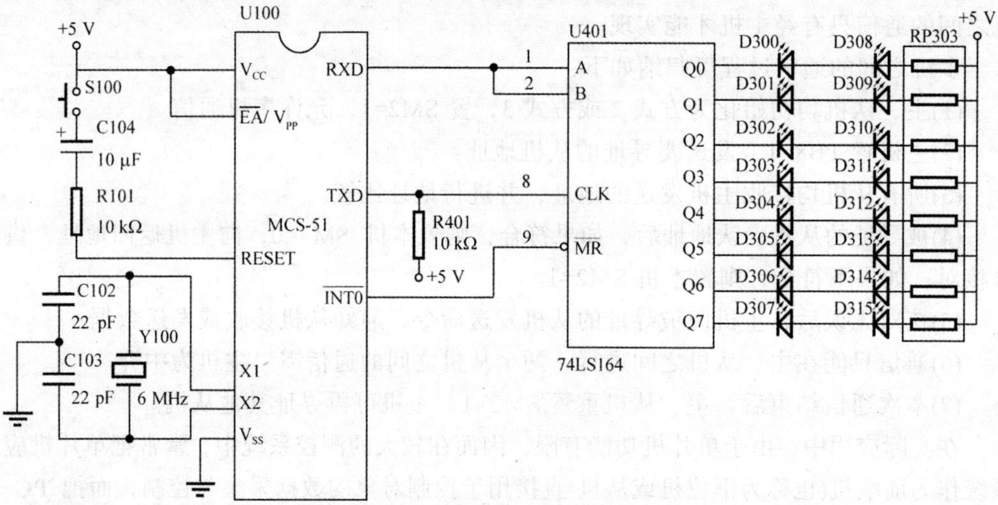

图 6-15　串并转换实训电路原理图

五、实训电路连接

(1)基本接线：编程下载线接到 U6 Max232 单元的 J602(绿色线接 G)；电源线接到 U9 Power 单元的 JP901，S901 的 U1、U3、U4、U6 拨到“ON”端。

(2)功能接线：U1 MCU 单元的 J100 的 RXD、TXD、$\overline{\text{INT0}}$ 接 U4 Ser-Par 单元的 J402 的 R、T、C；U4 Ser-Par 单元的 J403 接 U3 Display 单元的 J303，J403 的 0 接 J303 的 0。

六、参考源程序

```
    ORG     0000H               ；程序初始地址，复位后将从此处执行
    LJMP    MAIN                ；跳转主程序(MAIN=0060H，符号地址)
```

```
        ORG     0060H               ; 主程序初始地址
MAIN：  MOV     SCON，#00H          ; 设置串行口
        MOV     P3，#0FFH           ; 启动 P3 口第二功能
        MOV     R0，#30H
        NOP
        NOP
LP1：   MOV     A, @R0              ; 取显示数据
        MOV     SBUF, A

LOOP：  JNB     TI，LOOP            ; 等待传送完成
        CLR     TI
        ACALL   DELAY               ; 等待，以便点亮 LED 一段时间
        INC     R0                  ; 移到下一位显示数据
        CJNE    R0，#38H, LP1       ; 如果没到达 3F 单元，继续取数
        MOV     R0，#30H            ; 给出初始地址，进行下一轮显示
        SJMP    LP1

DELAY：MOV     R7，#0FFH            ; 延时程序
L2：    MOV     R6，#0FFH
L1：    DJNZ    R6，L1
        DJNZ    R7，L2
        RET
        END                         ; 汇编源程序结束
```

七、实训步骤

(1)启动 VW，新建一个文件，编写汇编程序，并保存为 cbzh.asm。

(2)调用 VW 的 DATA 窗口，输入 30H ~ 37H 单元的数据：0FFH，0FCH，0F8H，0F0H，0E0H，0C0H，80H，00H。编译文件，生成 cbzh.hex 文件。

(3)连接硬件电路。

(4)启动 STC-ISP-V3.5，把 cbzh.hex 文件下载到单片机。

(5)观察实验板变化。

本章小结

本章简单介绍了同步串行通信和异步串行通信及 MCS-51 的串行口结构，重点介绍了 MCS-51 单片机的串行口控制、四种工作方式及应用编程等。

计算机有两种基本串行通信方式：异步串行通信(不需要同步信号)和同步串行通信(需要发送同步信号)。异步串行通信有单工、半双工和全双工三种工作方式。

MCS-51 单片机的串行口有四种工作方式：方式 0、方式 1、方式 2 和方式 3。其中方式 0 为移位寄存器输入输出方式，常用于串行口外接移位寄存器以扩展 I/O 口，也可外接串行同步输入输出设备。串行数据由 RXD 引脚输入或输出，同步移位脉冲由 TXD 引脚输出，波特率为 $f_{OSC}/12$。方式 1 为 10 位异步通信接口，传送一帧信息为 10 位，包括 1 位起始位(0)、8 位数据位(先低位，后高位)和 1 位停止位(1)，其波特率为 T1 的溢出率 $\times 2^{SMOD}/32$。方式 2 和方式 3 为 11 位异步通信接口，传送一帧信息为 11 位，包括 1 位起始位(0)，8 位数据位(先低位，后高位)，1 位附加控制位(1/0)，1 位停止位(1)。方式 2 的波特率为 $f_{OSC}\times 2^{SMOD}/64$，方式 3 的波特率为 T1 的溢出率 $\times 2^{SMOD}/32$。

习题与思考题

1. 什么是串行异步通信，它有哪些作用？

2. MCS-51 单片机的串行口由哪些功能部件组成？各有什么作用？

3. 简述串行口接收和发送数据的过程。

4. MCS-51 串行口有几种工作方式？有几种帧格式？各工作方式的波特率如何确定？

5. 若异步通信接口按方式 3 传送，已知其每分钟传送 3 600 个字符，其波特率是多少？

6. MCS-51 中 SCON 的 SM2、TB8、RB8 分别有何作用？

7. 设 f_{OSC}=11.059 2 MHz，试编写一段程序，其功能为对串行口初始化，使之工作于方式 1，波特率为 1 200 b/s；并用查询串行口状态的方法，读出接收缓冲器中的数据并回送到发送缓冲器。

8. 设晶振频率为 11.059 2 MHz，串行口工作于方式 1，波特率为 4 800 b/s。写出用 T1 作为波特率发生器的方式字和计数初值。

9. 为什么定时器 T1 用做串行口波特率发生器时，常选用工作方式 2？若已知系统时钟频率和通信用的波特率，如何计算其初值？

10. 若定时器 T1 设置成方式 2，作波特率发生器，已知 f_{OSC}=6 MHz，求可能产生的最高和最低的波特率分别是多少？

11. 简述 MCS-51 单片机多机通信的原理。

12. 以 MCS-51 串行口按工作方式 1 进行串行数据通信。假定波特率为 1 200 b/s，以中断方式传送数据。请编写全双工通信程序。

13. 某异步通信接口，其帧格式由 1 个起始位，7 个数据位，1 个偶校验和 1 个停止位组成。若该接口每分钟传送 1 800 个字符，试计算其传送波特率。

14. 串行口工作在方式 1 和方式 3 时，其波特率与 f_{OSC}、定时器 T1 工作方式 2 的初值及 SMOD 位的关系如何？设 f_{OSC}=6 MHz，现利用定时器 T1 方式 2 产生的波特率为 110 b/s。试计算定时器初值。

第七章 MCS-51单片机的扩展与接口

提要 本章主要学习 MCS-51 单片机的存储器扩展、I/O 扩展、显示器及键盘接口、A/D 接口、D/A 接口等电路。

重点 单片机的程序存储器和数据存储器的扩展电路、8155 接口电路、显示器及键盘接口设计、MCS-51 与模拟通道的接口电路设计与编程。

难点 8155 接口芯片功能、显示器及键盘接口电路程序设计。

导入 MCS-51 单片机的特点之一是系统结构紧凑、硬件设计简单灵活。对于简单的应用场合，MCS-51 的最小系统就能满足要求；但对于复杂的应用场合，在需要较大存储器容量和较多 I/O 接口的情况下，MCS-51 系列单片机能提供很强的扩展功能，可以直接外接标准的存储器电路和 I/O 接口电路，以构成功能很强、规模较大的系统。所谓系统扩展一般说来有如下两项主要任务：第一项是把系统所需的外设与单片机连起来，使单片机系统能与外界进行信息交换。如通过按键、A/D 转换器、磁带机、开关等外部设备向单片机送入数据、命令等有关信息，控制单片机运行；通过显示器、发光二极管、打印机、继电器、音响设备等把单片机处理的结果送出去，向人们提供信息或对外部设备提供控制信号。这项任务实际上就是单片机接口设计。另一项是扩大单片机的容量。由于芯片结构、引脚等的关系，单片机内 ROM、RAM 等功能部件的数量不可能很多，在使用中有时会感到不够，因此需要在片外进行扩展，以满足实际系统的需要。

第一节 外部总线的扩展

一、系统扩展概述

MCS-51 单片机的芯片内集成了微型计算机的基本功能部件，已具备了很强的功能。例如，MCS-51 系列中的 8751 和 8951，一块芯片就是一个完整的最小微机系统，但其片内的 ROM、RAM 容量，I/O 端口，定时器及中断源等内部资源还是有限的。根据实际需要，MCS-51 系列单片机在实际应用时往往要进行功能扩展。

由 MCS-51 系列单片机的结构可知，虽然芯片内部有四个 8 位 I/O 端口，但如果使用 8031 芯片，则必须扩展片外 ROM(占用 P0 和 P2)方可工作，可供外部输入/输出设备使用的只有 P1 一个接口，这对于众多的外部设备(如键盘、显示器、开关、A/D、D/A 以及执行机构等)而言是远远不够的，这时就需要扩展 I/O 口线。另外，外部设备与单片机在运行速度上存在着很大差异，要把快速的单片机与慢速的外部设备(如打印机)有机地联系起来，就需要在单片机与外部设备之间建立缓冲桥梁，使二者能很好地匹配，这种用来使单片机与外部设备交换信息的桥梁就叫做接口。

MCS-51 的系统扩展及接口形式如图 7-1 所示。

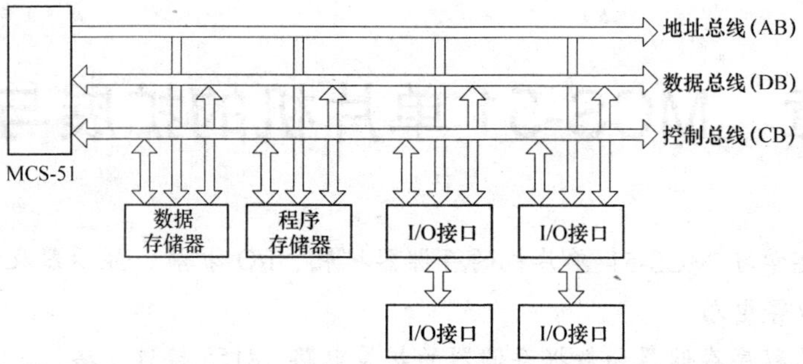

图 7-1　MCS-51 系统扩展与接口结构

接口电路(这里指并行接口)作为单片机与外设间的缓冲界面，应具备以下功能：

(1)每个端口都具有数据锁存和缓冲的功能，以便暂存数据和信息；

(2)每个端口都有与 CPU 进行信息交换的应答信号；

(3)有片选与控制引脚，以作为 CPU 选中芯片的片选端和传送控制命令的被控端；

(4)可用程序选择工作方式和功能，即通常讲的可编程。

很多接口电路都被做成标准通用接口芯片，用户可根据系统的需要，选用适当的接口芯片与单片机连接起来，然后用程序设置其工作方式，以组成用户所需要的、完整的单片机应用系统。

二、片外三总线结构

MCS-51 单片机由于受管脚的限制，片外数据线和地址线是复用的，而且由 P0、P2 口兼用。为了将它们分离出来，以便同单片机片外的芯片正确地连接，需要在单片机外部增加地址锁存器，如图 7-2 所示。

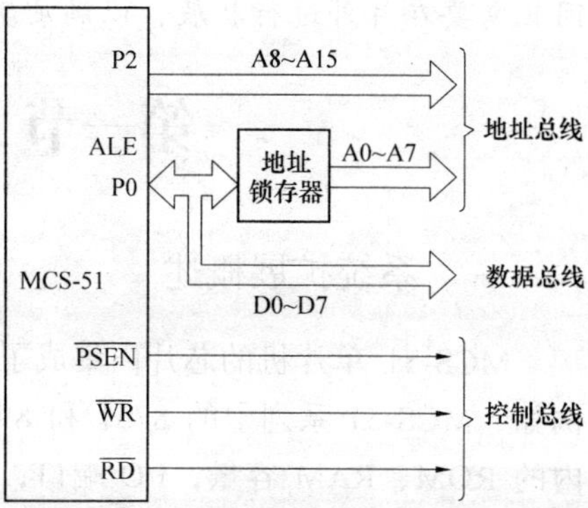

图 7-2　MCS-51 扩展的三总线

(一)地址总线(Address Bus，AB)

地址总线用于传递单片机送出的地址信号，以便进行存储单元或 I/O 端口的选择。地址总线是单向的，只能由单片机向外发送信息。地址总线的数目决定可以直接访问的存储单元的数目。例如，n 位地址总线可以产生 2^n 个连续地址编码，因此可以访问 2^n 个地址单元，即通常所说的寻址范围为 2^n 个地址单元。MCS-51 单片机存储器最多可扩展为 64 KB，即 2^{16} 个地址单元。

(二)数据总线(Data Bus，DB)

数据总线用于单片机与存储器之间或单片机与 I/O 端口之间的数据传递。数据总线的位数与单片机处理数据的字长一致。例如，MCS-51 单片机是 8 位字长，所以，数据总线的位数是 8 位。数据总线是双向的，可以进行两个方向的数据传送。

(三)控制总线(Control Bus，CB)

控制总线是单片机发出控制片外 ROM、RAM 和 I/O 读写操作命令的一组控制线。

三、总线扩展的实现

(一)以 P0 口作地址/数据总线

此处的地址总线是指系统的低 8 位地址线。因为 P0 口线既用做地址线，又用做数据线(分时复用)，因此需要加一个 8 位锁存器。在实际应用时，先把低 8 位地址送入锁存器暂存，然后再由地址锁存器给系统提供低 8 位地址，而把 P0 口线作为数据线使用。

采用 74LS373 作锁存器的地址总线扩展电路如图 7-3 所示。由 MCS-51 的 P0 口送出的低 8 位有效地址信号是在 ALE(地址锁存允许)信号变高的同时出现的，并在 ALE 由高变低时，将出现在 P0 口的地址信号锁存到外部地址锁存器 74LS373 中，直到下一次 ALE 变高时，地址才发生变化。

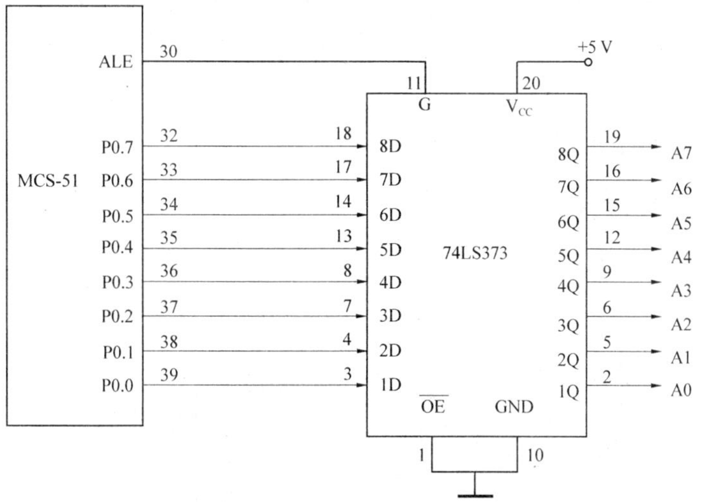

图 7-3　MCS-51 地址总线扩展电路

实际上，单片机 P0 口的电路设计已考虑了这种应用需要，P0 口线电路中的多路转接电路 MUX 以及地址/数据控制(见第二章)即是为此目的而设计的。

(二)以 P2 口作高位地址线

如果使用 P2 口的全部 8 位口线，再加上 P0 口提供的低 8 位地址，便可形成完整的 16 位地址总线，使单片机系统的寻址范围达到 64 KB。

但在实际应用系统中，高位地址线并不固定为 8 位，需要用几位就从 P2 口中引出几条口线。

(三)控制信号线

除了地址线和数据线，在扩展系统中还需要一些控制信号线，以构成扩展系统的控制总线。这些信号有的是单片机引脚的第一功能信号，有的则是第二功能信号。其中包括:

(1)使用 ALE 作为地址锁存的选通信号，以实现低 8 位地址的锁存。

(2)以 $\overline{PSEN}$ 作为扩展程序存储器的读选通信号。

(3)以 $\overline{EA}$ 作为内、外程序存储器的选择信号。

(4)以 $\overline{RD}$ 和 $\overline{WR}$ 作为扩展数据存储器和 I/O 端口的读、写选通信号。执行 MOVX 指令时，这两个信号分别自动有效。

可以看出，尽管 MCS-51 单片机号称有四个 I/O 口，共 32 条口线，但由于系统扩展的需要，真正能作为数据 I/O 使用的，就只剩下 P1 口和 P3 口的部分口线了。

第二节　外部存储器的扩展

MCS-51 系列单片机具有 64 KB 的程序存储器空间，其中 8051、8751 片内有 4 KB 的程序存储器，8031 片内无程序存储器。当采用 8051、8751 型单片机而程序超过 4 KB 或者采用 8031 单片机时，就需对程序存储器进行外部扩展。

MCS-51 系列单片机的数据存储器与程序存储器的地址空间相互独立，其片外数据存储器的空间也是 64 KB，如果片内的数据存储器(仅 128 B)不够用，则需进行数据存储器的外部扩展。

一、外部程序存储器的扩展

(一)程序存储器的扩展方法

MCS-51 单片机扩展外部程序存储器的硬件电路如图 7-4 所示。

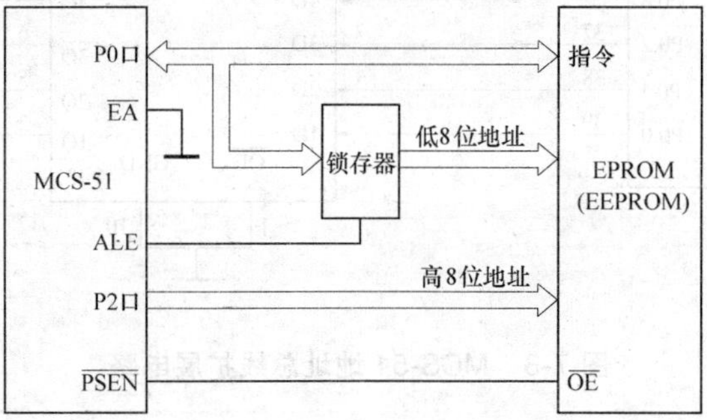

图 7-4　MCS-51 单片机外部程序存储器扩展

(1)地址线的连接：程序存储器的低 8 位通过一个地址锁存器与单片机的 P0 口相连，锁存器一般使用 74LS373 芯片，用单片机的 ALE 信号下降沿控制锁存器的锁存。如果外接存储芯片内有锁存器，则将单片机的 P0 口直接与外部存储器的低 8 位相连就可以了，但为了保证正常工作，还需要将单片机的 ALE 信号与外部芯片的 ALE 引脚相连。如果程序存储器还有高位地址线，则直接与单片机的 P2 口相连。

(2)数据线的连接：MCS-51 系列单片机的数据线只有 8 位，由 P0 口输出，直接将 P0 和外部存储器的数据线相连就可以了。

(3)控制线的连接：程序存储器扩展时，需要用到 ALE、$\overline{PSEN}$、$\overline{EA}$ 等信号线。ALE 是地址锁存允许信号，通常接到地址锁存器的锁存信号端。$\overline{PSEN}$ 是片外程序存储器的读选通信号，通常接在程序存储器的读允许端 $\overline{OE}$。$\overline{EA}$ 是单片机读片内或片外存储器的选择端，如果为低电平则使用片外 ROM，否则是片内 ROM。

在 CPU 访问外部程序存储器时，P2 口输出地址高 8 位(PCH)，P0 口分时输出地址低 8 位(PCL)和接收指令字节，具体过程时序为：控制信号 ALE 上升为高电平后，P0 口输出地址低 8 位(PCL)，P2 口输出地址高 8 位(PCH)，由 ALE 的下降沿将 P0 口输出的低 8 位地址锁存到外部地址锁存器中。接着，P0 口由输出方式变为输入方式，即浮空状态，等待从程序存储器读出指令，而 P2 口输出的高 8 位地址信息不变。紧接着，程序存储器选通信号 $\overline{PSEN}$ 变为低电平有效，与 P2 口和地址锁存器输出的地址对应单元的指令数据传送到 P0 口上，供 CPU 读取。在 MCS-51 的 CPU 访问外部程序存储器的机器周期内，控制线 ALE 上出现两个正脉冲，程序存储器选通线 $\overline{PSEN}$ 上出现两个负脉冲，即在一个机器周期内 CPU 访问两次外部程序存储器。

外部程序存储器可选用 EPROM 或 E^2PROM，下面分别介绍这两种形式的存储器与 MCS-51 系列芯片的连接。

(二)EPROM 芯片的扩展

EPROM 是紫外线擦除的可编程只读存储器，掉电后信息不会丢失。EPROM 中的程序需要用专门的编程器写入，许多单片机开发装置具有 EPROM 写入功能。EPROM 可作为 MCS-51 系列芯片的外部程序存储器，其典型产品有 2716、2732、2764、27128 和 27256 等。这些芯片上均有一个玻璃窗口，在紫外光下照射 5 ~ 20 min，存储器中的各位信息均变为 1，此时，可以通过相应的编程器将工作程序固化到这些芯片中。常用 EPROM 的主要技术特性见表 7-1。

表 7-1　常用 EPROM 的主要技术特性

型号	2716	2732	2764	27128	27256	27512
容量(KB)	2	4	8	16	32	64
引脚数	24	24	28	28	28	28
读出时间(ns)	350 ~ 450	100 ~ 300	100 ~ 300	100 ~ 300	100 ~ 300	100 ~ 300
最大工作电流(mA)	100	100	75	100	100	125
最大维持电流(mA)	35	35	35	40	40	40

下面介绍 2764EPROM 存储器。

2764 是一种 8KB × 8 位的紫外线擦除、电可编程只读存储器，单一+5 V 供电，工作电流为 75 mA，维持电流为 35 mA，读出时间最大为 300 ns。2764 为 28 线双列直插式封装，其管脚配置如图 7-5 所示。

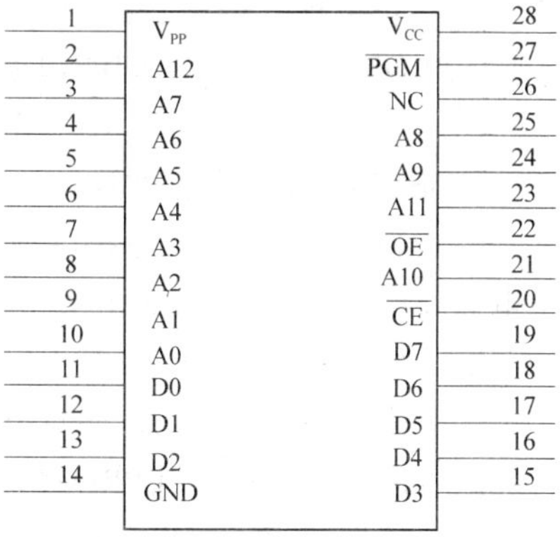

图 7-5　2764 的引脚结构

其引脚功能分别为：

(1)D0 ~ D7：数据总线，三态双向，编程时为数据输入线，读出或编程校验时为数据输出线，维持或编程禁止时呈高阻态。

(2)A0 ~ A12：地址输入线。

(3) $\overline{CE}$ ：片选信号输入线，低电平有效。

(4) $\overline{PGM}$ ：编程脉冲输入线，脉冲宽度为 59 ms

左右。

(5)$\overline{OE}$：读选通信号输入线，低电平有效。

(6)V_{PP}：编程电源输入线，V_{PP}的值因芯片型号和制造商而异，有 25 V、21 V、12.5 V 等不同值。

(7)V_{CC}、GND：电源输入线，工作电源为+5 V。

EPROM 的主要工作方式有编程方式、编程校验方式、读出方式、维持方式、编程禁止方式等，2764 的工作方式见表 7-2。

表 7-2　2764 的工作方式

工作方式	引脚					
	$\overline{CE}$	$\overline{OE}$	$\overline{PGM}$	V_{PP}	V_{CC}	D0 ~ D7
读出	V_{IL}	V_{IL}	V_{IH}	V_{CC}	V_{CC}	D_{OUT}
维持	V_{IH}	×	×	V_{CC}	V_{CC}	高阻
编程	V_{IL}	V_{IH}	编程脉冲	V_{IPP}	V_{CC}	D_{IN}
编程校验	V_{IL}	V_{IL}	V_{IH}	V_{IPP}	V_{CC}	D_{OUT}
禁止编程	V_{IH}	×	×	V_{IPP}	V_{CC}	高阻

(1)读出：当片选信号$\overline{CE}$和输出允许信号$\overline{OE}$都有效(为低电平)而编程信号$\overline{PGM}$无效(为高电平)时，芯片工作于该方式，CPU 从 EPROM 中读出指令或常数。

(2)维持：$\overline{CE}$无效时，芯片就进入维持方式。此时，数据总线处于高阻态，芯片功耗降为 200 mW。

(3)编程：当$\overline{CE}$有效，$\overline{OE}$无效，V_{PP}外接 21 ± 0.5 V(或 12.5 ± 0.5 V)编程电压，$\overline{PGM}$输入宽为 50 ms(45 ~ 55 ms)的 TTL 低电平编程脉冲时，芯片工作于该方式，此时可把程序代码固化到 EPROM 中。必须注意 V_{PP}不能超过允许值，否则会损坏芯片。

(4)编程校验：此方式工作在编程完成之后，以校验编程结果是否正确。除了 V_{PP}加编程电压外，其他控制信号状态与读出方式相同。

(5)禁止编程：V_{PP}已接编程电压，但因$\overline{CE}$无效，故不能进行编程操作。该方式适于多片 EPROM 并行编程不同的数据。

图 7-6 给出了 2764 与 MCS-51 的硬件连接。

(三)EEPROM 芯片的扩展

EPROM 的缺点是无论擦除或写入都需要专用设备，从而给使用带来不便。EEPROM 是电擦除可编程存储器，掉电后信息不会丢失，+5 V 供电下就可进行编程，而且对编程脉冲一般无特殊要求，不需要专用的编程器和擦除器。它不仅能进行整片擦除，还能实现以字节为单位的擦除和写入，而且擦除和写入均可在线进行，因此 EEPROM 可以说是一种特殊的可读写存储器。EEPROM 品种很多，有并行 EEPROM 和串行 EEPROM，已广泛应用于智能仪器仪表、家电、IC 卡设备、检测控制系统以及通讯领域。

在此先讨论并行 EEPROM，常用的并行 EEPROM 有 2816、2817、2864、28256、28010、28040 等。表 7-3 给出了 2816/2816A、2817/2817A 和 2864A 芯片的主要性能。

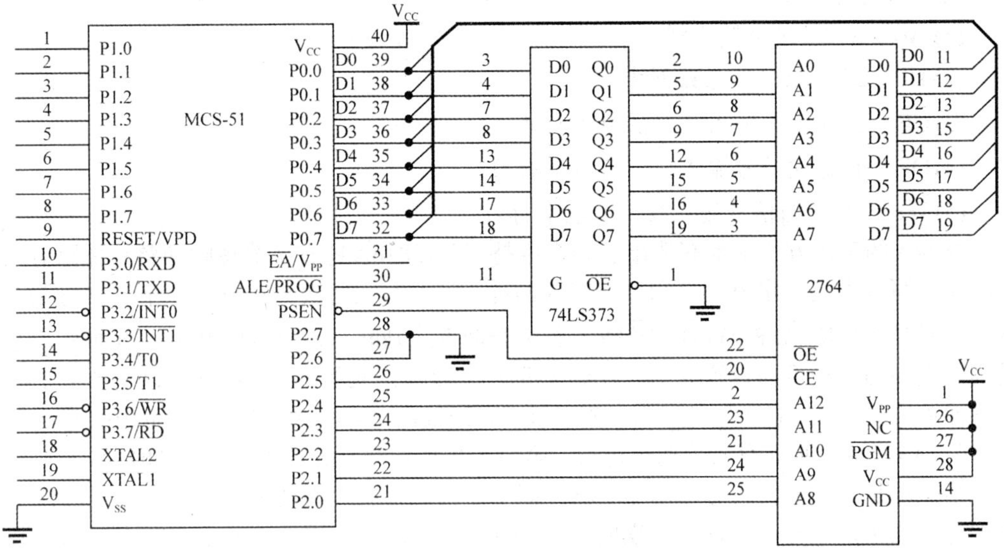

图 7-6　MCS-51 与 2764 的连接

表 7-3　常用 EEPROM 芯片的主要性能

性能	型号				
	2816	2816A	2817	2817A	2864A
存储容量(bit)	2 KB×8	2 KB×8	2 KB×8	2 KB×8	8 KB×8
读出时间(ns)	250	200/250	250	200/250	250
读操作电压(V)	5	5	5	5	5
擦/写操作电压(V)	21	5	21	5	5
字节擦除时间(ms)	10	9～15	10	10	10
写入时间(ms)	10	9～15	10	10	10
封装	DIP24	DIP24	DIP28	DIP28	DIP28

由表中数据可见，EEPROM 的读出时间较短，但擦除和写入时间较长。

下面主要介绍 2864A EEPROM 存储器。

Intel2864A 是 8KB×8 位的电可擦除可编程只读存储器，单一+5 V 供电，最大工作电流为 140 mA，维持电流 60 mA。由于其片内设有编程所需的高压脉冲产生电路，因而无需外加编程电源和写入脉冲即可工作。采用典型的 28 脚结构，与常用的 8 KB 静态 RAM6264 管脚完全兼容。内部地址锁存，并且有 16 字节的数据页缓冲器，允许对页快速写入，在片上保护和锁存数据信息。提供软件查询的标志信号，以判定是否完成对 EEPROM 的写入。芯片的引脚结构如图 7-7 所示。

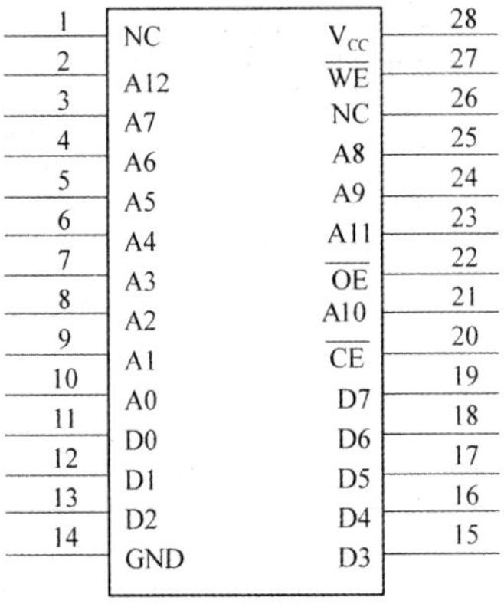

图 7-7　2864A 的引脚结构

其引脚的功能分别为：

(1) A0 ~ A12：地址输入线。

(2) D0 ~ D7：双向三态数据线。

(3) $\overline{CE}$：片选信号输入线，低电平有效。

(4) $\overline{OE}$：读选通信号输入线，低电平有效。

(5) $\overline{WE}$：写选通信号输入线，低电平有效。

2864A的工作方式主要有读出、写入、维持三种(2816A还有字节擦除和整片擦除方式)。2864A 的写入方式有字节写入和页面写入两种，字节写入每次只写入一个字节，与 2817A 相同，只是 2864A 无 RDY/$\overline{BUSY}$ 线，需用查询方式判断写入是否已结束；页面写入方式是为了提高写入速度而设置的，2864A 内部有 16 字节的页缓冲器，这样可以把整个 2864A 的存储单元划分成 512 页，每页 16 个字节，页地址由 A4 ~ A12 确定，每页中的某一单元由 A0 ~ A3 确定。页面写入分两步进行：第一步是页加载，由 CPU 向页缓冲器写入一页数据；第二步是页存储，在芯片内部电路控制下，擦除所选中页的内容，并将页缓冲器中的数据写入到指定单元。在页存储期间，允许 CPU 读取写入当前页的最后一个数据。若读出的数据的最高位是原写入数据最高位的反码，则说明页存储未完成；若读出的数据和原写入的数据相同，则表明页存储已经完成，CPU 可加载下一页数据。

2864A 与 MCS-51 的硬件连接如图 7-8 所示。图中采用了将外部数据存储器空间和程序存储器空间合并的方法，即将 $\overline{PSEN}$ 信号与 $\overline{RD}$ 信号相“或”，其输出作为单一的公共存储器读选通信号。这样，8031 即可对 2864A 进行读/写操作。此外，为了简单起见，图中 2864A 的片选信号端 $\overline{CE}$ 直接接地，在实际应用中应通过 74LS138 译码器输出片选信号。

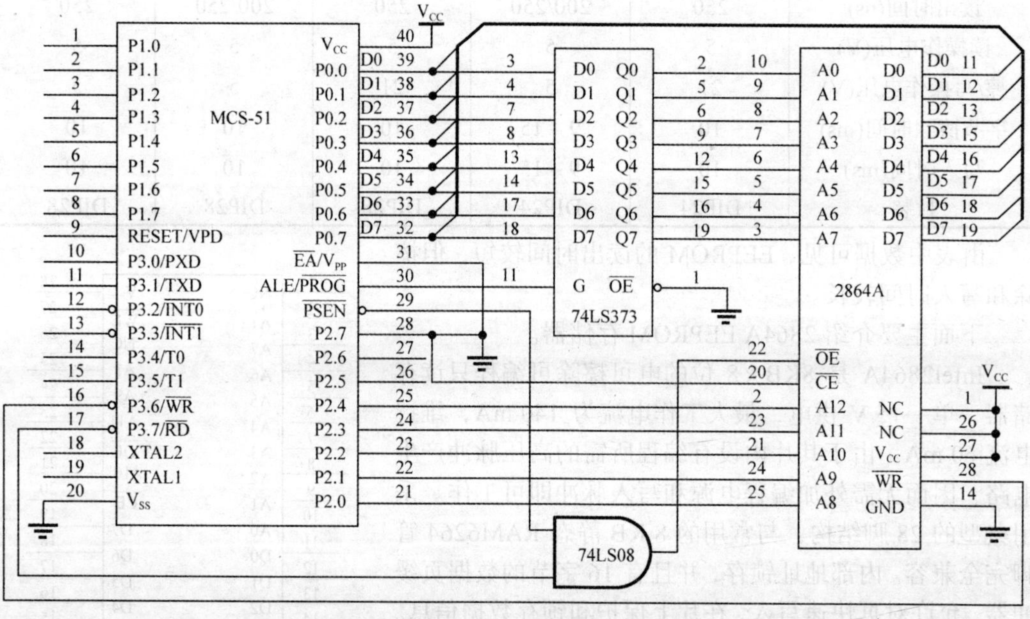

图 7-8　MCS-51 与 2864A 的连接

二、外部数据存储器的扩展

(一)数据存储器的扩展方法

MCS-51 单片机扩展外部数据存储器的硬件电路如图 7-9 所示。

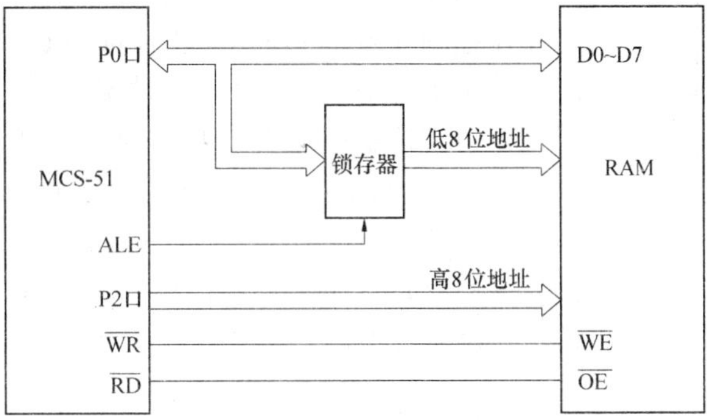

图 7-9　MCS-51 单片机外部数据存储器扩展

图中 P0 口为分时传送的 RAM 低 8 位地址/数据线，P2 口的高 8 位地址线用于对 RAM 进行页寻址。在外部 RAM 读/写周期，CPU 产生 $\overline{RD}$ / $\overline{WR}$ 信号。

数据存储器用于存储现场采集的原始数据、运算结果等，所以外部数据存储器应能随机读/写，通常由半导体静态随机存取存储器 RAM 组成。EEPROM 芯片也可用做外部数据存储器，且掉电后信息不会丢失。目前常用的静态 RAM 芯片有 6116、6264、62256、628128 等。常用 RAM 芯片的主要技术特性见表 7-4。

表 7-4　常用静态 RAM 主要技术特性

型号	6116	6264	62256
容量(KB)	2	8	32
引脚数(只)	24	28	28
工作电压(V)	5	5	5
典型工作电流(mA)	35	40	8
典型维持电流(μA)	5	2	0.5
存取时间(ns)	由产品型号而定		

(二)6264 数据存储器的扩展

6264 是 8 KB × 8 位的静态随机存储器芯片，采用 CMOS 工艺制造，由单一+5 V 供电，额定功耗 200 mW，典型存取时间 200 ns。6264 为 28 线双列直插式封装，其管脚配置如图 7-10 所示。

其引脚的功能分别为：

(1)A0 ~ A12：地址输入线。

(2)D0 ~ D7：双向三态数据线。

(3)$\overline{CE}$：片选信号输入线，低电平有效。

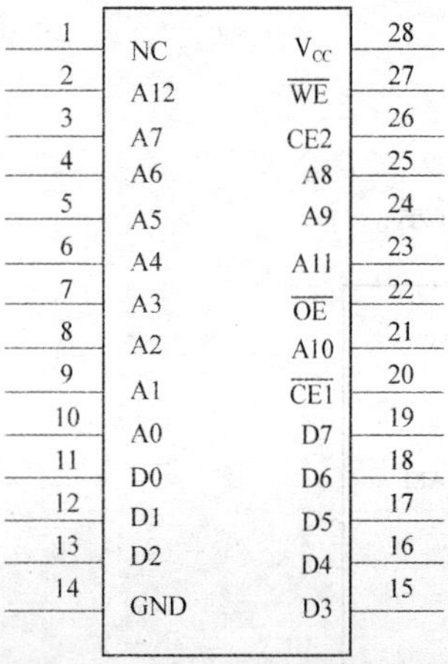

图 7-10 6264 的引脚结构

(4) $\overline{OE}$：读选通信号输入线，低电平有效。

(5) $\overline{WE}$：写选通信号输入线，低电平有效。

(6) V_{CC}：工作电源，电压为+5 V。

(7) GND：地线。

6264 有读出、写入、维持三种工作方式，这些工作方式的操作控制如表 7-5 所示。当片选 2(CE2)为低电平时，6264 芯片处于未选中状态，在一般情况下需将此引脚拉至高电平。当把该引脚拉至小于或等于 0.2 V 时，RAM 就进入数据保持状态。片选 1($\overline{CE1}$)为高电平时芯片未选中，为低电平时芯片被选中，从逻辑上看符合 74LS138 等译码器芯片的要求。所以，一般将 $\overline{CE1}$ 作为片选信号，接至译码器，而 CE2 在不需保持状态时接至高电平。

表 7-5 6264 的工作方式

$\overline{WE}$	$\overline{CE1}$	CE2	$\overline{OE}$	方式	D0 ~ D7
X	H	X	X	未选中(掉电)	高阻
X	X	L	X	未选中(掉电)	高阻
H	L	H	H	输出禁止	高阻
H	L	H	L	读	D_{OUT}
L	L	H	H	写	D_{IN}
L	L	H	L	写	D_{IN}

图 7-11 给出了 MCS-51 与 6264 的硬件连接。由于数据存储器的地址空间和程序存储器占有的地址空间是相同的，所以在某些应用中，要执行程序的地址与存放数据的地址相同。在 MCS-51 中可以用 $\overline{PSEN}$ 信号和 $\overline{RD}$ 信号相或，使外部程序存储器与外部数据存储器的存储空间重叠而又能分别访问。

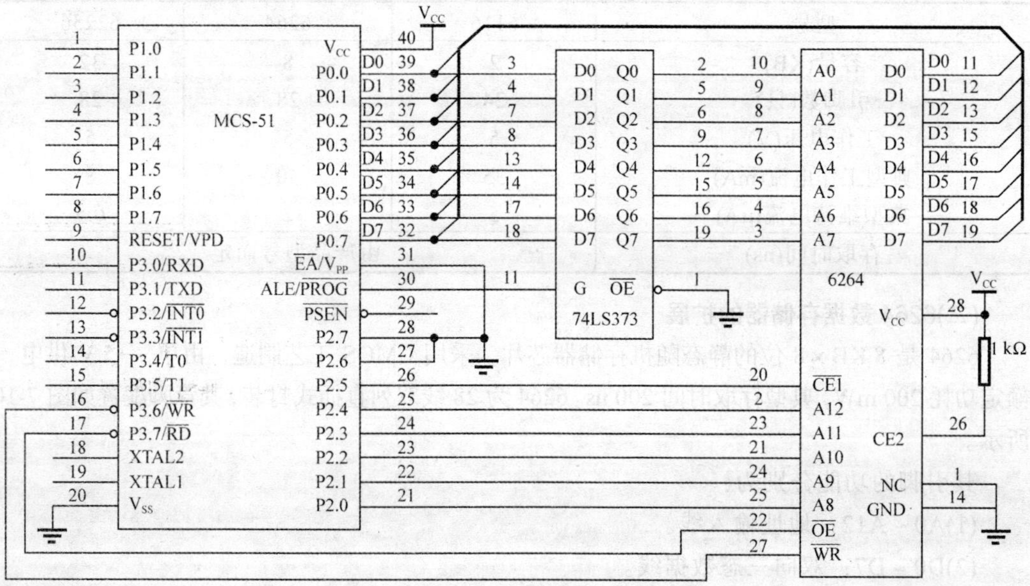

图 7-11 MCS-51 与 6264 的连接

(三)RAM 的掉电保护

在某些测量、控制等领域中，常要求单片机内部和外部 RAM 中的数据在电源掉电时不丢失，重新加电时 RAM 中的数据能够保存完好。这就要求对单片机系统加接掉电保护电路。

掉电保护通常有两种方法：其一，加装不间断的电源，让整个系统在掉电时继续工作。其二，采用备份电源，掉电后保护系统中全部或部分数据存储单元的内容。由于第一种方法体积大、成本高，对单片机系统来说，不宜采用。第二种方法是根据实际需要，在掉电时保存一些必要的数据，在电源电压恢复后，能够继续执行程序，因而经济实用。

1. 简单的 RAM 掉电保护电路

我们知道，当 CMOS RAM 从正常电源(V_{CC}=5 V)切换到备份电源(V_{BAT})时，为了防止丢失 RAM 中的数据，必须保证整个切换过程中 $\overline{CS}$ 引脚的信号一直保持接近 V_{CC}。通常，都是采用在 RAM 的 $\overline{CS}$ 和 V_{CC} 引脚之间接一个电阻来实现 RAM 的电源切换。然而，如果掉电时，译码器的输出出现低电平，就可能出现问题。图 7-12 提供了一个简单的电路，它能够避免上述问题的产生。图中，连到 RAM 的片选信号将经过一个电容 C，这样 V_{BAT} 和地址译码器输出之间就没有直流通路。因而，在电源切换时，无论译码器输出信号为高或低，都不会影响 $\overline{CS}$ 的状态。

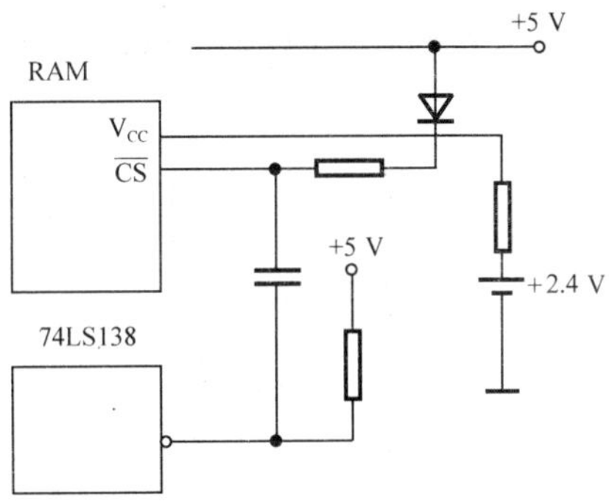

图 7-12　简单的 RAM 掉电保护电路

2. 可靠的 RAM 掉电保护电路

上述电路虽然简单，但有时可能起不到 RAM 掉电保护的作用，其原因是：在电源掉电和重新加电的过程中，由于电源的切换，可能使 RAM 瞬间处于读/写状态，使原来 RAM 中的数据遭到破坏。因此，在掉电刚刚开始以及重新加电直到电源电压稳定下来之前，RAM 应处于数据保持状态，如 6264RAM、5101RAM 等，这种 RAM 芯片上有一个 $\overline{CE2}$ 引脚，在一般情况下需将此引脚拉至高电位。当把该引脚拉至小于或等于 0.2 V 时，RAM 就进入数据保持状态。

实用的静态 RAM 掉电保护电路现在都采用专用芯片 X25045/43。2000 年，XICOR 全面升级所有电源管理芯片，新面世的 X5045/43 在原 X25045/43 的基础上增加了多种复位门限，并且在一定范围内可通过编程设定。与此同时，又推出 I^2C 总线的 X4045/43，所有 X4043/54、X5043/45 系列根据功能和存储容量不同分为多种型号，并自带可编程的看门狗定时器、低 V_{CC} 检测和复位。

三、多片存储器芯片的扩展

上面讨论的是 MCS-51 扩展一片 EPROM 或 RAM 的方法。在实际应用中，可能需要扩展多片 EPROM 或 RAM。如果使用 2764A 扩展 64 KB × 8 位的 EPROM，就需 8 片 2764。当 CPU 通过指令“MOVC A，@A+DPTR”发出读 EPROM 操作命令时，P2、P0 发出的地址信号应能选择其中一片的一个存储单元，即 8 片 2764 不应该同时被选中，这就是所谓的片选。

芯片选择的方法有线选法和地址译码法两种。

(一)线选法寻址

线选法是用 P0 口、P2 口低位地址线对每个芯片内的同一存储单元进行寻址(称为字选)，所需地址线由每片芯片的单元数决定，然后将余下的高位地址线分别接到各存储器芯片的片选端 $\overline{CE}$ (称为片选)。例如，对于 8 KB 容量芯片(如 6264、2764 等)，需要 13 根地址线(A0 ~ A12)，分别接到 P0.0 ~ P0.7 和 P2.0 ~ P2.4，剩下的 P2.5、P2.6 和 P2.7 即可作为片选线。

图 7-13 为 MCS-51 扩展 3 片 2764 芯片，组成 24 KB × 8 位 EPROM 的电路。为了简洁，图中只表示了地址线的连接，未画出数据线的接法。

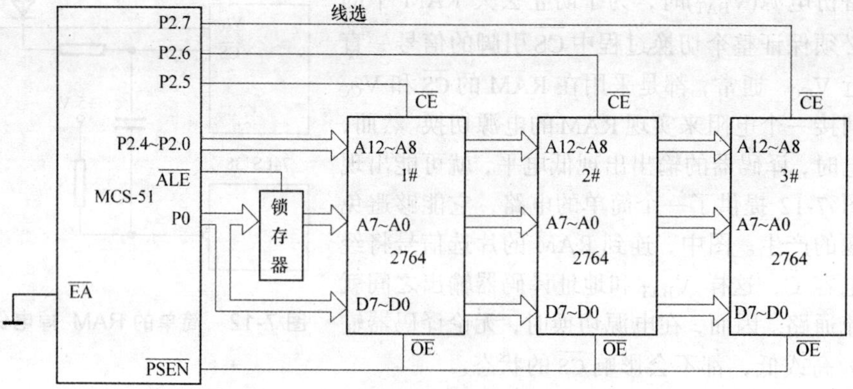

图 7-13　用线选法扩展 24 KB 的 EPROM

各芯片的地址范围如下：

芯片	片选			字选	地址范围
	A15	A14	A13	A12 ~ A0	
1#	1	1	0	0000000000000 ~ 1111111111111	C000H ~ DFFFH
2#	1	0	1	0000000000000 ~ 1111111111111	A000H ~ BFFFH
3#	0	1	1	0000000000000 ~ 1111111111111	6000H ~ 7FFFH

线选法的优点是硬件简单，不需地址译码器，适用于芯片不太多的情况；缺点是各存储器芯片之间的地址不连续，给程序设计带来不便。

(二)译码法寻址

译码法寻址就是利用地址译码器对系统的片外高位地址进行译码，以其译码输出作为存储器芯片的片选信号，将地址划分为连续的地址空间块，避免了地址的间断。

译码法仍用低位地址线对每片内的存储单元进行寻址(字选)，而以高位地址线经过译码器译码后的输出作为各芯片的片选信号。常用的地址译码器是 3/8 译码器 74LS138。译码法又分为完全译码和部分译码两种。完全译码是指地址译码器使用了全部地址线，地址与存储单元一一对应；部分译码是指地址译码器仅使用了部分地址线，地址与存储单元不是一一对应。部分译码会大量浪费存储单元，对于要求存储器容量较大的微机系统，一般不采用。但对于单片机系统来说，由于实际需要的存储容量不大，可采用部分译码器，以简化译码电路。

图 7-14 为 MCS-51 片外扩展两片 2764 程序存储器的电路，采用 74LS138 译码器。大家可以比较一下译码法与线选法的异同。

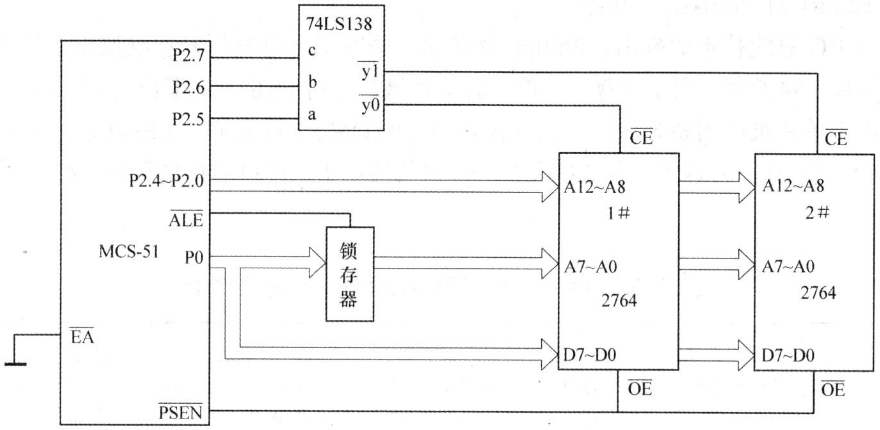

图 7-14　用地址译码法扩展 16 KB 的 EPROM

图中各芯片的地址范围如下：

芯片	片 选			字 选	地址范围
	A15	A14	A13	A12 ~ A0	
1#	0	0	0	0000000000000 ~ 1111111111111	0000H ~ 1FFFH
2#	0	0	1	0000000000000 ~ 1111111111111	2000H ~ 3FFFH

四、串行(I²C 总线)存储器的扩展

(一)I²C 总线概述

I²C 总线是英文 Inter IC Bus 或 IC To IC Bus 的简称，由 Philips 公司推出，是近年来在微电子通信控制领域广泛采用的一种新型串行总线标准。它是同步通信的一种特殊形式，具有接口线少、控制方式简单、器件封装形式小、通信速率高等优点。在主从通信中，可以有多个 I²C 总线器件同时接到 I²C 总线上。所有 I²C 兼容的器件都有标准接口，通过地址来识别通信对象，这使它们可以经由 I²C 总线互相直接通信。此总线设计对系统设计及仪器制造都有利，因为可提高硬件的效率及简化电路，同时可提高仪器设备的可靠性，可以解决很多在设计数字控制电路上所遇到的接口问题。

I²C 总线是由数据线 SDA 和时钟 SCL 构成的串行总线，可发送和接收数据。在 CPU 与被控 IC 之间、IC 与 IC 之间进行双向传送，最高传送速率为 400 kb/s。各种控制电路均并联在这条总线上，就像电话机一样只有拨通各自的号码才能工作，所以每个电路和模块都有唯一的地址。在信息传输过程中，I²C 总线上并接的每一模块电路既是主控器(或发送器)，又是被控器(或接收器)，这取决于它所要完成的功能。CPU 发出的控制信号分为地址码和数据码两部分，其中地址码用来选址，即接通需要控制的电路，确定总线通信的器件，而数据码就是通信的内容。这样，各控制电路虽然挂在同一条总线上，却彼此独立，互不干扰。

I^2C 总线始终和先进技术保持同步，但仍然保持其向下兼容性。最近几年还增加了高速模式，其速度可达 3.4 Mb/s，它使得 I^2C 总线能够支持现有以及将来的高速串行传输应用，如 EEPROM 和 Flash 存储器。

随着 I^2C 总线技术的推出，Philips 及其他一些电子、电气厂家相继推出了许多带 I^2C 接口的器件。除了大量用于视频、音像、通信领域的器件，还有一批 I^2C 接口的通用器件，可广泛用于单片机应用系统之中，如 RAM、EEPROM、I/O 接口、LED/LCD 驱动控制、A/D、D/A 以及日历时钟等。表 7-6 给出了常用的通用 I^2C 接口器件的种类、型号及寻址字节等。

表 7-6　常用 I^2C 接口器件的种类、型号及地址

种类	型号	器件地址及寻址字节	备注
256×8/128×8 静态 RAM	PCF8570/71	1010　A2 A1 A0 R/W	三位数字引脚地址 A2 A1 A0
256×8 静态 RAM	PCF8570C	1011　A2 A1 A0 R/W	三位数字引脚地址 A2 A1 A0
256B E^2PROM	PCF8582	1010　A2 A1 A0 R/W	三位数字引脚地址 A2 A1 A0
256B E^2PROM	AT24C02	1010　A2 A1 A0 R/W	三位数字引脚地址 A2 A1 A0
512B E^2PROM	AT24C04	1010　A2 A1 P0 R/W	二位数字引脚地址 A2 A1
1024B E^2PROM	AT24C08	1010　A2 P1 P0 R/W	一位数字引脚地址 A2
2048B E^2PROM	AT24C16	1010　P2 P1 P0 R/W	无引脚地址，A2 A1 A0 悬空处理
8 位 I/O 口	PCF8574	0100　A2 A1 A0 R/W	三位数字引脚地址 A2 A1 A0
	PCF8574A	0111　A2 A1 A0 R/W	三位数字引脚地址 A2 A1 A0
4 位 LED 驱动控制器	SAA1064	0111　0　A1 A0 R/W	二位模拟引脚地址 A1 A0
160 段 LCD 驱动控制器	PCF8576	0111　0　0　A0 R/W	一位数字引脚地址 A0
点阵式 LCD 驱动控制器	PCF8578/79	0111　1　0　A0 R/W	一位数字引脚地址 A0
4 通道 8 位 A/D、1 路 D/A	PCF8591	1001　A2 A1 A0 R/W	三位数字引脚地址 A2 A1 A0
日历时钟(内含 256RAM)	PCF8583	1010　0　0　A0 R/W	一位数字引脚地址 A0

在 I^2C 总线器件中，EEPROM 拥有最多类型的厂家系列，除了 Philips 公司早期推出的 PCF8582，Atmel 公司的 AT24C02/04/08/16、NS 公司的 NM24C03L/C05L 都是优异的带 I^2C 接口的 EEPROM 器件，且结构与工作原理相似。本节主要介绍 AT24C 系列。

(二)I^2C 总线的数据传输

在数据传输开始前，主控器件应发送起始位，通知从接收器件做好接收准备；在数据传输结束时，主控器件应发送停止位，通知从接收器件停止接收。这两种信号是启动和关闭 I^2C 器件的信号，其时序条件如图 7-15 所示。

起始位时序：当 SCL 线在高位时，SDA 线由高转换至低。

停止位时序：当 SCL 线在高位时，SDA 线由低转换至高。

开始和停止条件由主控器产生。使用硬件接口可以很容易地检测开始和停止条件，没有这种接口的单片机必须以每时钟周期至少两次的频率对 SDA 取样，以检测这种变化。

SDA 线上的数据在时钟高位时必须稳定，数据线上高低状态只有当 SCL 线的时钟信号为低电平时才可变换，如图 7-16 所示。输出到 SDA 线上的每个字节必须是 8 位，每次传输的字节不受限制，每个字节必须有一个确认位(又称应答位 ACK)。如果一个接收器件在完成其他功能(如内部中断)前不能接收另一数据的完整字节，它可以保持时钟线 SCL 为低，以促使发送器进入等待状态，当接收器件准备好接收数据的其他字节并释放时钟 SCL 后，数据传输继续进行。

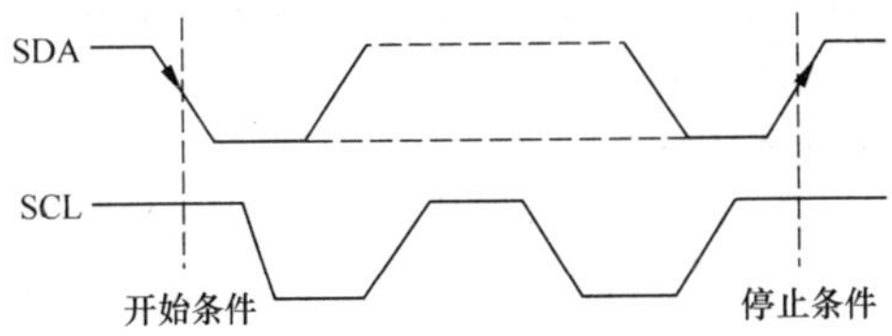

图 7-15　I^2C 总线的开始和停止条件

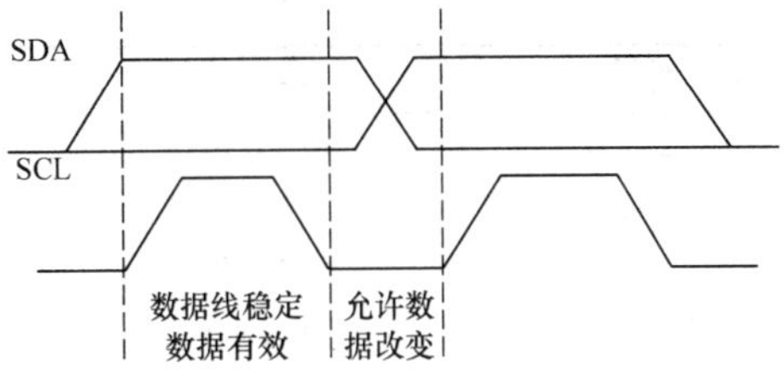

图 7-16　I^2C 总线中的有效数据位

数据传送必须有确认位。与确认位对应的时钟脉冲由主控器产生，发送器在应答期间必须下拉 SDA 线，如图 7-17 所示。

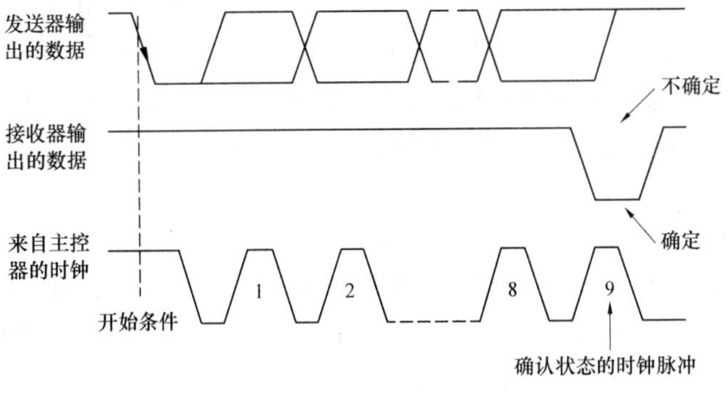

图 7-17　I^2C 总线的确认位

当不能确认寻址的被控器件时，数据线保持为高，接着主控器产生停止条件终止传输。在传输结束时，主控接收器必须发出一个数据结束信号给被控发送器，被控发送器必须释放数据线，以允许主控器产生停止条件。

合法的数据传输格式如下：

起始位	被控接收器地址	R/W	确认位	数据	确认位	…	停止位

I^2C 总线在起始位(开始条件)后的首字节决定哪个被控器将被主控器选择，例外的是“通用访问”地址，它可以寻址所有器件。当主控器输出一地址时，系统中的每一器件都将起始位后的前七位地址和自己的地址进行比较，如果相同，该器件认为自己被主控器寻址。

该器件是作为被控接收器或是被控发送器取决于第 8 位(R/W 位)，它是一个数据方向位(读/写)，“0”代表发送数据(写入)，“1”代表需求数据(读出)。数据传送通常以主控器所发出的停止位(停止条件)作为终结。

(三)AT24C 系列串行 EEPROM 的应用

AT24C 系列串行 EEPROM 具有 I^2C 总线接口功能，功耗小，电源电压宽(根据不同型号为 2.5 ~ 6.0 V)，工作电流约为 3 mA，静态电流随电源电压不同而不同(30 ~ 110 μA)，存储容量见表 7-7。

表 7-7　AT24C 系列串行 E^2PROM 参数

型号	容量	器件寻址字节(8 位)	一次装载字节数
AT24C01	128 × 8	$1010A_2A_1A_0R/W$	4
AT24C02	256 × 8	$1010A_2A_1A_0R/W$	8
AT24C04	512 × 8	$1010A_2A_1P_0R/W$	16
AT24C08	1 024 × 8	$1010A_2P_1P_0R/W$	16
AT24C16	2 048 × 8	$1010P_2P_1P_0R/W$	16

1. AT24C 系列 EEPROM 接口及地址选择

由于 I^2C 总线可挂接多个串行接口器件，在 I^2C 总线中每个器件应有唯一的器件地址。按 I^2C 总线规则，器件地址为 7 位数据(即一个 I^2C 总线理论上可挂接 128 个不同地址的器件)，它和 1 个数据方向位构成一个 8 位器件寻址字节，最低位 D0 为方向位(读/写)。器件寻址字节中的高 4 位(D7 ~ D4)为器件型号地址，不同的 I^2C 总线接口器件的型号地址是厂家给定的，如 AT24C 系列 EEPROM 的型号地址皆为 1010。器件地址中的低 3 位为引脚地址 A2、A1、A0，对应器件寻址字节中的 D3、D2、D1 位，在硬件设计时由连接的引脚电平给定。

对于 EEPROM 容量小于 256 B 的芯片(AT24C01/02)，8 位片内寻址(A0~A7)即可满足要求。然而对于容量大于 256 B 的芯片，8 位片内寻址范围不够，如 AT24C16，相应的寻址位数应为 11 位(2^{11}=2 048)。若以 256 B 为 1 页，则多于 8 位的寻址视为页面寻址。在 AT24C 系列中，对页面寻址位采取占用器件引脚地址(A2、A1、A0)的办法，如 AT24C16 将 A2、Al、A0 作为页地址。凡在系统中引脚地址用做页地址后，该引脚在电路中不得使用，作悬空处理。

2. AT24C 系列 EEPROM 读写操作

对 AT24C 系列 EEPROM，读写操作完全遵守 I^2C 总线的主收从发和主发从收的规则。连续写操作是 EEPROM 连续装载 *n* 个字节数据的写入操作，*n* 随型号不同而不同，一次可装载的字节数见表 7-7。

SDA 线上连续写操作的数据状态如下(其中 S 表示起始位，A 表示应答位，P 表示停止位)：

S	$1010A_2A_1A_00$	A	Addr	A	Data1	A	Data2	…	A	Data *n*	A	P

器件地址(写)片内地址　　　　　　　　≤*n* 个字节数据

AT24C 系列片内地址在接收到每一个数据字节地址后自动加 1，故装载一页以内规定数据字节时，只须输入首地址；若装载字节多于规定的最多字节数，数据地址将“上卷”，前面的数据被覆盖。连续读操作为了指定首地址，需要两个“伪字节写”来给定器件地址和片内地址。重复一次启动信号和器件地址(读)，就可读出该地址的数据。由于“伪字节写”中并未执行写操作，因此地址没有加 1。以后每读取一个字节，地址自动加 1。在读操作中，接收器接收到最后一个数据字节后不返回肯定应答(保持 SDA 高电平)，随后发停止信号。

SDA 线上连续读操作的数据状态如下：

S	$1010A_2A_1A_00$	A	Addr	A	S	$1010A_2A_1A_01$	A	Data	A	P

器件地址(写)片内地址　　　　器件地址(读)读出地址

3. MCS-51 单片机与 AT24C16 通信实例

图 7-18 是用 MCS-51 单片机 Pl 口模拟 I^2C 总线与 EEPROM 连接的电路图。由于 AT24C16 是漏极开路，图中 R1、R2 为上拉电阻(5.1 kΩ)，A0 ~ A2 为地址引脚，TEST 为测试脚，它们均悬空。

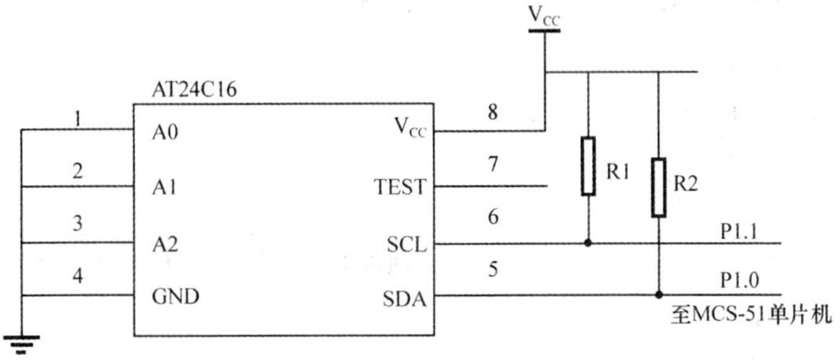

图 7-18　MCS-51 单片机与 EEPROM 连接电路图

1)写串行 EEPROM 子程序(EEPW)

```
    ；(R3)=器件地址
    ；(R4)=片内字节地址
    ；(R1)=欲写数据存放地址指针
    ；(R7)=连续写字节数 n
EEPW：  MOV     P1，#0FFH
        CLR     P1.0                ；发开始信号
        MOV     A，R3               ；送器件地址
        ACALL   SUBS
        MOV     A，R4               ；送片内字节地址
        ACALL   SUBS
AGAIN： MOV     A，@R1
        ACALL   SUBS                ；调发送单字节子程序
        INC     R1
        DJNZ    R7，AGAIN           ；连续写 n 个字节
        CLR     P1.0                ；SDA 置 0，准备送停止信号
```

```
        ACALL  DELAY                ; 延时以满足传输速率要求
        SETB   P1.1                 ; 发停止信号
        ACALL  DELAY
        SETB   P1.0
        RET
SUBS:   MOV    R0, #08H             ; 发送单字节子程序
LOOP:   CLR    P1.1
        RLC    A
        MOV    P1.0, C
        NOP
        SETB   P1.1
        ACALL  DELAY
        DJNZ   R0, LOOP             ; 循环8次送8个位
        CLR    P1.1
        ACALL  DELAY
        SETB   P1.1
REP:    MOV    C, P1.0
        JC     REP                  ; 判断应答到否，未到则等待
        CLR    P1.1
        RET
DELAY:  NOP
        NOP
        RET
```

2)读串行 EEPROM 子程序 EEPR

```
; (R1)=欲读数据存放地址指针
; (R3)=器件地址
; (R4)=片内字节地址
; (R7)=连续写字节数 n
EEPR:   MOV    P1, #0FFH
        CLR    P1.0                 ; 发开始信号
        MOV    A, R3                ; 送器件地址
        ACALL  SUBS                 ; 调发送单字节子程序
        MOV    A, R4                ; 送片内字节地址
        ACALL  SUBS
        MOV    P1, #0FFH
        CLR    P1.0                 ; 再发开始信号
        MOV    A, R3
```

```
        SETB    ACC.0           ；发读命令
        ACALL   SUBS
MORE：  ACALL   SUBS
        MOV     @R1，A
        INC     R1
        DJNZ    R7，MORE
        CLR     P1.0
        ACALL   DELAY
        SETB    P1.1
        ACALL   DELAY
        SETB    P1.0            ；送停止信号
        RET
SUBR：  MOV     R0，#08H        ；接收单字节子程序
LOOP2： SETB    P1.1
        ACALL   DELAY
        MOV     C，P1.0
        RLC     A
        CLR     P1.1
        ACALL   DELAY
        DJNZ    R0，LOOP2
        CJNE    R7，#01H，LOW
        SETB    P1.0            ；若是最后一个字节，置 A=1
        AJMP    SETOK
LOW：   CLR     P1.0            ；否则置 A=0
SETOK： ACALL   DELAY
        SETB    P1.1
        ACALL   DELAY
        SETB    P1.1
        ACALL   DELAY
        CLR     P1.1
        ACALL   DELAY
        SETB    P1.0            ；应答完毕，SDA 置 1
        RET
```

在程序中，多处调用了 DELAY 子程序(仅两条 NOP 指令)，这是为了满足 I^2C 总线上数据传送速率的要求，即只有当 SDA 数据线上的数据稳定下来之后才能进行读写(即 SCL 线发出正脉冲)。另外，在读最后一个数据字节时，置应答信号为“1”，表示读操作即将完成。

第三节　并行输入输出接口的扩展

MCS-51 系列单片机共有 4 个 8 位并行 I/O 口。在组成实际应用系统时，要使用 P0 和 P2 口作为地址/数据总线，而留给用户使用的 I/O 口只有 P1 口和 P3 口的一部分，这样往往不能满足要求，因此许多情况下需要扩展 I/O 口。

对于简单外设的输入输出，可以用简单的 I/O 接口电路。但对于较复杂的应用系统，就需要在单片机上扩展可编程 I/O 口来实现系统功能的要求，常用的可编程并行芯片主要有 8255 和 8155 两种。

一、简单 I/O 口的扩展

(一)I/O 口的直接输入/输出

对于 8051/8751 来说，无须扩展外部存储器时，P0 口、P1 口、P2 口和 P3 口均可作为通用 I/O 口使用。由于 P0 ~ P3 口输入数据时可以缓冲，输出时能够锁存，并且有一定的带负载能力，所以在有些场合 I/O 口可以直接连到外部设备，如开关、LED 发光二极管、BCD 码拨盘和打印机等。

如图 7-19 所示为 8031 单片机与开关、LED 发光二极管的接口电路。用 8031 单片机 P1 口的 P1.3 ~ P1.0 作为数据输入口，连接到实验装置逻辑开关 K3 ~ K0 的插孔内；P1.7 ~ P1.4 作为输出口，连接到实验装置发光二极管(逻辑电平指示灯)LED3 ~ LED0 的插孔内。编写一个程序，使开关 K3 ~ K0 表示 0 或 1 开关量，由 P1.3 ~ P1.0 输入，再由 P1.7 ~ P1.4 输出开关量到发光二极管(逻辑电平指示灯)上显示出来。在执行程序时，不断改变开关 K3 ~ K0 的状态，可观察到发光二极管(逻辑电平指示灯)的变化。

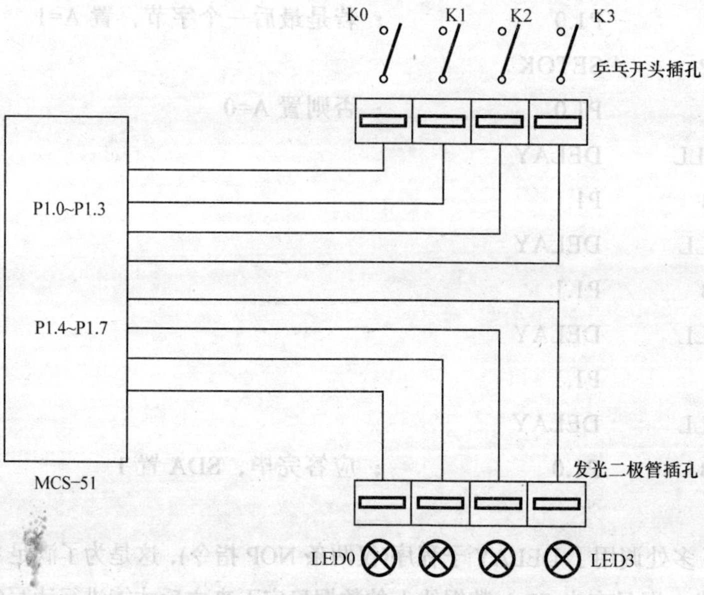

图 7-19　MCS-51 单片机与开关、LED 接口电路

开关状态输入显示实验参考程序如下：

```
        MOV    A，#0FH          ；P1 口为输入，先送
        MOV    P1，A
LOOP：  MOV    A，P1            ；P1 口状态输入
        SWAP   A               ；开关状态到高 4 位
        MOV    P1，A            ；开关状态输出
        AJMP   LOOP            ；循环
```

(二)简单 I/O 接口的扩展

在很多应用系统中，采用 74 系列 TTL 电路或 4000 系列 MOS 电路芯片，将并行数据输入或输出。在图 7-20 中，采用 74LS244 作扩展输入，它是一个三态输出 8 位缓冲器及总线驱动器，带负载能力较强；采用 74LS273 作扩展输出，它是一个 8-D 锁存器。它们直接挂在 P0 口线上。

值得注意的是，MCS-51 单片机把外扩 I/O 口和片外 RAM 统一编址，每个扩展的接口都相当于一个扩展的外部 RAM 单元，访问外部接口就像访问外部 RAM 一样，用的都是 MOVX 指令，并产生 $\overline{RD}$(或 $\overline{WR}$)信号，用 $\overline{RD}$/$\overline{WR}$ 作为输入/输出控制信号。

图 7-20 中，P0 口为双向数据线，既能从 74LS244 输入数据，又能将数据传送给 74LS273 输出。输出控制信号由 P2.0 和 $\overline{WR}$ 合成，当二者同时为“0”电平时，“或”门输出 0，将 P0 口数据锁存到 74LS273。其输出控制着发光二极管 LED，当某线输出“0”电平时，该线上的 LED 发光，输出“1”时 LED 熄灭。输入控制信号由 P2.0 和 $\overline{RD}$ 合成，当二者同时为“0”电平时，“或”门输出 0，选通 74LS244，将外部信号输入到总线。

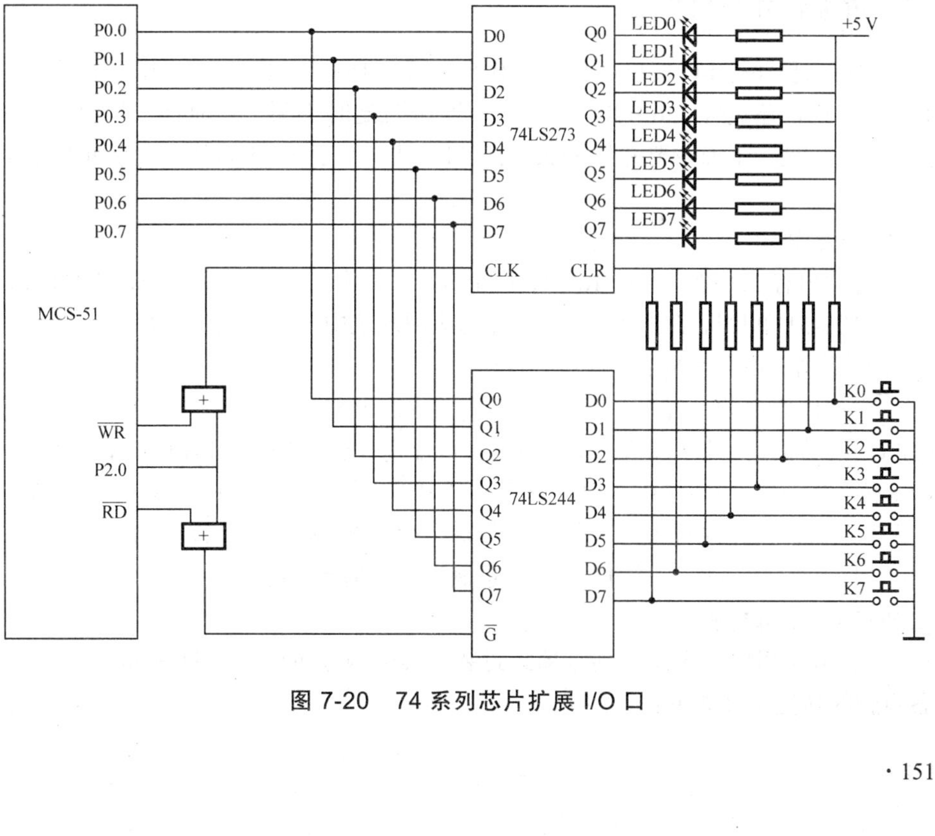

图 7-20　74 系列芯片扩展 I/O 口

无键按下时，输入为全“1”；若按下某键，则所在线输入为“0”。可见，输入和输出都是在 P2.0 为 0 时有效，且 74LS244 和 74LS273 的地址都为 FEFFH(实际只要保证 P2.0=0，其他地址位无关)，但由于分别是由 $\overline{RD}$ 和 $\overline{WR}$ 信号控制，因此不会发生冲突。

系统中若有其他扩展 RAM 或其他输入/输出接口，则必须将地址空间区分开，这时可用线选法；而当扩展较多的 I/O 接口时，应采用译码器法。

图 7-20 电路可实现的功能是按下任意键，对应的 LED 发光。其控制程序如下:

```
LOOP：  MOV     DPTR，# 0FEFFH    ；数据指针指向扩展 I/O 口地址
        MOVX    A, @DPTR          ；向 74LS244 读入数据，检测按钮
        MOVX    @DPTR，A          ；向 74LS273 输出数据，驱动 LED
        SJMP    LOOP              ；循环
```

从这个程序可以看出,对于接口的输入/输出就像从外部 RAM 读/写数据一样方便。图 7-20 仅仅扩展了两片，如果仍不够用，还可扩展多片 74LS244、74LS273 之类的芯片。如果不需要 8 位，也可选择 2 位、4 位或 6 位的芯片扩展。但作为输入口时，要求一定有三态功能，否则将影响总线的正常工作。

(三)利用串行口扩展并行 I/O 口

MCS-51 单片机串行口在方式 0 时是同步移位寄存器，外接串入并出或并入串出器件，可实现并行 I /O 口的扩展。

利用串行口可以扩展并行输出口，此时需外接串行输入/并行输出的同步移位寄存器(如 74LS164、CD4094)；利用串行口也可以扩展并行输入口，此时需外接并行输入/串行输出的同步移位寄存器(如 74LS165、CD4014)。具体介绍请参考本书第六章第三节的内容。

二、可编程并行口扩展

常用的可编程并行 I/O 接口芯片主要有 8255 和 8155，其中 8155 芯片除了可以扩展三个 PIO 端口，内部还包含 256 B RAM 以及一个 14 位定时/计数器，而且与 MCS-51 系列芯片的连接非常方便。下面主要介绍 8155 的接口方法。对于 8255 芯片，大家可参考其他相关书籍。

(一)8155 的结构

8155 芯片内有 256 个字节的 RAM，两个 8 位、一个 6 位的可编程 I/O 和一个 14 位计数器，与 MCS-51 单片机接口简单，是单片机应用系统中广泛使用的芯片。按照器件的功能，8155 由下列三部分组成：

(1)随机存储器部分：容量为 256 B × 8 位的静态 RAM。

(2)I/O 接口部分：具体包括：①端口 A：可编程 8 位 I/O 端口 PA0 ~ PA7。②端口 B：可编程 8 位 I/O 端口 PB0 ~ PB7。③端口 C：可编程 6 位 I/O 端口 PC0 ~ PC5。④命令寄存器：8 位寄存器，只允许写入。⑤状态寄存器：8 位寄存器，只允许读出。

(3)定时/计数器部分：一个 14 位的二进制减法定时/计数器。

(二)8155 的引脚功能

8155 有 40 个引脚，采用双列直插式封装，其引脚分布如图 7-21 所示。

各引脚的功能定义如下：

(1)AD0～AD7：三态数据总线，可以直接与 MCS-51 单片机的 P0 口相连。在允许地址锁存信号 ALE 的后沿(即下降沿)，将 8 位地址锁存在内部地址寄存器中。该地址可作为存储器部分的低 8 位地址，也可作为 I/O 接口的通道地址，这将由输入的 IO/$\overline{\mathrm{M}}$ 信号的状态来决定。在 AD0～AD7 引脚上出现的数据信息是读出还是写入 8155，由系统控制信号 $\overline{\mathrm{WR}}$ 或 $\overline{\mathrm{RD}}$ 来决定。

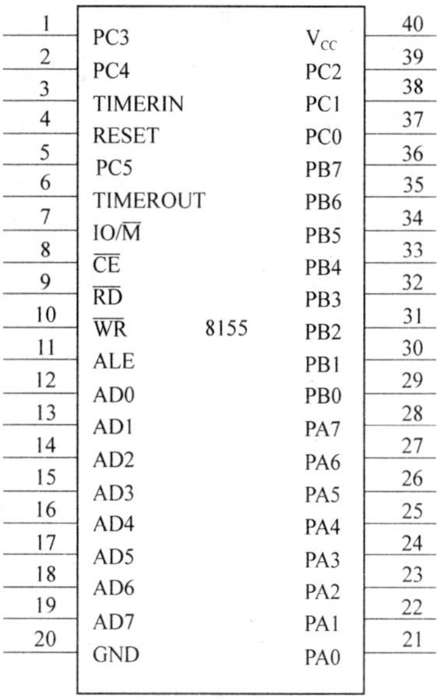

图 7-21　8155 芯片的引脚结构

(2)RESET：这是由 MCS-51 提供的复位信号，作为总清除器件使用，RESET 信号的脉冲宽度一般为 600 ns。当器件被总清后，各转接口被置成输入工作方式。

(3)ALE：允许地址锁存信号。该控制信号由 MCS-51 发出，在该信号的后沿，将 AD0～AD7 上的低 8 位地址、片选信号 $\overline{\mathrm{CE}}$ 以及 IO/$\overline{\mathrm{M}}$ 信号锁存在片内的锁存器内。

(4)$\overline{\mathrm{CE}}$：片选信号，低电平有效。当 8155 的引脚 $\overline{\mathrm{CE}}$=0 时，器件允许被启用；否则，禁止使用。

(5)IO/$\overline{\mathrm{M}}$：I/O 接口或存储器的选择信号。当 IO/$\overline{\mathrm{M}}$=1 时，选择 I/O 电路；当 IO/$\overline{\mathrm{M}}$=0 时，选择存储器。

(6)$\overline{\mathrm{WR}}$：写入控制信号。在片选信号有效(即 $\overline{\mathrm{CE}}$=0)的情况下，该引脚上输入一个低电平信号($\overline{\mathrm{WR}}$=0)时，将 AD0～AD7 线上的数据写入 RAM 某一单元内(当 IO/$\overline{\mathrm{M}}$=0 时)，或写入某一 I/O 端口电路(当 IO/$\overline{\mathrm{M}}$=1 时)。

(7)$\overline{\mathrm{RD}}$：读出控制信号。在片选信号有效(即 $\overline{\mathrm{CE}}$=0)的情况下，该引脚上输入一个低电平信号($\overline{\mathrm{RD}}$=0)时，将某一 RAM 单元的内容(当 IO/$\overline{\mathrm{M}}$=0 时)或者某一 I/O 接口电路的内容(当 IO/$\overline{\mathrm{M}}$=1 时)读至数据总线。

实际上，$\overline{\mathrm{WR}}$(写)和 $\overline{\mathrm{RD}}$(读)信号不会同时有效，于是可得：

①写 RAM 的必要条件是：(IO/$\overline{\mathrm{M}}$=0)·($\overline{\mathrm{WR}}$=0)·($\overline{\mathrm{CE}}$=0)

②写 I/O 端口电路的必要条件是：(IO/$\overline{\mathrm{M}}$=1)·($\overline{\mathrm{WR}}$=0)·($\overline{\mathrm{CE}}$=0)

③读 RAM 的必要条件是：(IO/$\overline{\mathrm{M}}$=0)·($\overline{\mathrm{RD}}$=0)·($\overline{\mathrm{CE}}$=0)

④读 I/O 端口电路的必要条件是：(IO/$\overline{\mathrm{M}}$=1)·($\overline{\mathrm{RD}}$=0)·($\overline{\mathrm{CE}}$=0)

(8)PA0～PA7：8 位 PA 端口，通用 I/O 端口线，其数据输入或输出的方向由命令寄存器的内容决定。

(9)PB0～PB7：8 位 PB 端口，通用 I/O 端口线，其数据输入或输出的方向由命令寄存器的内容决定。

(10)PC0～PC5：6 位 PC 端口，既具有通用 I/O 端口功能，又具有对 PA 口和 PB 口的某种控制作用。各种功能的实现均由命令寄存器的内容决定。

(11)TIMERIN：14 位减法定时/计数器的输入端。

(12)TIMEROUT：定时/计数器的输出引脚，可由工作方式决定该输出信号的波形。

(13)V_{CC}：+5 V 电源引脚。

(14)V_{SS}：地线。

(三)8155 的工作原理

8155 的内部结构较复杂，这里主要介绍它的三组 I/O 端口电路及 14 位减法定时/计数器的工作原理。8155 的三组 I/O 端口电路的工作方式，均由命令寄存器的内容所决定，而其状态则可通过读出状态寄存器的内容获得。前面已经叙及，8155 的命令寄存器和状态寄存器为各自独立的 8 位寄存器，而实际上命令寄存器和状态寄存器合用一个逻辑地址，以减少器件占用的通道地址，同时将两个寄存器简称为命令/状态寄存器，用 C/S 寄存器来表示。

1. 8155 的命令字格式

8155 命令寄存器由 8 位组成，每一位都能锁存，各位的定义见图 7-22。

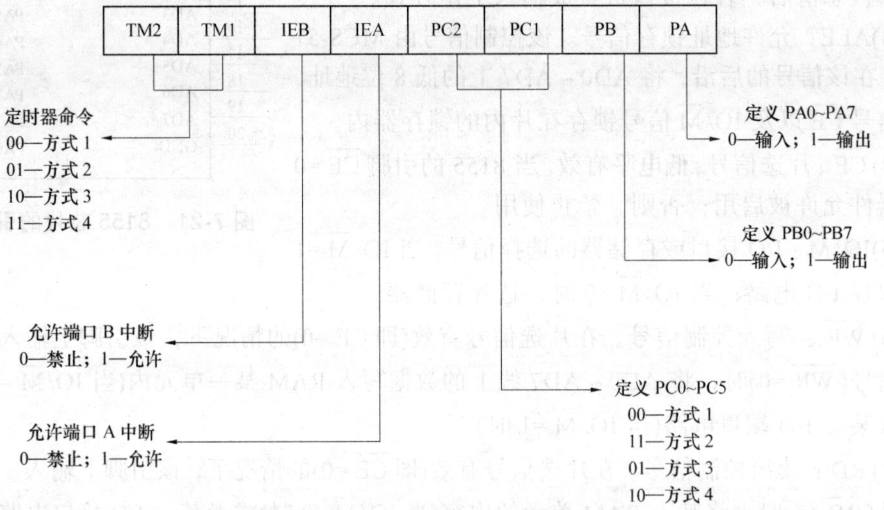

图 7-22　8155 命令寄存器的定义

(1)第 0 位(PA)：定义 PA 口的数据传送方向，“0”为输入方式，“1”为输出方式。

(2)第 1 位(PB)：定义 PB 口的数据传送方向，“0”为输入方式，“1”为输出方式。

(3)第 3、2 位(PC2、PC1)：定义 PC 口的工作方式，具体定义及功能见表 7-8。

表 7-8　PC 端口控制分配表

PC2、PC1	00	11	01	10
工作方式	Ⅰ	Ⅱ	Ⅲ	Ⅳ
PC0	输入	输出	A INTR	A INTR
PC1	输入	输出	A BF	A BF
PC2	输入	输出	A $\overline{STB}$	A $\overline{STB}$
PC3	输入	输出	输出	B INTR
PC4	输入	输出	输出	B BF
PC5	输入	输出	输出	B $\overline{STB}$

(4)第 4 位(IEA)：定义是否允许 PA 口中断，0 为禁止中断，1 为允许中断。

(5)第 5 位(IEB)：定义是否允许 PB 口中断，0 为禁止中断，1 为允许中断。

(6)第 7、6 位(TM2、TM1)：定义定时/计数器工作的状态，见表 7-9。

表 7-9　8155 定时/计数器工作方式

TM2	TM1	方　式
0	0	不影响定时器工作
0	1	若计数器未启动，则无操作；若计数器已运行，则停止计数
1	0	达到当前计数值后，立即停止；如未启动定时器，则无操作
1	1	装入方式和计数值后，立即启动定时器；如定时器已在运行，则达到当前计数值后，再按新的方式和长度启动

2. 8155 的状态字格式

状态寄存器为 8 位，各位均可锁存，其中最高位为任意位，低 6 位用于指定 PA、PB 口的状态，第 7 位用做指示定时/计数器的状态。通过读取 C/S 寄存器的操作，可获知状态寄存器的内容，具体状态字格式如图 7-23 所示。

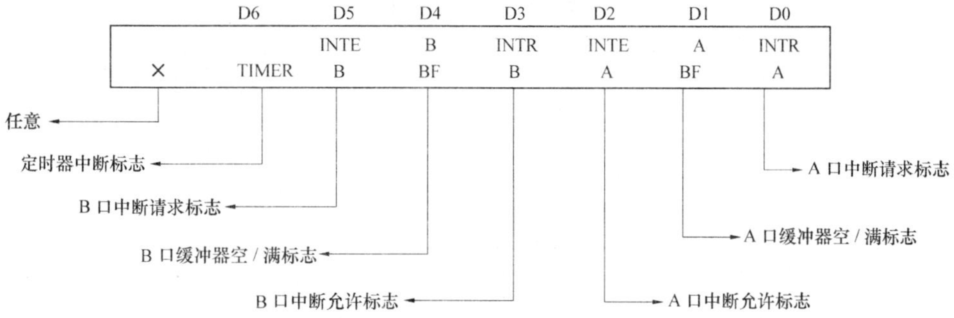

图 7-23　8155 状态字格式

3. 8155 的端口

8155 的 I/O 部件由五个寄存器组成。其中两个是命令/状态寄存器(C/S)，地址为 ×××××000。如前所述，在写操作期间选中 C/S 寄存器时，把一个命令(按图 7-22 的定义)写入命令寄存器中；在读操作期间选中 C/S 寄存器时，将 I/O 端口和定时器的状态信息(按图 7-23 的格式)读出。

另外两个寄存器为 PA 和 PB。根据 C/S 寄存器的内容，分别对 PA 口和 PB 口编程，使相应的 I/O 电路处于基本的输入输出方式或选通方式。PA 和 PB 寄存器的地址分别为 ×××××001 和×××××010。

最后一个寄存器是 PC，其地址为×××××011。该寄存器仅 6 位，可以作为普通 I/O 端口使用，也可以通过对命令寄存器命令字的第 2、3 位(PC1 和 PC2)进行适当编程，使其成为 PA 和 PB 的控制信号，详见表 7-8。

4. 8155 的定时/计数器

8155 的定时器是一个 14 位的减法计数器，它能对输入定时器的脉冲进行计数，在达到最后计数值时，从 TIMER　OUT 引脚输出一矩形波或脉冲。

为了对定时器进行程序控制，首先装入计数长度。由于计数长度为 14 位(第 0～13 位)，而每次装入的长度只能是 8 位，所以必须分两次装入，装入计数长度寄存器的值为 2H～3FFFH。第 14～15 位用来规定定时器的输出方式，其控制字格式见图 7-24。

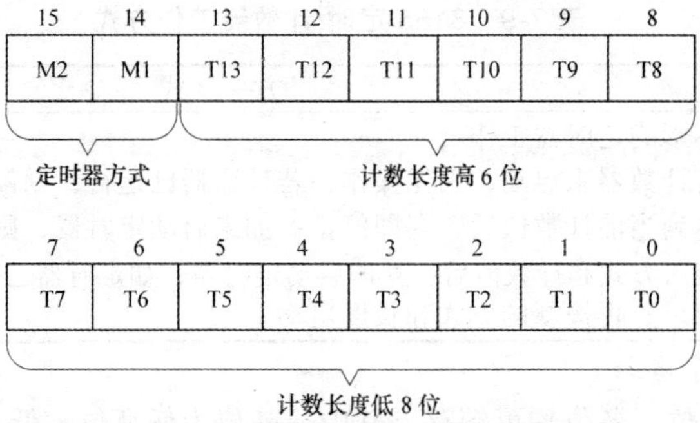

图 7-24 定时器的控制字格式

图 7-24 中最高两位(M2、M1)定义的定时器方式如表 7-10 所示。

表 7-10 定时器方式定义

M2 M1	方 式	定时器输出波形
0 0	单方波	
0 1	连续方波	
1 0	单脉冲	
1 1	连续脉冲	

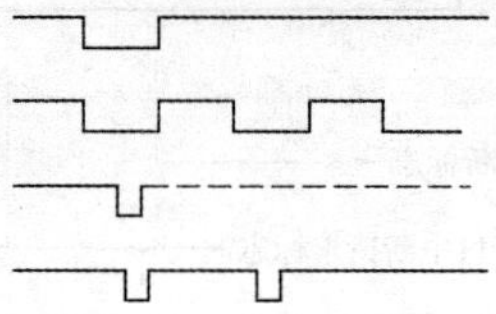

应该注意的是，当 8155 有硬件复位信号时， 8155 定时器停止计数，直至由 C/S 寄存器发出启动定时器命令为止。

(四)MCS-51 和 8155 的接口方法

MCS-51 单片机可以和 8155 直接连接，不需要任何外加电路，从而增加 256 个字节的 RAM、22 位 I/O 线以及一个 14 位计数器。

某系统中 MCS-51 和 8155 的接口电路如图 7-25 所示。

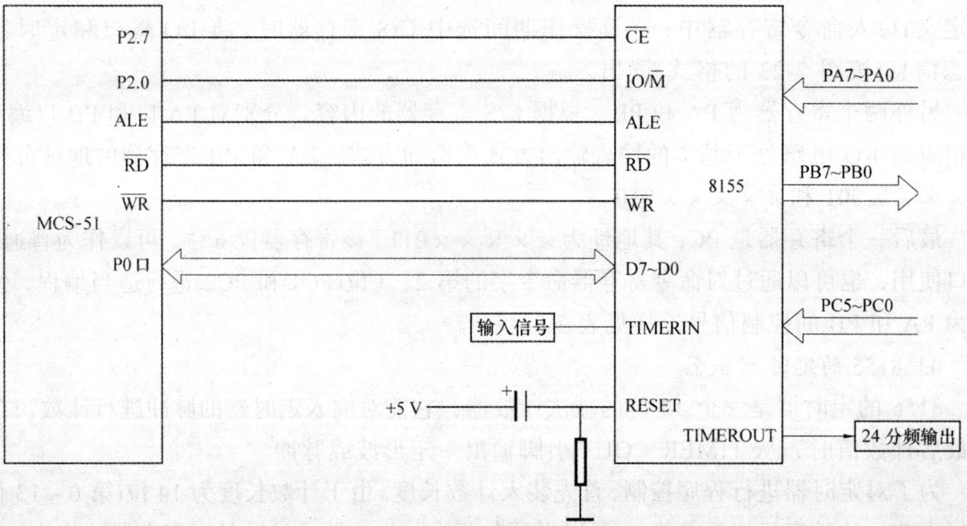

图 7-25 8155 与 MCS-51 的连接

8155 中各单元的地址分别为：

(1)8155 中 RAM 的地址：因 P2.0=0、P2.7=0，所以可选为 0111 1110 0000 0000B(7E00H)～0111 1110 1111 1111B(7EFFH)。

(2)I/O 口地址：具体如表 7-11 所示，若其中高 8 位地址的任选值均取 1，低 8 位地址的任选值都取 0，可得各 I/O 端口的地址如下：

命令/状态寄存器：7F00H；

PA 口：7F01H；

PB 口：7F02H；

PC 口：7F03H；

定时/计数器低 8 位(TL)：7F04H；

定时/计数器高 8 位(TH)：7F05H。

表 7-11　I/O 口编址表

A15	A14	A13	A12	A11	A10	A9	A8	A7	A6	A5	A4	A3	A2	A1	A0	I/O 口
0	×	×	×	×	×	×	1	×	×	×	×	×	0	0	0	命令状态口
0	×	×	×	×	×	×	1	×	×	×	×	×	0	0	1	PA 口
0	×	×	×	×	×	×	1	×	×	×	×	×	0	1	0	PB 口
0	×	×	×	×	×	×	1	×	×	×	×	×	0	1	1	PC 口
0	×	×	×	×	×	×	1	×	×	×	×	×	1	0	0	定时器低 8 位口
0	×	×	×	×	×	×	1	×	×	×	×	×	1	0	1	定时器高 8 位口

若 A 口定义为基本输入方式，B 口定义为基本输出方式，定时器作为方波发生器，对输入的晶振信号进行 24 分频，则 8155 的 I/O 口初始化程序如下：

```
STAT： MOV    DPTR，#7F04H      ；定时器低 8 位送 18H(24D)
       MOV    A，#18H
       MOVX   @DPTR，A
       INC    DPTR              ；DPTR+1→DPTR=7F05H
       MOV    A，#40H           ；定时器工作方式为连续方波，对 f晶振 24 分频
       MOVX   @DPTR，A
       MOV    DPTR，#7F00H      ；命令状态口
       MOV    A，#0C2H
       MOVX   @DPTR，A
         ⋮
```

可见，在需要同时扩展 RAM 和 I/O 口及计数器的 MCS-51 应用系统中，选用 8155 是特别经济的。8155 的 RAM 可以作为数据缓冲器，I/O 口可以作为外接打印机、A/D、D/A、键盘等控制信号的输入输出，定时/计数器可以作为分频器或定时器。

第四节　人机对话接口

在单片机应用系统中，常常需要人机对话，因而功能开关、拨码器、键盘、显示器和打

印机等输入/输出设备就必不可少。特别是显示器和键盘，作为基本的人机接口器件，绝大部分控制电路中均要使用。

本节主要介绍显示器、键盘与单片机的接口技术，其他人机对话设备的接口请参考相关书籍。

一、显示器接口技术

显示器是最常用的输出设备。特别是发光二极管显示器(LED)和液晶显示器(LCD)，由于其结构简单、价格低廉、接口容易，因而得到广泛应用，尤其在单片机系统中大量使用。下面主要介绍发光二极管显示器(LED)与MCS-51单片机的接口设计和相应的控制程序。液晶显示器(LCD)与MCS-51的接口设计和相应程序各厂家都有详细说明，这里不多叙述。

(一)LED结构与原理

发光二极管显示器是单片机应用产品中常用的廉价输出设备。它是由若干个发光二极管组成的，当发光二极管导通时，相应的一个点或一个笔画发光，控制不同组合的二极管导通，就能显示出各种字符，常用七段显示器结构如图7-26所示。

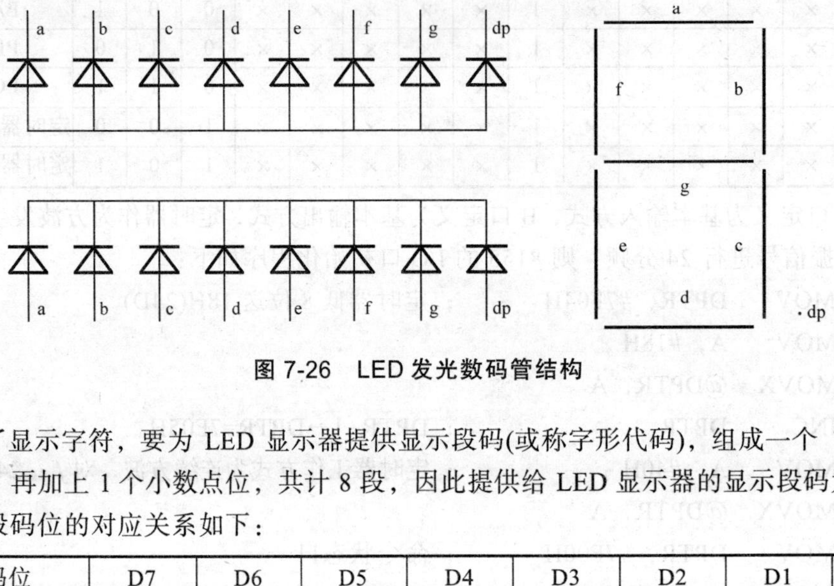

图7-26　LED发光数码管结构

为了显示字符，要为LED显示器提供显示段码(或称字形代码)，组成一个"8"字形的7段，再加上1个小数点位，共计8段，因此提供给LED显示器的显示段码为1个字节。各段码位的对应关系如下：

段码位	D7	D6	D5	D4	D3	D2	D1	D0
显示位	dp	g	f	e	d	c	b	a

用LED显示器显示十六进制数和空白及P的显示段码，如表7-12所示。需要注意的是，对于LED管的共阴极和共阳极连接方式，其显示段码是不同的。

(二)LED显示方式

LED显示器有静态显示和动态显示两种方式。

1. LED静态显示方式

静态显示就是当显示器显示某个字符时，相应的段(发光二极管)恒定地导通或截止，直到显示另一个字符为止。例如，当7段显示器的a、b、c段恒定导通，其余段和小数点恒定截止时显示"7"；当显示字符"8"时，显示器的a、b、c、d、e、f、g段恒定导通，dp截止。

表 7-12 十六进制数及空白与 P 的显示段码

字型	共阳极段码	共阴极段码	字型	共阳极段码	共阴极段码
0	C0H	3FH	9	90H	6FH
1	F9H	06H	A	88H	77H
2	A4H	5BH	B	83H	7CH
3	B0H	4FH	C	C6H	39H
4	99H	66H	D	A1H	5EH
5	92H	6DH	E	86H	79H
6	82H	7DH	F	84H	71H
7	F8H	07H	空白	FFH	00H
8	80H	7FH	P	8CH	73H

LED 显示器工作于静态显示方式时，各位的共阴极(公共端)接地，若为共阳极(公共端)则接+5 V 电源。每位的段选线(a ~ dp)分别与一个 8 位锁存器的输出口相连，显示器的各位相互独立，而且各位的显示字符一经确定，相应锁存的输出将维持不变。正因如此，静态显示器的亮度较高。这种显示方式编程容易，管理也较简单，但占用 I/O 口线资源较多。因此，在显示位数较多的情况下，一般都采用动态显示方式。

2. LED 动态显示方式

在多位 LED 显示时，为了简化电路，降低成本，将所有位的段选线并联在一起，由一个 8 位 I/O 口控制。而共阴(或共阳)极公共端分别由相应的 I/O 线控制，实现各位的分时选通。如图 7-27 所示为 6 位共阴极 LED 动态显示接口电路。

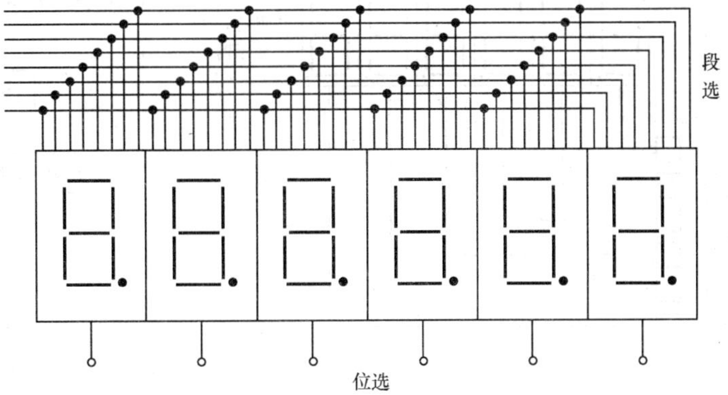

图 7-27 6 位 LED 动态显示接口电路

由于所有 6 位段选线皆由一个 I/O 口控制，因此在每一瞬间 6 位 LED 会显示相同的字符。要想每位显示不同的字符，就必须采用扫描方法轮流点亮各位 LED，即在每一瞬间只使一位显示字符。在此瞬间，段选控制 I/O 口输出相应字符段选码(字型码)，而位选则控制 I/O 口在该显示位送入选通电平(因为 LED 为共阴极，故应送低电平)，以保证该位显示相应字符。如此轮流，使每位分时显示该位应显示字符。段选码、位选码每送入一次后短暂延时，因眼的视觉暂留时间为 0.1 s，所以每位显示的时间间隔不能超过 20 ms，并保持延时一段时间，以造成视觉暂留效果，给人感觉数码管总在亮。这种方式称为软件扫描显示。

(三)LED 显示接口及程序

图 7-28 为 8155 扩展 I/O 控制的 6 位共阴极 LED 动态显示接口电路。图中，PB 口输

出段选码，PA 口输出位选码，位选码占用输出口的线数决定于显示器位数，如 6 位 LED 就要占 6 条 I/O 口线。7545(或 7406)芯片是反向驱动器(30 V 高电压,OC 门),这是因为 8155PA 口正逻辑输出的位控与共阴极 LED 要求的低电平点亮正好相反，即当 PA 口位控线输出高电平时，点亮一位 LED。7407 是同相 OC 门，作段选码驱动器。逐位轮流点亮各个 LED，每一位保持 1 ms，在 10 ~ 20 ms 之内再一次点亮，重复不止，这样利用人的视觉暂留，好像 6 位 LED 同时点亮了。在主程序中，将 8155PA 口和 PB 口设置为基本输出方式，设 PA 口地址为 7F0lH，PB 口为 7F02H，欲显示的数据存于 79H ~ 7EH 中。

程序流程如图 7-29 所示。

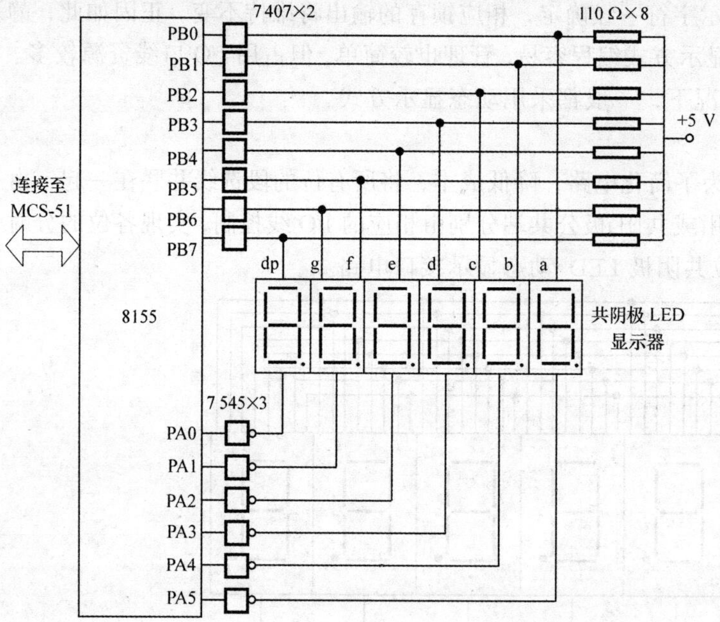

图 7-28　6 位动态显示接口电路

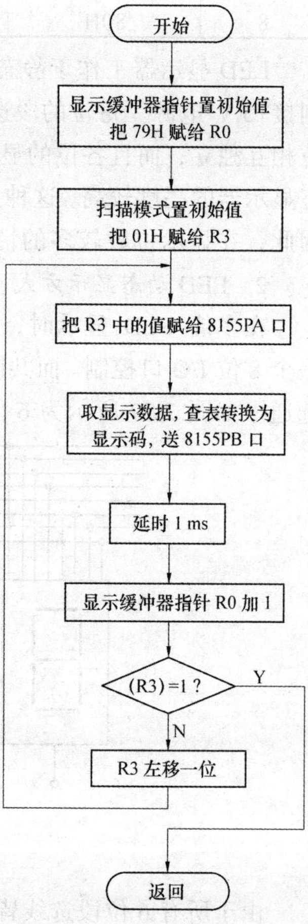

图 7-29　显示程序流程图

程序清单如下：

```
DIR:  MOV    R0，#79H          ；显示缓冲区首地址送 R0
      MOV    R3，#01H          ；先使显示器最右边位亮
      MOV    A，R3
LD0:  MOV    DPTR，#7F01H      ；扫描值送 PA 口
      MOVX   @DPTR，A
```

```
        INC     DPTR                        ; 指向 PB 口
        MOV     A, @R0                      ; 取显示数据
        ADD     A, #12H                     ; 加上偏移量
        MOVC    A, @A+PC                    ; 取出字型
        MOVX    @DPTR, A                    ; 送显示
        ACALL   DL1                         ; 延时
        INC     R0                          ; 缓冲区地址加 1
        MOV     A, R3
        JB      ACC.5, LD1                  ; 判断是否扫到第 6 个显示位
        RL      A                           ; 若没有，则 R3 左移一位
        MOV     R3, A
        AJMP    LD0
LD1:    RET
DSEG:   DB 3FH, 06H, 5BH, 4FH, 66H, 6DH     ; 显示段码表
        DB 7DH, 07H, 7FH, 6FH, 77H, 7CH
        DB 39H, 5EH, 79H, 71H, 73H, 3EH
        DB 31H, 61H, 1CH, 23H, 40H, 03H
        DB 18H, 00H, 00H, 00H
DL1:    MOV    R7, #02H
DL2:    MOV    R6, #0FFH
DL3:    DJNZ   R6, DL3
        DJNZ   R7, DL2
        RET
```

二、键盘接口技术

(一)键盘概述

键盘是由若干个按键组成的开关矩阵，它是一种廉价的输入设备。一个键盘，通常包括数字键(0 ~ 9)、字母键(A ~ Z)以及一些功能键。操作人员可以通过键盘向计算机输入数据、地址、指令或其他的控制命令，实现简单的人机对话。

用于计算机系统的键盘有两类：一类是编码键盘，即键盘上闭合键的识别由专用硬件实现；另一类是非编码键盘，即键盘上键入及闭合键的识别由软件来完成。

单片机系统中普遍使用非编码键盘，这类键盘主要具备以下几个功能：①键扫描功能，即检测是否有键按下；②键的识别，产生相应键的代码(键值)；③消除键的抖动(一般去抖动时间为 5 ~ 10 ms)。

MCS-51 单片机与键盘的接口可采用下列三种方式：①通过并行口(如 8155、8255)与键盘接口；②通过串行口与键盘接口；③MCS-51 的并行口直接与键盘接口。

(二)非编码键盘工作原理

某 3 × 3 键盘结构如图 7-30 所示，图中列线通过电阻接+5 V。

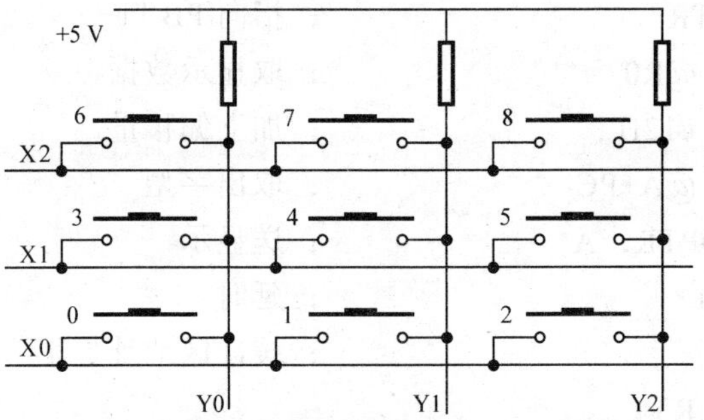

图 7-30　3×3 键盘结构

当键盘上没有键闭合时，所有的行线和列线断开，列线 Y0～Y2 都呈高电平。当键盘上某一个键闭合时，该键所对应的列线与行线短路。如 4 号键按下闭合时，行线 X1 和列线 Y1 短路，此时 Y1 的电平由 X1 的电位所决定。如果把列线接到微机的输入口，行线接到微机的输出口，则在微机的控制下，使行线 X0 为低电平(0)，其余(X1、X2)都为高电平，读列线状态。如果 Y0、Y1、Y2 都为高电平，则 X0 这一行上没有闭合键，如果读出的列线状态不全为高电平，则为低电平的列线与 X0 相交处的键处于闭合状态，据此可以判断 X0 这一行上是否有键闭合。这种逐行逐列地检查键盘状态的过程称为键盘的扫描。

对键盘可以采取定时方式，即每隔一定时间，CPU 对键盘扫描一次。也可采用中断方式，每当键盘上有键闭合时，向 CPU 请求中断，CPU 响应键盘输入中断，对键盘进行扫描，以识别哪一个键处于闭合状态，并对键输入信息做出相应处理。键盘上闭合键的键号，可以根据行线和列线的状态计算求得，也可以根据行线和列线状态查表求得。

非编码键盘识别按键的方法有两种：一是行扫描法，二是线反转法。

(1)行扫描法：通过行线发出低电平信号，如果该行线所连接的键没有按下，则列线所接的端口得到的是全“1”信号；如果有键按下，则得到非全“1”信号。

为了防止双键或多键同时按下，往往从第零行一直扫描到最后一行，若只发现 1 个闭合键，则该键为有效键，否则全部作废。找到闭合键后，读入相应的键值，再转至相应的键处理程序。

(2)线反转法：线反转法也是识别闭合键的一种常用方法，该法比行扫描法速度快，但在硬件上要求行线与列线外接上拉电阻。先将行线作为输出线，列线作为输入线，行线输出全“0”信号，读入列线的值，然后将行线和列线的输入输出关系互换，并且将刚才读到的列线值从列线所接的端口输出，再读取行线的输入值。那么，在闭合键所在的行线上，值必为 0。这样，当一个键被按下时，必定可读到一对唯一的行列值。

需要注意的是，在图 7-30 中，X0 为低电平，1 号键闭合一次，Y1 电压波形如图 7-31 所示。

图中 t_1 和 t_3 分别为键的闭合和断开过程中的抖动期(呈现一串负脉冲)，抖动时间长短与开关的机械特性有关，一般为 5～10 ms。t_2 为稳定闭合期，其时间由操作员的按键动作所确定，一般为十分之

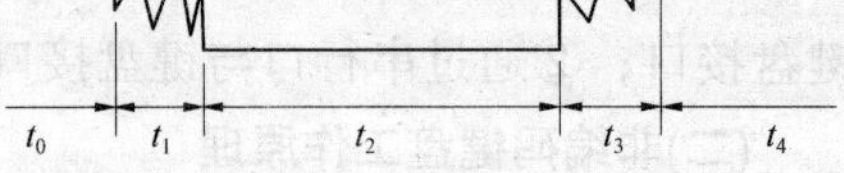

图 7-31　键闭合时列线电压波形

几秒到几秒。t_0 和 t_4 为断开期。为了保证 CPU 对键的闭合作一次处理，必须去除抖动，在键稳定闭合或断开时读键的状态，以便判别到键由闭合到释放，再作键输入处理。

(三)键盘接口电路

图 7-32 是采用 8155 接口芯片构成 8×4 键盘的接口电路，其中 A 口为输出，作为列线；C 口为输入，作为行线。

下面是用行扫描法进行键盘扫描的程序，其中 KSl 为判断键是否闭合的子程序，有键闭合时 A≠0。程序执行后，若键闭合，键值存入 A 中。键值的计算公式是：键值=行首键号+列号。程序流程见图 7-33。

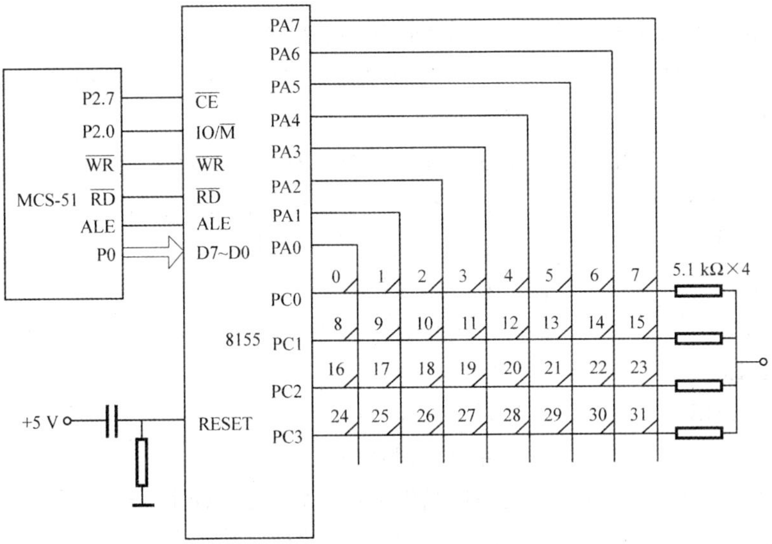

图 7-32　8×4 行列式键盘接口电路

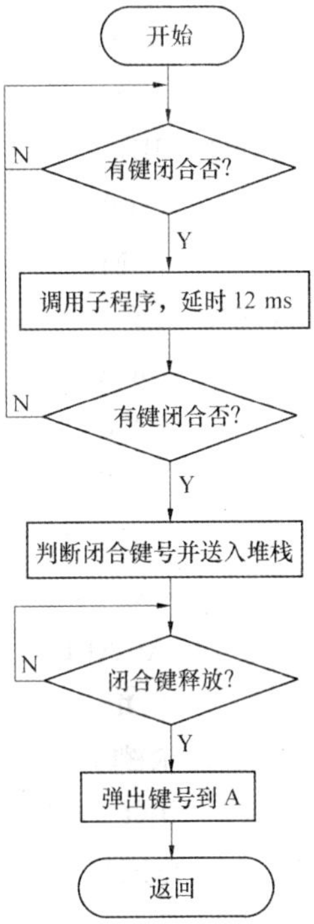

图 7-33　键盘扫描子程序框图

```
KEY1:  ACALL   KS1          ；调用判断有无键按下子程序
       JNZ     LK1          ；有键按下时，A≠0，转移到消抖程序
       MOV     A，#0FFH     ；无键标志
       RET                  ；返回主程序
LK1:   ACALL   T12MS        ；调延时 12 ms 子程序
       ACALL   KS1          ；查有无键按下，若有，则为键确实按下
       JNZ     LK2          ；键按下，A≠0，转逐列扫描
       MOV     A，#0FFH     ；无键标志
       RET                  ；返回主程序
LK2:   MOV     R2，#0FEH    ；首列扫描字入 R2
       MOV     R4，#00H     ；首列号入 R4
LK4:   MOV     DPTR，#7F01H ；列扫描字送至 8155 PA 口
       MOV     A，R2        ；第一次列扫描
```

```
        MOVX    @DPTR，A        ；使第 0 列线为 0
        INC     DPTR
        INC     DPTR            ；指向 8155 PC 口
        MOVX    A，@DPTR        ；8155 PC 口读入行状态
        JB      ACC.0，LONE     ；第 0 行无键按下，转查第 1 行
        MOV     A，#00H         ；第 0 行有键按下，该行首键号#00H→A
        AJMP    LKP             ；转求键号
LONE:   JB      ACC.1，LTWO     ；第 1 行无键按下，转查第 2 行
        MOV     A，#08H         ；第 1 行有键按下，该行首键号#08H→A
        AJMP    LKP
LTWO:   JB      ACC.2，LTHR     ；第 2 行无键按下，转查第 3 行
        MOV     A，#10H         ；第 2 行有键按下，该行首键号#10H→A
        AJMP    LKP
LTHR:   JB      ACC.3，NEXT     ；第 3 行无键按下，改查下一列
        MOV     A，#18H         ；第 3 行有键按下，该行首键号#18H→A
LKP:    ADD     A，R4           ；键号 = 行首键号+列号
        PUSH    ACC             ；键号进站保护
LK3:    ACALL   KS1             ；等待键释放
        JNZ     LK3             ；未释放，等待
        ACALL   T12MS           ；延时 12 ms 消抖
        POP     ACC             ；键释放，键号→A
        RET                     ；键扫描结束，出口状态：(A)=键号
NEXT:   INC     R4              ；指向下一列，列号加 1
        MOV     A，R2           ；判断 8 列扫描完没有
        JNB     ACC.7，KND      ；8 列扫描完，返回
        RL      A               ；扫描字左移一位，转变为下一列扫描字
        MOV     R2，A           ；扫描字入 R2
        AJMP    LK4             ；转下列扫描
KND:    AJMP    KEY1
KS1:    MOV     DPTR，#7F01H    ；指向 PA 口
        MOV     A，#00H         ；全扫描字#00H
        MOVX    @DPRT，A        ；全扫描字入 PA 口
        INC     DPTR
        INC     DPTR            ；指向 PC 口
        MOVX    A，@DPTR        ；读入 PC 口行状态
        CPL     A               ；变正逻辑，以高电平表示有键按下
        ANL     A，#0FH         ；屏蔽高 4 位
        RET                     ；出口状态，A≠0 时有键按下
```

```
T12MS:  MOV     R7，#18H      ；延时 12 ms 子程序
TM1:    MOV     R6，#0FFH
TM2:    DJNZ    R6，TM2
        DJNZ    R7，TM1
        RET
```

第五节　模拟通道接口

在计算机应用领域，特别是在实时控制系统中，常常需要把外界连续变化的物理量(如温度、压力、流量、速度)，变成数字量送入计算机内进行处理；反之，也需要将计算机计算得出的数字量转为连续变化的模拟量，用以控制、调节一些执行机构，实现对被控对象的控制。若输入是非电的模拟信号，还需要通过传感器转换成电信号。这种由模拟量变为数字量或由数字量转为模拟量的过程，通常叫做模/数、数/模转换。用以实现这类转换的器件，叫做模/数(A/D)转换器和数/模(D/A)转换器。图 7-34 是具有模拟量输入和模拟量输出的 MCS-51 应用系统。

模/数、数/模转换技术是数字测量和数字控制领域的一个专门分支，有很多专门介绍 A/D、D/A 转换技术与原理的专著。在今天，对那些具有明确应用目标的单片微机产品设计人员来讲，只需要合理地选用商品化的大规模 A/D、D/A 转换电路，了解它们的功能和接口方法即可。

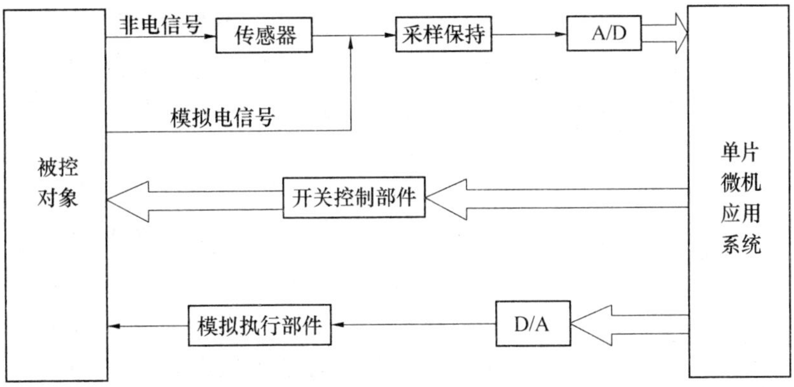

图 7-34　具有模拟量输入和输出的单片机系统

一、D/A 转换接口电路

(一)D/A 转换器概述

D/A 转换器的基本功能是将一个用二进制表示的数字量转换成相应的模拟量。实现这种转换的基本方法是对应于二进制数的每一位，产生一个相应的电压(电流)，而这个电压(电流)的大小则正比于相应的二进制位的权。具体内部电路及原理请参看有关书籍。

D/A 转换器主要技术指标有：

(1)分辨率：通常用数字量的位数表示，一般为 8 位、12 位、16 位等。分辨率 10 位，表示它可能对满量程的 $1/2^{10}$=1/1 024 的增量做出反应。

(2)输入编码形式：如二进制码、BCD 码等。

(3)转换线性：通常给出在一定温度下的最大非线性度，一般为 0.01% ~ 0.03%。

(4)转换时间：通常为几十纳秒至几微秒。

(5)输出电平：不同型号的输出电平相差很大。大多是电压输出，一般为 5 ~ 10 V，有的高压输出型可达 24 ~ 30 V。也有一些是电流输出，低者为 20 mA 左右，高者可达 3 A 左右。

(二)集成 D/A 转换器 DAC0832

DAC0832 是目前国内用得较普遍的 D/A 转换器。DAC0832 是采用 CMOS 工艺制成的双列直插式单片 8 位 D/A 转换器，可直接与 MCS-51 系列芯片相连。它以电流形式输出，当需转换为电压输出时，可外接运算放大器。

其主要特性有：

(1)电流线性度可在满量程下调节；

(2)转换时间为 1 μs；

(3)数据输入可采用双缓冲、单缓冲或直通方式；

(4)增益温度补偿为 0.000 2% FS/℃；

(5)每次输入数字均为 8 位二进制数；

(6)功耗 20 mW；

(7)逻辑电平输入与 TTL 兼容；

(8)供电电源为单一电源，其范围为 5 ~ 15 V。

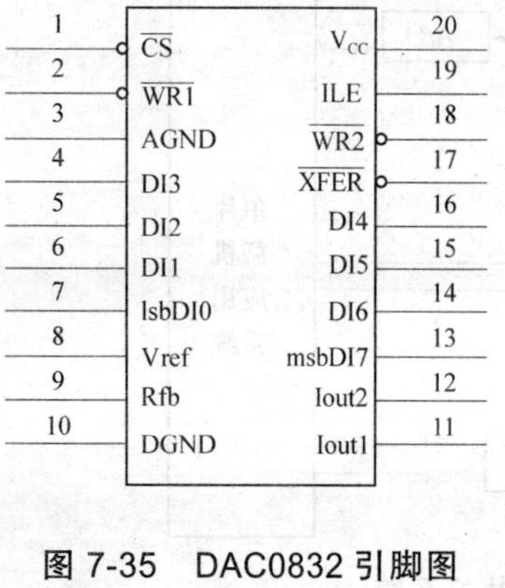

图 7-35　DAC0832 引脚图

DAC0832 内部由一个数据寄存器、DAC 寄存器和 D/A 转换器三大部分组成。内部采用 R-2R 梯形电阻网络，输入数据寄存器和 DAC 寄存器用以实现两次缓冲，故在输出的同时，还可存储另一个数字，提高了转换速度。当多芯片同时工作时，可用同步信号实现各模拟量的同时输出。图 7-35 示出了 DAC0832 的外部引脚。

各引脚功能分别为：

(1) $\overline{CS}$：片选信号，低电平有效。与 ILE 相配合，可对写信号 $\overline{WR1}$ 是否有效起到控制作用。

(2)ILE：允许输入锁存信号，高电平有效。

(3) $\overline{WR1}$：写信号 1，低电平有效。当 $\overline{WR1}$、$\overline{CS}$、ILE 均有效时，可将数据写入 8 位输入寄存器。

具体控制过程为：输入寄存器的锁存信号由 ILE、$\overline{CS}$、$\overline{WR1}$ 的逻辑组合产生，当 ILE 为高电平、$\overline{CS}$ 为低电平、$\overline{WR1}$ 输入负脉冲时，输入寄存器的锁存信号将产生正脉冲。当输入寄存器的锁存信号为高电平时，输入寄存器的输出和数据线上输入的状态一致，而在输入寄存器的锁存信号负跳变期间将数据线上的信息打入输入寄存器内锁存。

(4) $\overline{WR2}$：写信号 2，低电平有效。当 $\overline{WR2}$ 有效时，在 XFER 传送控制信号作用下，

可将锁存在输入寄存器的 8 位数据送到 DAC 寄存器。

(5) $\overline{\text{XFER}}$：数据传送控制信号，低电平有效。

当 $\overline{\text{WR2}}$、$\overline{\text{XFER}}$ 均有效时，则在 DAC 寄存器的锁存信号产生正脉冲。当 DAC 寄存器的锁存信号为高电平时，DAC 寄存器的输出和输入寄存器的状态一致，而在 DAC 寄存器的锁存信号负跳变期间将输入寄存器的内容打入 DAC 寄存器。

(6)Vref：基准电源输入端，它与 DAC 内的 R-2R 梯形网络相接，Vref 可在 ± 10 V 范围内调节。

(7)DI0 ~ DI7：8 位数字量输入端，DI7 为最高位，DI0 为最低位。

(8)Iout1：DAC 的电流输出 1，当 DAC 寄存器各位为 1 时，输出电流为最大。当 DAC 寄存器各位为 0 时，输出电流为 0。

(9)Iout2：DAC 的电流输出 2，它使 Iout1+ Iout2 恒为一常数。一般在单极性输出时 Iout2 接地，在双极性输出时接运放。

(10)Rfb：反馈电阻。在 DAC0832 芯片内有一个反馈电阻，可用做外部运放的反馈电阻。

(11)V_{CC}：工作电源，一般为+5 V。

(12)DGND：数字地。

(13)AGND：模拟地。

(三)DAC0832 和 MCS-51 的接口

DAC0832 可工作在单、双缓冲器方式。单缓冲器方式即输入寄存器的信号和 DAC 寄存器的信号同时控制，使一个数据直接写入 DAC 寄存器并转换输出，这种方式适用于只有一路模拟量输出或几路模拟量不需要同步输出的系统；双缓冲器方式即输入寄存器的信号和 DAC 寄存器信号分开控制，这种方式适用于几个模拟量需同时输出的系统。

(1)单缓冲器方式：具体实例如图 7-36 所示。

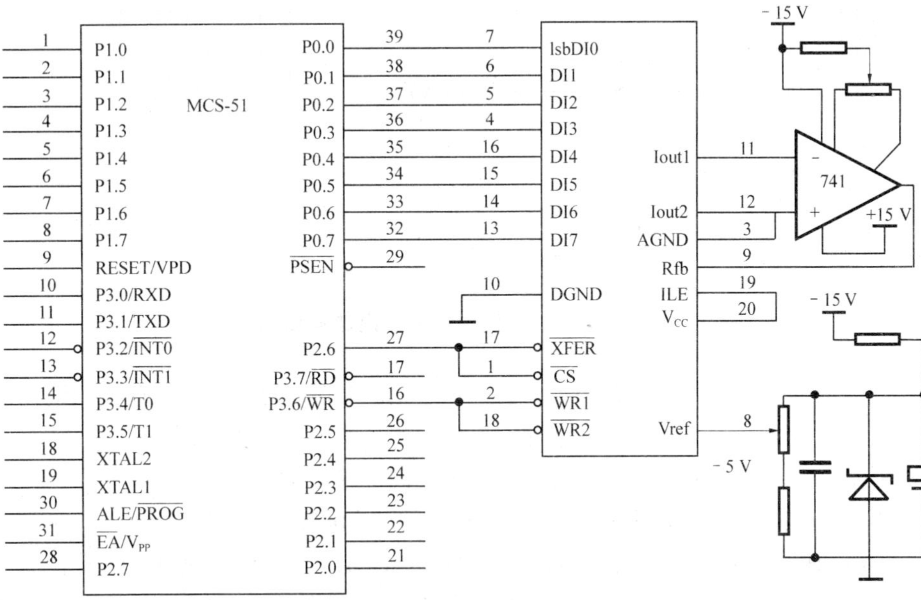

图 7-36 单极性单缓冲器电路接口图

图 7-36 为具有一路模拟量的 MCS-51 系统。图中 ILE 接+5 V，Iout2 接地，Iout1 输出电流经集成运放器 741 输出一个单极性电压，范围为 0 ~ 5 V。片选信号 $\overline{CS}$ 和传送信号 $\overline{XFER}$ 都连到地址线 P2.6(地址线 A14)，输入寄存器和 DAC 寄存器地址都可选为 BFFFH。写选通输入线 $\overline{WR1}$、$\overline{WR2}$ 都和 MCS-51 的写信号 $\overline{WR}$ 连接，CPU 对 DAC0832 执行一次写操作，则把一个数据直接写入 DAC 寄存器，DAC0832 的模拟量随之变化。

若 8031 执行下面的程序，将在运放输出端得到一个锯齿波电压。

```
START：MOV     DPTR，#0BFFFH       ；DAC0832 口地址
       MOV     A，#00H
LOOP： MOVX    @DPTR，A            ；送数据
       INC     A
       AJMP    LOOP
```

在实际应用时，许多场合要用双极性电压波形，这时只要将 Iout2 接地改为接入一个运放，其接口逻辑图如图 7-37 所示。运行上面的 START 程序可在运放输出端得到–5 ~ +5 V 的双极性锯齿波电压。

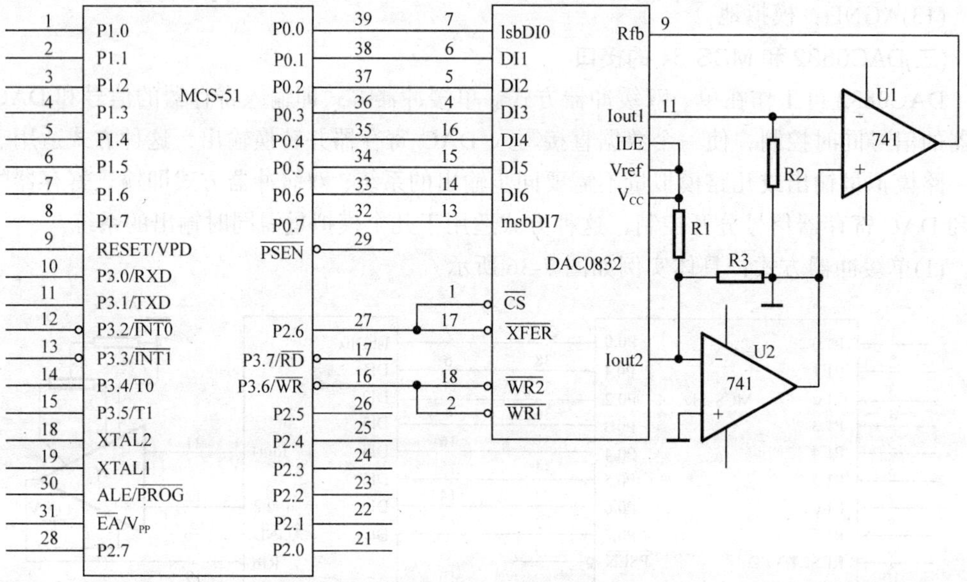

图 7-37　双极性单缓冲器电路接口图

(2)双缓冲器工作方式。DAC0832 可工作于双缓冲器方式，输入寄存器的锁存信号和 DAC 寄存器的锁存信号分开控制，这种方式适用于几个模拟量需要同时输出的系统，每一路模拟量输出需一个 DAC0832，构成多个 0832 同步输出的系统。

图 7-38 为某图形显示器中两路模拟量同步输出的 0832 系统，其中 1#0832 输入寄存器地址为 DFFFH，2#0832 输入寄存器地址为 BFFFH，1#和 2#0832 的 DAC 寄存器地址为 7FFFH。若 8031 执行下面程序，将使图形显示器(显示器的光栅)移动到一个新的位置。也可以绘制各种活动图形。

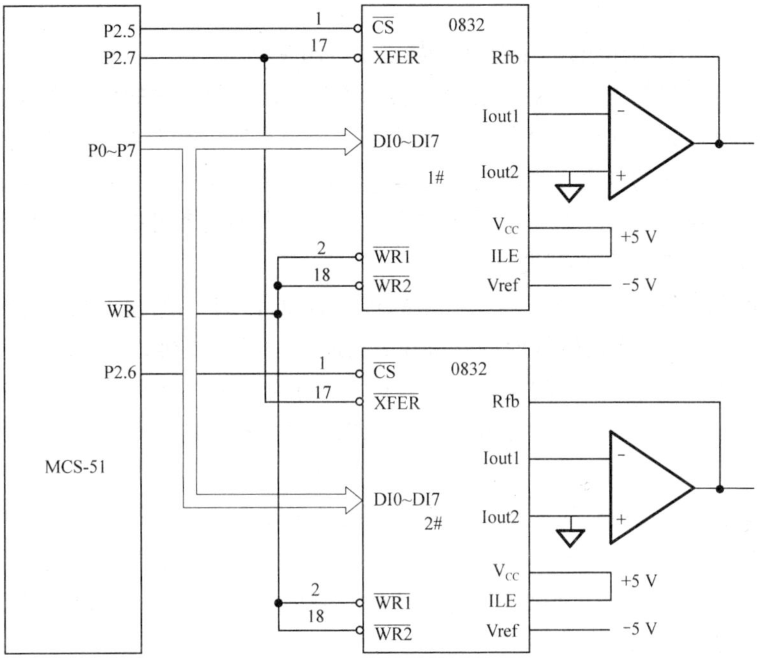

图 7-38　两路模拟量同步输出系统

```
MOV     DPTR，#0DFFFH
MOV     A，#X              ；X 为要求横坐标值
MOVX    @DPTR，A           ；DATA X 写入 1#0832 输入寄存器
MOV     DPTR，#0BFFFH
MOV     A，#Y              ；Y 为要求纵坐标值
MOVX    @DPTR，A           ；DATA Y 写入 2#0832 输入寄存器
MOV     DPTR，#7FFFH
MOVX    @DPTR，A           ；1#、2#输入寄存器内容同时传送到 DAC 寄存器
```

二、A/D 转换接口电路

(一)A/D 转换器概述

A/D 转换器就是把输入的模拟信号转换成数字形式的电路。因 A/D 转换器应用范围极广，故其品种及类型非常多，根据 A/D 电路的工作原理可以分为以下几大类型：双积分 A/D 转换器，一般具有精度高、抗干扰性好、价格低等优点，但转换速度慢，广泛用于数字仪表中；逐次逼近比较型 A/D 转换器，在精度、速度和价格上都适中；并行 A/D 转换器，是一种利用编码技术实现的高速 A/D 转换器，性能好，但价格偏高。至于各转换器的内部电路及工作原理，可参看相关书籍。

A/D 转换器的主要技术指标有：

(1)分辨率：通常用数字量的位数表示，如 8 位、10 位、12 位、16 位分辨率等。若分辨率为 8 位，表示它可以对全量程的 1/256($1/2^8$)的增量做出反应。分辨率越高，转换时对输入量的微小变化的反应越灵敏。

(2)量程：即所能转换的电压范围，如 5 V、10 V 等。

(3)精度：有绝对精度和相对精度两种表示方法。常用数字量的位数作为度量绝对精度的单位，如精度为 ± 1/2 LSB，而用百分比来表示满量程时的相对误差，如 ± 0.05%。注意，精度和分辨率是不同的概念。精度指的是转换后所得结果相对于实际值的准确度，而分辨率指的是能对转换结果发生影响的最小输入量。分辨率很高者可能由于温度漂移、线性不良等原因而并不具有很高的精度。

(4)转换时间：对于比较型或双积分型的转换器而言，不同的输入幅度可能会引起转换时间的差异，在厂家给出的转换时间指标中，它应当是最长转换时间的典型值。不同型式、不同分辨率的器件，其转换时间的长短相差很大，可为几微秒至几百毫秒。在选择器件时，要根据应用的需要和成本来具体地对这一项加以考虑，有时还要同时考虑数据传输过程中转换器件的一些结构和特点。例如有的器件虽然转换时间比较长，但是对控制信号有闭锁的功能，所以在整个转换时间内并不需要外部硬件来支持它的工作，CPU 和其他硬件可以在它完成转换以前去处理别的事件而不必等待；而有的器件虽然转换时间不算太长，但是在整个转换时间内必须由外部硬件提供连续的控制信号，因而要求 CPU 处于等待状态或者要求另加硬件设备来支持其工作。

(5)输出逻辑电平：多数与 TTL 电平配合，但在考虑数字输出量与微型机数据总线的关系时，还要对其他一些有关问题加以考虑，例如是否要用三态逻辑输出，采用何种编码制式，是否需要对数据进行闭锁。

(6)工作温度范围：由于温度会对运算放大器和加权电阻网络等产生影响，所以只有在一定的温度范围内才能保证额定精度指标。较好的转换器件的工作温度为-40~85℃，较差者为 0 ~ 70℃。

(7)参考电压：从前面叙述过的工作原理中我们可以看到模/数转换器或数/模转换器都需要一定精度的参考电压源。因此，要考虑转换器件是需要内部参考电压，还是需要外接参考电源。

(二)集成 A/D 转换器 ADC0809

集成的 ADC0809 是一个 8 通道单片 CMOS 模/数转换器，每个通道均能转换出 8 位数字量。它是逐次逼近比较型转换器，包括一个高阻抗斩波比较器，一个带有 256 个电阻分压器的树状开关网络，一个控制逻辑环节和 8 位逐次逼近数码寄存器，最后输出级有一个 8 位三态输出锁存器。

8 个输入模拟量受多路开关地址寄存器控制，当选中某路时，该路模拟信号 Vx 进入比较器与 D/A 输出的 VR 比较，直至 VR 与 Vx 相等或达到允许误差为止，然后将对应 Vx 的数码寄存器值送三态锁存器。当 OE 有效时，便可输出对应 Vx 的 8 位数码。ADC0809 外部引脚示于图 7-39 中。

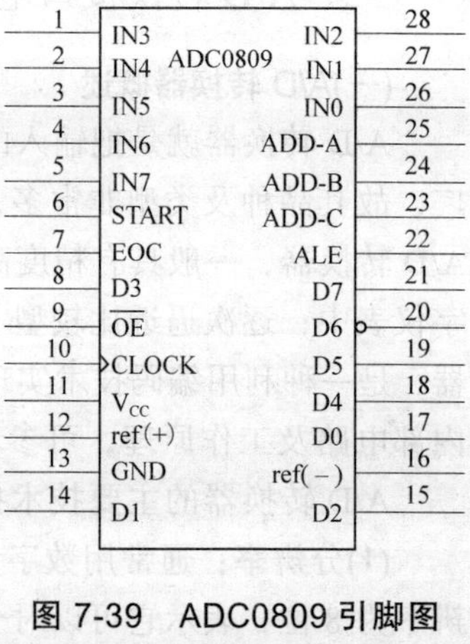

图 7-39 ADC0809 引脚图

各引脚功能分别为：

(1)START：启动转换输入线，其上升沿用以清除 ADC

内部寄存器，其下降沿用以启动内部控制逻辑，使 A/D 转换器开始工作。

(2)EOC：转换完成输出线，其上跳沿表示 A/D 转换器内部已转换完毕。

(3) $\overline{OE}$：允许输出控制端，高电平有效。有效时能打开三态门，将 8 位转换后的数据送到微型机的数据总线上。

(4)CLOCK：转换定时时钟脉冲输入端，它的频率决定了 A/D 转换器的转换速度，其范围为 500 kHz ~ 1 MHz。若其频率为 640 kHz，则对应转换速度为 100 μs。

(5)IN7 ~ IN0：8 路模拟量输入端，在多路开关控制下，任一瞬间只能有一路模拟量经相应通道输入到 A/D 转换器中的比较放大器。

(6)D7 ~ D0：8 位数据输出端，可直接接入微型机的数据总线。

(7)A、B、C：多路开关地址选择输入端，其取值与转换通道对应关系见表 7-13。

表 7-13　A、B、C 与通道的对应关系

多路开关地址线			选中的输入通道
C	B	A	
0	0	0	IN0
0	0	1	IN1
0	1	0	IN2
0	1	1	IN3
1	0	0	IN4
1	0	1	IN5
1	1	0	IN6
1	1	1	IN7

(8)ALE：地址锁存输入线，该信号的上升沿可将地址选择信号 A、B、C 锁入地址寄存器内。

(9)ref(+)、ref(–)：D/A 转换器的参考电压输入线。它们可以不与本机电源和地相连，但 ref(–)不得为负值，ref(+)不得高于 V_{CC}，且 1/2[ref(+)+ref(–)]与 $1/2V_{CC}$ 之差不得大于 0.1 V。

(10)V_{CC}、GND：工作电源，一般为+5 V。

(三)ADC0809 与 MCS-51 的接口

图 7-40 示出了 MCS-51 与 ADC0809 的接口电路组成。ADC0809 是带有 8 个多路模拟开关的 8 位 A/D 转换芯片，可有 8 个模拟量的输入端，由芯片的 A、B、C 三个引脚来选择模拟输入通道中的一个，A、B、C 三端分别与 MCS-51 的地址总线 A0、A1、A2 相接。ADC0809 的 8 位数据输出是带有三态缓冲器的，由输出允许信号($\overline{OE}$)控制，所以 8 根数据线可直接与 MCS-51 的 P0.0 ~ P0.7 相接。地址锁存信号(ALE)和启动转换信号(START)，由软件产生(执行一条“MOVX　@DPTR，A”指令)，输出允许信号($\overline{OE}$)也由软件产生(执行一条“MOVX　A，@DPTR”指令)。ADC0809 的时钟信号 CLK 可同 MCS-51 的 ALE 信号相接，因为若 MCS-51 选择 6 MHz 晶振，其 ALE 引脚刚好可以输出 1 MHz 的脉冲。转换完成信号 EOC 送到 $\overline{INT1}$ 输入端，MCS-51 在 $\overline{INT1}$ 的中断服务程序里，读入经 ADC0809 转换后的数据，送到以 30H 为首地址的内部 RAM 中。

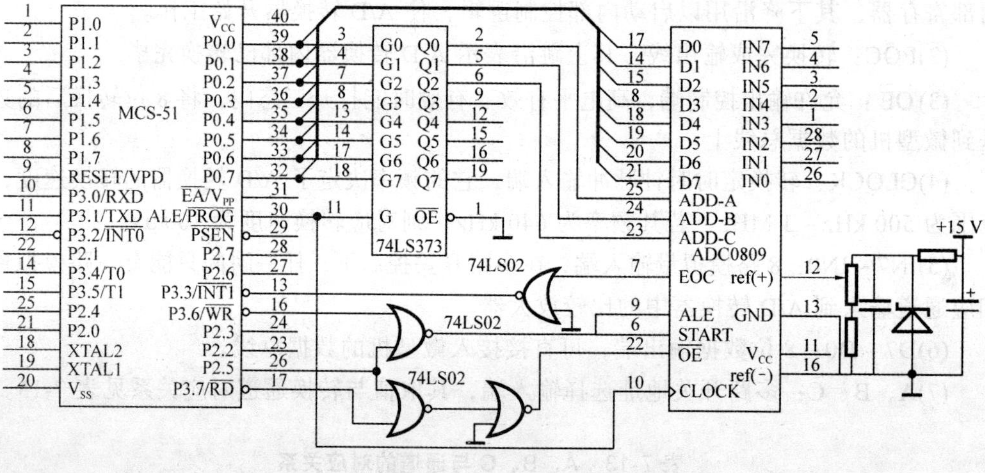

图 7-40　MCS-51 与 ADC0809 的接口

以模拟通道 0 为例，操作程序如下：

```
        ORG     0000H
        LJMP    MAIN

        ORG     0013H
        AJMP    SUB

        ORG     0100H
MAIN:   MOV     R0，#30H
        SETB    IT1             ；INT1边沿触发
        SETB    EX1             ；开放INT1中断
        SETB    EA              ；CPU 开放中断
        MOV     DPTR，#0DFF8H   ；通道 0 口地址
        MOV     A，#00H
        MOVX    @DPTR，A        ；启动 A/D
LOOP:   NOP                     ；等待中断
        AJMP    LOOP

SUB:    PUSH    PSW
        PUSH    ACC
        PUSH    DPL
        PUSH    DPH
        MOV     DPTR，#0DFF8H
        MOVX    A，@DPTR        ；读数据
        MOV     @R0，A          ；数存入以 30H 为首地址的内部 RAM
```

```
INC     R0
MOV     DPTR，#0DFF8H
MOVX    @DPTR，A          ；再次启动 A/D
POP     DPH
POP     DPL
POP     ACC
POP     PSW
RETI
END
```

三、采样、保持和滤波

仅有模/数转换器和数/模转换器还不能构成完整的模拟通道接口电路，除了必要的地址选择电路及状态控制电路以外，还常常要加上采样、保持和滤波电路。这是因为，从模拟量到数字量的转换需一定时间，在转换期间，信号应保持稳定。另外，在实际应用中，经常是一个数据采集系统对若干个模拟通道进行转换，如果替每一个模拟通道都配置一套单独的转换器，从经济上说是不合理的。常用的办法是利用多路转接开关把多个输入回路轮流接到一个模/数转换器上，用多路分配开关把一个数/模转换器输出信号轮流送到各个输出回路去。

此时，对于模拟输出通道，由于多个模拟输出通道共用了一个数/模转换器，每个输出回路只能周期性地在一个时间片当中得到输出的模拟信号，其他时间，它与计算机之间被多路分配开关切断，而回路中的外部设备(如被控的执行机构)却要求得到连续不断的控制信号。所以，在每一个模拟回路中都得加进“采样—保持”电路。当数/模转换器输出相应于某一回路的模拟输出信号时，该回路的“采样—保持”电路对此信号采样，当数/模转换器对它的输出结束时，该电路把所采的值一直保持到下一次采样为止。

对于模拟输入通道，模/数转换器本身并不要求不间断的模拟输入信号，只要保证多路转接开关接通每一个模拟输入回路的时间，即采样时间大于模/数转换器的转换时间，这一点在许多工业过程控制应用中是容易满足的，在输入信号变化缓慢的情况下，在输入接口当中可不用保持电路。不过，如果输入信号相对于器件的转换时间变化速度比较快，例如采用转换速度较慢的器件进行语音分析，那么也应有“采样—保持”电路以保证能准确地把给定时刻的模拟量转换成数字量。

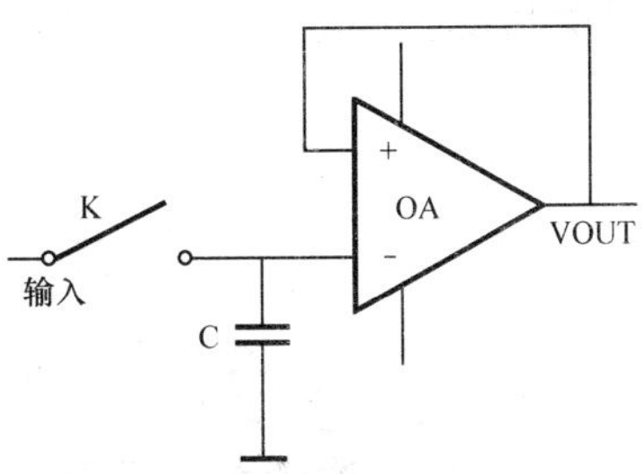

图 7-41　采样—保持电路

图 7-41 是“采样—保持”电路的原理图。K 是采样开关，由逻辑控制电路加以控制。多路转接开关本身有时可以起到采样开关作用。OA 为运算放大器，如图 7-41 所示接在跟随器后，其输入阻抗极大，其阻抗值一般在 $10^{11} \sim 10^{12}$ Ω。当采样开关闭合时，输入信号对电容器 C 充电到 Vin。采样完毕后 K 开路，由于运放输入阻抗极高可视为开路，采样电容 C 采用漏电极小的电容器(漏电阻约为 10^{12} Ω 数量级)，电容 C 上的电荷几乎没有泄放的途径，一直保持在 Vin。经过运放跟随器，输出

一个与 Vin 相同幅度的模拟信号，但这个信号具有很小的内阻(约为 10^{-3} Ω数量级)，可以驱动其他电路负载。这个信号一直保持到下次采样为止。

这里存在两个问题：一是在采样之后，原来连续的模拟信号被瞬间采样得到的信号所替代。这样的信号是否还包含原信号的全部信息呢？结论是肯定的，但是必须满足一定的条件，即采样频率大于原连续信号所包含的最高频率的两倍。这在信息论中叫做采样定理。例如我们要把一个最高频率为 20 kHz 的信号的所有信息转换成数字量存放在内存中，则模/数转换器的采样频率必须为 40 kHz 以上。第二个问题是，经过采样保持之后，信号发生了畸变。原来随时间连续变化的信号变成了阶梯状信号，这可以看做在“采样—保持”过程中引入了干扰信号，这种干扰信号的基频和采样频率是一致的。如果在整个处理过程中要求波形良好，例如在计算机语言合成系统中我们希望得到平滑的波形，则需要在“采样—保持”电路后面根据不同的要求加上一个适当的低通滤波器，以滤除采样噪声干扰。

第六节　开关通道接口

在单片机应用系统中，有时需用单片机输出控制各种开关电路器件(如继电器、无触点开关等)或高压大电流负载，这些大功率负载显然不能用单片机的 I/O 口线来直接驱动，而必须施加各种驱动电路。此外，为了隔离和抗干扰，有时需加光电耦合器。

一、开关输出接口电路

单片机用于输出控制时，用的最多的开关器件是机械继电器、固体继电器、达林顿晶体管和大功率场效应晶体管(简称功率 MOSFET)。

下面分别介绍这几种器件与单片机的接口。

(一)机械继电器

在数字逻辑电路中，最常使用的机械继电器有线圈式继电器和簧式继电器。线圈式继电器由线圈、衔铁和触点组成，线圈通电产生磁场，衔铁受磁场作用，带动触点接触而导通。线圈所需驱动电流较小，但触点可开关较大的电流。线圈式继电器的接口电路如图 7-42(a)所示，线圈两端的二极管为续流二极管，用来抑制反向电动势，加快继电器开关速度。

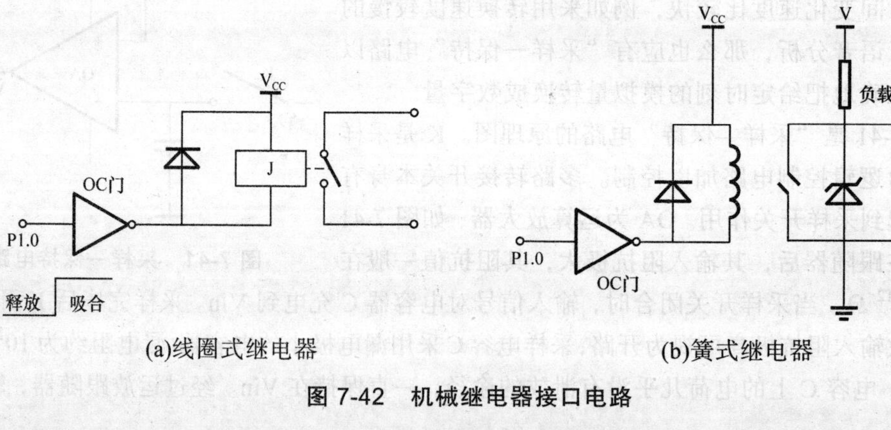

图 7-42　机械继电器接口电路

簧式继电器由两个磁性簧片组成，受磁场作用时，两个簧片相接触而导通。这种簧式继电器控制电流要求很小，而簧式触点可开关较大的电流。例如，控制线圈为 380 Ω 时，可直接由 5 V 输入电压驱动，驱动电流为 13 mA，而簧片触点可通过 500 mA 至几十安。但与逻辑电路相配用的簧式继电器一般小于 1 A。簧式继电器的接口电路如图 7-42(b)所示。触点两端的齐纳二极管用来防止产生触点电弧。

机械继电器的开关响应时间较大，单片机应用系统中使用机械继电器时，控制程序中必须考虑开关响应时间的影响。

(二)达林顿驱动电路

对于典型的开关晶体管电路，输出电流是输入电流乘以晶体管的增益。要保证有足够大的输出电流必须采取增大输入驱动电流、多级放大或者提高晶体管增益的方法。达林顿驱动电路主要是采用多级放大和提高晶体管增益，避免加大输入驱动电流。达林顿驱动电路如图 7-43 所示，它实际上使用两个晶体管构成达林顿晶体管。这种结构形式具有高输入阻抗和极高的增益。

(三)功率 MOSFET 接口

目前，在大功率开关控制电路中，大功率 MOSFET 越来越受人们的重视，它已在许多控制电路中取代了可控硅。这是因为 MOSFET 具有高增益、低损耗以及耐高压等优良性能，它可作为高速开关，所需驱动电压和功率较低，容易实现并联驱动。

MOSFET 的偏置电路设计很简单，只要在 MOSFET 栅极—源极之间加上一偏置电压(一般大于 10 V)，管子就能工作在导通状态，源漏极之间相当于开关接通，其使用方法和双极性晶体管相同。功率 MOSFET 可由外围驱动器直接驱动，一种典型的驱动电路如图 7-44 所示。由图可看出，其驱动电路十分简单。

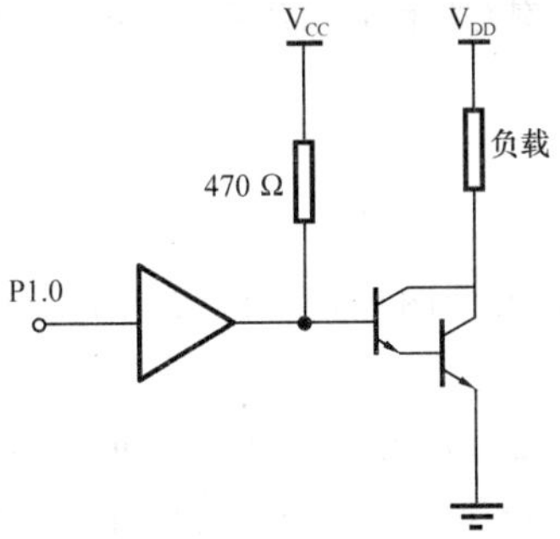

图 7-43　达林顿驱动电路

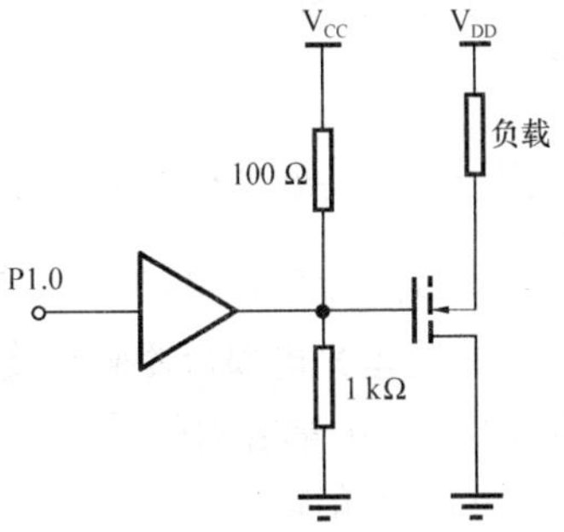

图 7-44　功率 MOSFET 接口

(四)固态继电器接口

固态继电器简称 SSR(Solid State Relay)，是一种四端器件，两端输入，两端输出，它们之间用光电耦合器隔离。它是一种新型的无触点电子继电器，其输入端要求输入很小的控制电流，与 TTL、HTL、CMOS 等集成电路具有较好的兼容性，而其输出则用双向晶闸管(可控硅)来接通和断开负载电源。与普通电磁式继电器和磁力开关相比，具有开关速度快、工作频率高、体积小、重量轻、寿命长、无机械噪声、工作可靠、耐冲击等一系列特点。

由于无机械触点，当其用于需要抗腐蚀、抗潮湿、抗振动和防爆的场合时，更能体现出机械触点继电器无法比拟的优点。由于其输入控制端与输出端用光电耦合器隔离，所需控制驱动器电压低、电流小，非常容易与计算机控制输出接口。所以，在单片机控制应用系统中，已越来越多地用固态继电器取代传统的电磁式继电器和磁力开关作开关量输出控制。

SSR 有多种型式和规格，使用场合也不相同。如果采用集成电路门输出驱动，由于目前国产的 SSR 要求有 0.5 ~ 20 mA 的驱动电流，最小工作电压可达 3 V。对于一般 TTL 电路，如 54/74、54H/74H 和 54S/74S 等系列的门输出可直接驱动，而对 CMOS 电路逻辑信号则应再加缓冲驱动器，如图 7-45 所示。

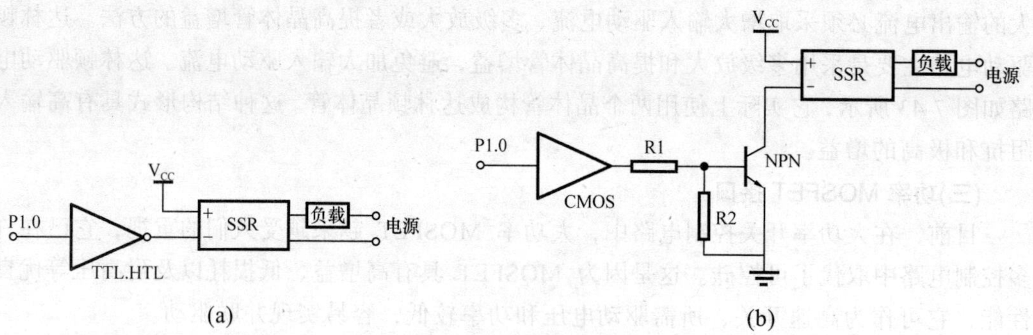

图 7-45　固态继电器接口

SSR 通常都采用逻辑 1 输入驱动。图 7-45 为 8051 单片机 I/O 线与固态继电器 SSR 接口电路。当 8051 的 P1.0 线输出低电平时，SSR 输出相当于开路；而 P1.0 输出高电平时，SSR 输出相当于通路(相当于开关闭合)，电源给负载(如电阻加热炉)加电，从而实现开关量控制。

二、光电耦合器驱动接口

常用的光电耦合器有晶体管输出型和晶闸管输出型两种，下面分别加以介绍。

(一)晶体管输出型光电耦合器驱动接口

晶体管输出型光电耦合器的受光器是光电晶体管，如图 7-46 所示。光电晶体管除了没有使用基极，跟普通晶体管一样，取代基极电流的是以光作为晶体管的输入。当光电耦合器的发光二极管发光时，光电晶体管受光的影响在 cb 间和 ce 间会有电流流过，这两个电流基本受光的照度控制，常用 ce 间的电流作为输出电流，输出电流受 Vce 的电压影响很小，在 Vce 增加时，稍有增加。

晶体管输出型光电耦合器可以作为开关运用，这时发光二极管和光电晶体管平常都处于关断状态。在发光二极管通过电流脉冲时，光电晶体管在电流脉冲持续的时间内导通。

图 7-46 是使用 4N25 的光电耦合器接口电路图。若 P1.0 输出一个脉冲，则在 OutPut 输出端输出一个相位相同的脉冲，4N25 的耦合脉冲信号起到隔离单片机 8051 系统与输出部分的作用，使两部分的电流相互独立。如输出部分的地线接机壳接地，而 8051 系统的电源地线浮空，不与交流电源的地线相接。这样可以避免输出部分电源变化时对单片机电源的影响，

减少系统所受的干扰，提高系统的可靠性。4N25 输入/输出端的最大隔离电压>2 500 V。

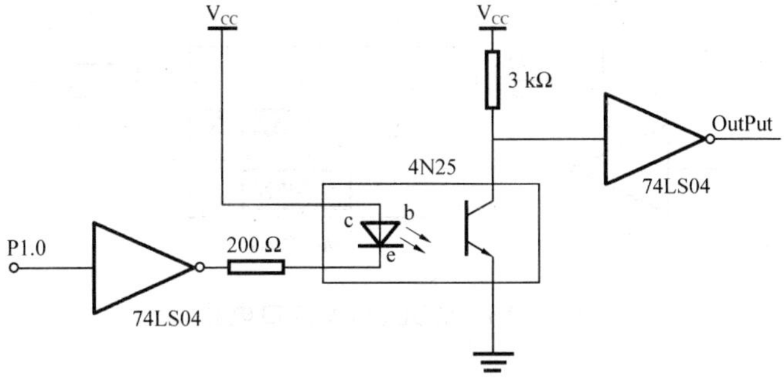

图 7-46　4N25 光电耦合器接口电路

光电耦合器也常用于较远距离的信号隔离传送。一方面，光电耦合器可以起到隔离两个系统地线的作用，使两个系统的电源相互独立，消除地电位不同所产生的影响；另一方面，光电耦合器的发光二极管是电流驱动器件，可以形成电流环路的传送形式。由于电流电路是低阻抗电路，它对噪音的敏感度低，因此提高了通信系统的抗干扰能力，常用于在高噪音干扰的环境下传输信号。

(二)晶闸管输出型光电耦合器驱动接口

晶闸管输出型光电耦合器的输出端是光敏晶闸管。当光电耦合器的输入端有一定的电流流入时，晶闸管即导通。有的光电耦合器的输出端还配有过零检测电路，用于控制晶闸管过零触发，以减少电器在接通电源时对电网的影响。

4N40 是常用的单向晶闸管输出型光电耦合器，也称固态继电器。当输入端有 15 ~ 30 mA 电流时，输出端的晶闸管导通，输出端的额定电压为 400 V，额定电流为 300 mA。输入输出端隔离电压为 1 500 ~ 7 500 V。

4N40 的第 6 脚是输出晶闸管控制端，不使用此端时，此端可对阴极接一个电阻。图 7-47 是 4N40 的接口电路。

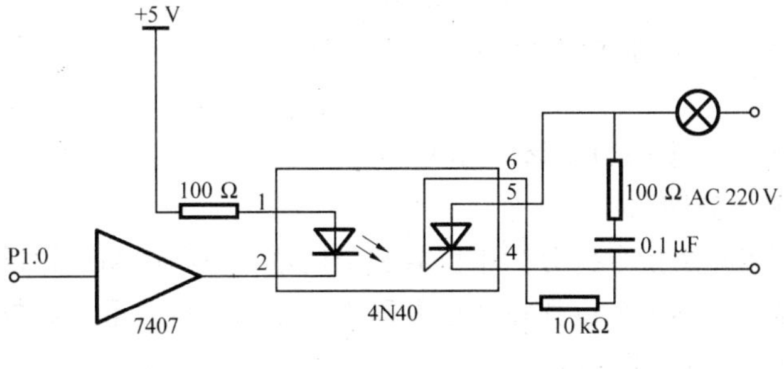

图 7-47　4N40 接口电路

MOC3041 是常用双向晶闸管输出的光电耦合器(固态继电器)，带过零触发电路，输入端的控制电流为 15 mA，输出端的额定电压为 400 V，输入输出端隔离电压为 7 500 V。

MOC3041 的第 5 脚是器件的衬底引出端，使用时不需要接线。图 7-48 是 MOC3041 的接口电路。

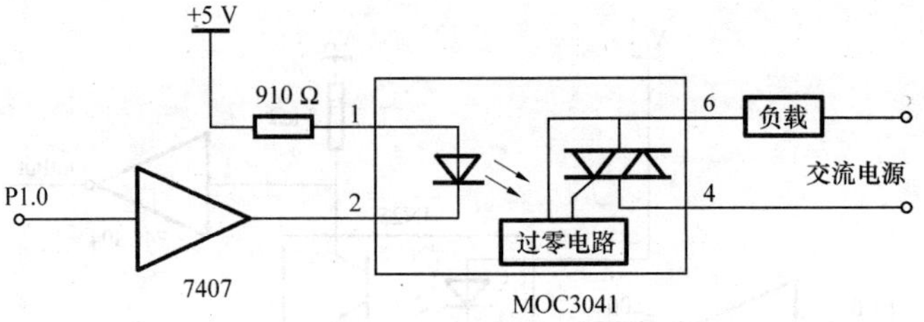

图 7-48　MOC3041 接口电路

需要说明的是，光电耦合器作为隔离器件，不但可以用于开关量的输出回路，也可以用在开关量的输入回路。在输入开关信号与单片机的距离比较远，或者干扰源比较多的场合，为提高系统的抗干扰能力，经常在输入开关信号与单片机之间加光电耦合器，将干扰信号挡在单片机之外。上面所述的 4N25、4N40 等器件，在开关量输入回路得到了广泛应用。

实训课题

一、数码显示

(一)实训目的

(1)掌握 LED 数码管的显示原理。

(2)掌握静态显示和动态扫描显示原理。

(3)学会动态扫描显示程序设计。

(4)加深 STC-2007 单片机实验板的使用。

(二)实训设备

(1)微机一台(安装 VW、STC-ISP-V3.5 软件)。

(2)STC-2007 单片机实验板一块。

(三)实训要求

用 2 位共阴极七段码 LED 循环显示 00 ~ 99。

(四)实训原理及电路图

先将被显示数用除法指令拆分为十位数和个位数，再利用动态扫描方法，先送十位数在高位数码管上显示，再送个位数在低位数码管上显示，然后重复送数，达到显示两位数的目的。实测电路原理见图 7-49。

(五)实训电路连接

(1)基本接线：编程下载线接到 U6 Max232 单元的 J602(绿色线接 G)；电源线接到 U9 Power 单元的 JP901，S901 的 U1、U3、U6 拨到“ON”端。

(2)功能接线：U1 MCU 单元的 J102 接 U3 Display 单元的 J300，J102 的 0 接 J300 的 a；U1 MCU 单元的 J107 接 U3 Display 单元的 J301，J107 的 0 接 J301 的 1。

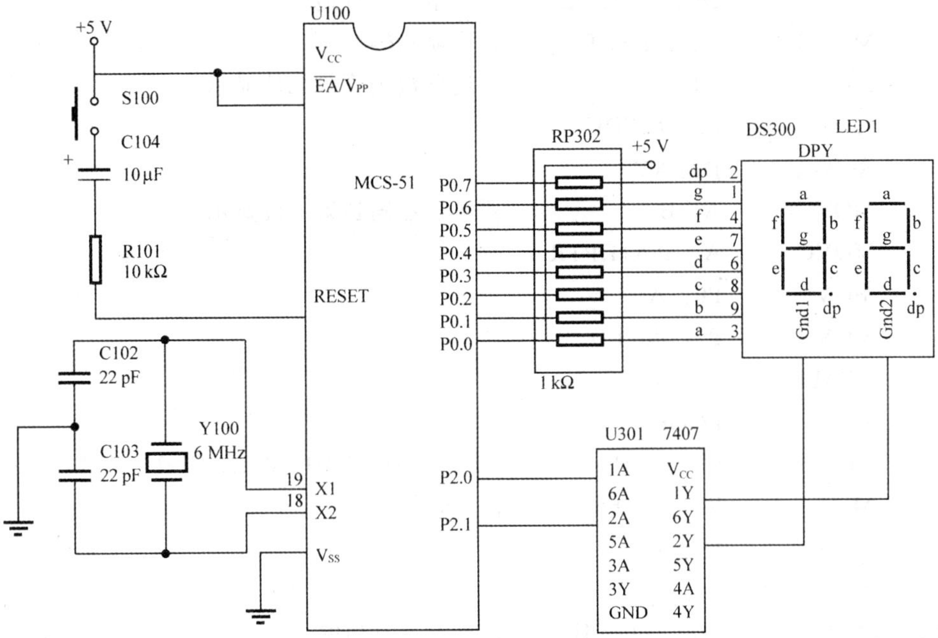

图 7-49　数据显示实训电路原理图

(六)参考源程序

```
        ORG     0000H           ；程序初始地址，复位后将从此处执行
        LJMP    MAIN            ；跳转主程序(MAIN=0060H，符号地址)

        ORG     000BH           ；T0 中断入口地址
        LJMP    TINT

        ORG     0060H           ；主程序初始地址
MAIN：  MOV     P0，#00H        ；使 LED 数码管都熄灭
        MOV     P2，#00H
        MOV     R1，#00H        ；显示初值
        MOV     R0，#0AH        ；1 s 标志
        MOV     IE，#82H        ；开放 T0
        MOV     TMOD，#01H      ；设置定时器 T0，方式 1
        MOV     TL0，#0B0H      ；设定定时值 0.1 s
        MOV     TH0，#3CH
        SETB    TR0             ；启动定时器 T0
LOOP：  MOV     A，R0           ；取显示数
        MOV     B，#0AH
        DIV     AB              ；经过除法后，A 中存显示数的十位，B 中存个位
```

```
        MOV     DPTR，#TAB      ；显示码的首地址
        MOVC    A，@A+DPTR      ；取显示码
        MOV     P0，A           ；送到数码管第二位显示
        MOV     P2，#0FDH
        ACALL   DELAY
        MOV     A，B            ；送显示码到第一位显示
        MOVC    A，@A+DPTR
        MOV     P0，A
        MOV     P2，#0FEH
        ACALL   DELAY
        SJMP    LOOP
TAB:    DB  3FH，06H，5BH，4FH，66H，6DH，7DH，07H，7FH，6FH
DELAY:  MOV     R7，#0FFH       ；延时程序
L1:     DJNZ    R7，L1
        RET
TINT:   MOV     TL0，#0B0H      ；重置定时初值
        MOV     TH0，#3CH
        DJNZ    R0，TIN1        ；十次是 1 s
        MOV     R0，#0AH        ；重置标志位，1 s 后显示数加 1
        INC     R1
        CJNE    R1，#64H，TIN1  ；如果显示数等于 100，则显示数清零
        MOV     R1，#00H
TIN1:   RETI
        END                     ；汇编源程序结束
```

(七)实训步骤

(1)启动 VW，新建一个文件，编写汇编程序，并保存为 smxs · asm。

(2)编译文件，生成 smxs.hex 文件。

(3)连接硬件电路。

(4)启动 STC-ISP-V3.5，把 smxs.hex 文件下载到单片机。

(5)观察实验板变化。

二、8155 接口

(一)实训目的

(1)掌握 8155 接口电路的工作原理和使用方法。

(2)熟悉 8155 简单驱动设计方案。

(3)掌握 8155 扩展应用的程序设计方法。

(4)加深 STC-2007 单片机实验板的使用。

(二)实训设备

(1)微机一台(安装 VW、STC-ISP-V3.5 软件)。

(2)STC-2007 单片机实验板一块。

(三)实训要求

设计 8155 扩展应用电路并编程控制实现 LED 数码管显示 15。

(四)实训原理及电路图

利用 8155 的 A 口送出显示码，B 口送出显示位，利用动态显示原理实现 LED 显示 15 两位数据，如图 7-50 所示。

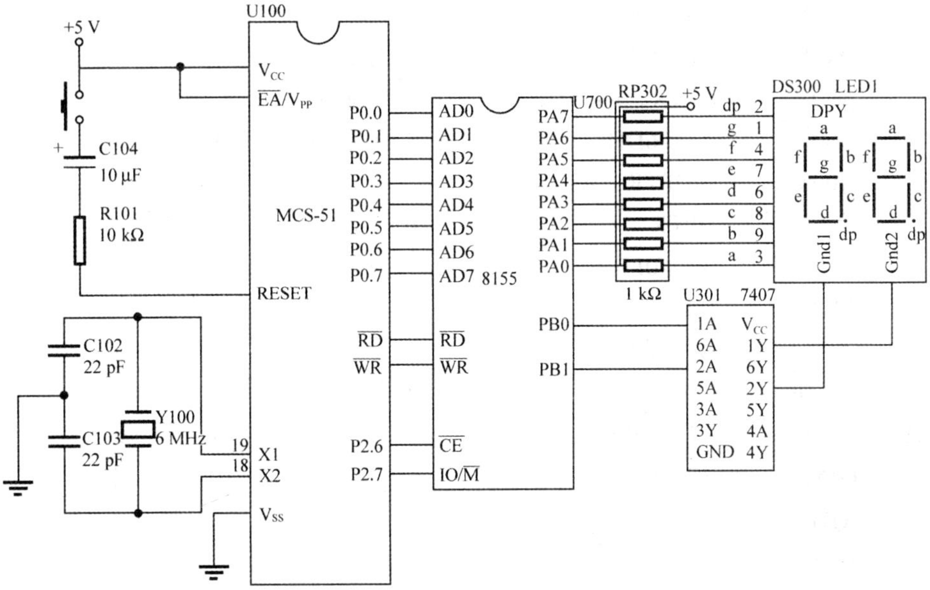

图 7-50　8155 接口实训电路原理图

(五)实训电路连接

(1)基本接线：编程下载线接到 U6 Max232 单元的 J602(绿色线接 G)；电源线接到 U9 Power 单元的 JP901，S901 的 U1、U3、U6、U7 拨到“ON”端。

(2)功能接线：U7 PIO 单元的 J705 接 U3 Display 单元的 J300(J705 的 0 位和 J300 的 a 位相接)；U7 PIO 单元的 J706 接 U3 Display 单元的 J301(J706 的 0 位和 J301 的 1 位相接)；U1 MCU 单元的 J102 接 U7 PIO 单元的 J700(J102 的 0 位和 J700 的 AD0 位相接)；U1 MCU 单元的 J100 的 $\overline{RD}$ 、$\overline{WR}$ 接 U7 PIO 单元的 J701R、W；U1 MCU 单元的 J107 的 6、7 接 U7 PIO 单元的 J702 的 $\overline{CE}$ 、IO/$\overline{M}$ 。

(六)参考源程序

```
        ORG     0000H
        LJMP    MAIN

        ORG     0100H
MAIN:   MOV     DPTR，#8000H        ；命令/状态字寄存器地址
```

```
        MOV     R7, #0FH         ; A口、B口、C口都为输出
        MOV     A, R7
        MOVX    @DPTR, A         ; 以片外RAM方式访问
LOOP:   MOV     DPTR, #8001H     ; A口地址
        MOV     A, #06H          ; 1的共阴极段显码
        MOVX    @DPTR, A
        INC     DPTR             ; B口地址
        MOV     A, #0FDH         ; 在数码管2上显示
        MOVX    @DPTR, A
        ACALL   DELAY            ; 延时
        MOV     DPTR, #8001H     ; A口地址
        MOV     A, #6DH          ; 5的共阴极段显码
        MOVX    @DPTR, A
        INC     DPTR             ; B口地址
        MOV     A, #0FEH         ; 在数码管1上显示
        MOVX    @DPTR, A
        ACALL   DELAY
        SJMP    LOOP             ; 动态显示
DELAY:  MOV     R7, #0FFH
LL:     DJNZ    R7, LL
        RET
        END
```

(七)实训步骤

(1)启动 VW，新建一个文件，编写汇编程序，并保存为 8155.asm。

(2)编译文件，生成 8155.hex 文件。

(3)连接硬件电路。

(4)启动 STC-ISP-V3.5，把 8155.hex 文件下载到单片机。

(5)观察实验板变化。

三、键盘识别

(一)实训目的

(1)掌握矩阵键盘的工作原理。

(2)学会设计简单的键盘扫描程序。

(二)实训设备

(1)微机一台(安装 VW、STC-ISP-V3.5 软件)。

(2)STC-2007 单片机实验板一块。

(三)实训要求

利用 MCS-51 单片机可构成一个简单的灯光控制系统。某系统中有开关 8 个，发光二极管 8 个，当按下某个开关时，对应的发光二极管亮。

(四)实训原理及电路图

单片机实验板 STC-2007 的 U2 Key 单元的 K0～K7 作为 8 个开关，接在 P1 口，构成 2×4 键盘；U3 Display 单元的 D300～D315 作为 16 个发光二极管，接在 P0 口。通过键盘扫描 P1 口输入开关量，转化为 P0 口驱动信号点亮对应的发光二极管。实训电路图见图 7-51。

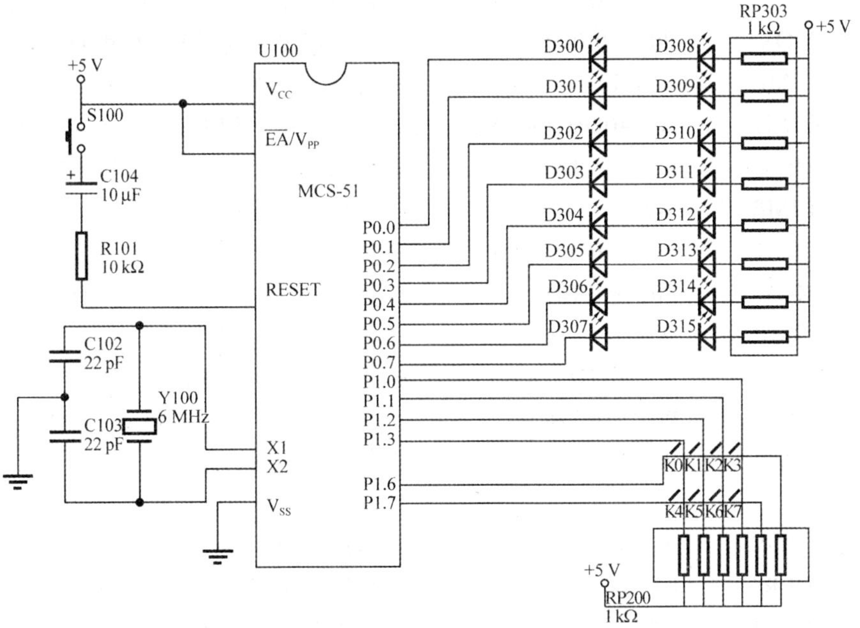

图 7-51　键盘识别实训电路原理图

(五)实训电路接线

(1)基本接线：编程下载线接到 U6 Max232 单元的 J602(绿色线接 G)；电源线接到 U9 Power 单元的 JP901，S901 的 U1、U3、U6 拨到“ON”端。

(2)功能接线：U1 MCU 单元的 J103 P0 接 U3 Display 单元的 J303 Light，J103 的 0 接 J303 的 0；U1 MCU 单元的 J111 P1 的 0～3 接 U2 Key 单元的 J200 Col，J111 的 0 接 J200 的 0；U1 MCU 单元的 J111 P1 的 6～7 接 U2 Key 单元的 J201 Row，J111 的 6 接 J201 的 0。

(六)参考源程序

```
        ORG     0000H           ；程序初始地址，复位后将从此处执行
        LJMP    MAIN            ；跳转主程序(MAIN=0060H，符号地址)

        ORG     0060H           ；主程序初始地址
MAIN:   MOV     P0，#0FFH
WAIT:   MOV     P1，#0FFH
        CLR     P1.6            ；扫描第 0 行
        LCALL   KEYCL           ；调用键处理子程序
        JZ      KEYINL1         ；第 0 行无键按下，跳至第 1 行
```

```
         LCALL    DELY10             ；第 0 行有键按下，调延时子程序消抖
         LCALL    KEYCL              ；再次调用键处理子程序
         JZ       KEYINL1            ；第 0 行无键按下，跳至第 1 行
         MOV      A，P1              ；第 0 行有键按下，读入按键信息
         ANL      A，#0FH            ；屏蔽高 4 位
KEY0：   CJNE     A，#0EH，KEY1      ；是否为第 0 列 KEY0，不是，跳至下一列
         MOV      P0，#0FEH          ；是 KEY0，点亮 D300 和 D308
         LJMP     WAIT               ；等待下一次按键
KEY1：   CJNE     A，#0DH，KEY2      ；是否为第 1 列 KEY1，不是，跳至下一列
         MOV      P0，#0FDH          ；是 KEY1，点亮 D301 和 D309
         LJMP     WAIT               ；等待下一次按键
KEY2：   CJNE     A，#0BH，KEY3      ；是否为第 2 列 KEY2，不是，跳至下一列
         MOV      P0，#0FBH          ；是 KEY2，点亮 D302 和 D310
         LJMP     WAIT               ；等待下一次按键
KEY3：   CJNE     A，#07H，KEYINL1   ；是否为第 3 列 KEY3，不是，跳至第 1 行
         MOV      P0，#0F7H          ；是 KEY3，点亮 D303 和 D311
         LJMP     WAIT               ；等待下一次按键

KEYINL1：MOV      P1，#0FFH          ；激活 P1 口
         CLR      P1.7               ；扫描第 1 行
         LCALL    KEYCL              ；调用键处理子程序
         JZ       NOKEY              ；第 1 行无键按下，跳至无键处理
         LCALL    DELY10             ；第 1 行有键按下，调延时子程序消抖
         LCALL    KEYCL              ；再次调用键处理子程序
         JZ       NOKEY              ；第 1 行无键按下，跳至无键处理
         MOV      A，P1              ；第 1 行有键按下，读入按键信息
         ANL      A，#0FH            ；屏蔽高 4 位
KEY4：   CJNE     A，#0EH,KEY5       ；是否为第 0 列 KEY4，不是，跳至下一列
         MOV      P0，#0EFH          ；是 KEY4，点亮 D304 和 D312
         LJMP     WAIT               ；等待下一次按键
KEY5：   CJNE     A，#0DH，KEY6      ；是否为第 1 列 KEY5，不是，跳至下一列
         MOV      P0，#0DFH          ；是 KEY5，点亮 D305 和 D313
         LJMP     WAIT               ；等待下一次按键
KEY6：   CJNE     A，#0BH，KEY7      ；是否为第 2 列 KEY6，不是，跳至下一列
         MOV      P0，#0BFH          ；是 KEY6，点亮 D306 和 D314
         LJMP     WAIT               ；等待下一次按键
KEY7：   CJNE     A，#07H，NOKEY     ；是否为第 3 列 KEY7，不是，跳至无键处理
         MOV      P0，#7FH           ；是 KEY7，点亮 D307 和 D315
```

```
        NOP                          ；空操作
        NOP                          ；空操作
NOKEY:  LJMP    WAIT                 ；等待按键
KEYCL:  MOV     A，P1                ；读入按键信息
        ANL     A，#0FH              ；屏蔽高 4 位，保留按键位
        XRL     A，#0FH              ；异或操作
        RET                          ；子程序返回

DELY10: MOV     R6，#28H             ；延时 10 ms 子程序
L1:     MOV     R7，#3DH
L2:     DJNZ    R7，L2
        DJNZ    R6，L1
        RET
        END                          ；源程序结束
```

(七)实训步骤

(1)启动 VW，新建一个文件，编写汇编程序，并保存为 jpsb.asm。

(2)编译文件，生成 jpsb.hex 文件。

(3)连接硬件电路。

(4)启动 STC-ISP-V3.5，把 jpsb.hex 文件下载到单片机。

(5)按下键盘，观察实验板变化。

四、A/D 转换

(一)实训目的

(1)熟悉 ADC0809 的工作原理。

(2)熟悉 ADC0809 在 MCS-51 单片机系统中的使用方法。

(二)实训设备

(1)微机一台(安装 VW、STC-ISP-V3.5 软件)。

(2)STC-2007 单片机实验板一块。

(三)实训要求

设计一 A/D 转换电路，编程实现实时转换电位器电压，并能显示转换结果。

(四)实训原理及电路图

ADC0809 在工作时，将参考电压 ref(–)接地，ref(+)接+5 V。所以，最终数字和电压的对应关系是 0V 对 00H，5V 对 FFH。通过单片机将转换结果实时显示在数码管上。实训电路见图 7-52。

(五)实训电路连接

(1)基本接线：编程下载线接到 U6 Max232 单元的 J602(绿色线接 G)；电源线接到 U9 Power 单元的 JP901，S901 的 U1、U3、U6、U8 拨到“ON”端。

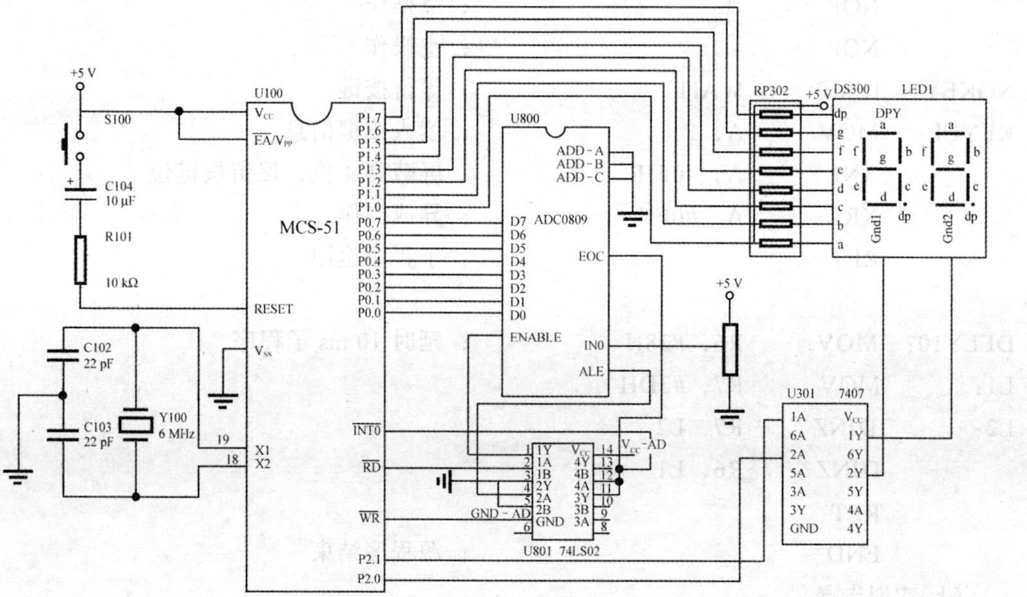

图 7-52 A/D 转换实训电路原理图

(2)功能接线：U1 MCU 单元的 J111，接 U3 Display 单元的 J300(J111 的 0 位和 J300 的 a 位相接)；U1 MCU 单元的 J107，接 U3 Display 单元的 J301(J107 的 0 位和 J301 的 1 位相接)；U1 MCU 单元的 J102，接 U8 ADC0809 单元的 J801(J102 的 0 位和 J801 的 0 位相接)；U1 MCU 单元的 J100 的 $\overline{RD}$ 、$\overline{WR}$ ，接 U8 ADC0809 单元的 J807 的 $\overline{RD}$ 、$\overline{WR}$ ；U1 MCU 单元的 J100 的 $\overline{INT0}$ ，接 U8 ADC0809 单元的 J808；U8 ADC0809 单元的 J802 的 $\overline{CS}$ 、C、B、A，接 U9 Power 的 J903 GND。

(六)参考源程序

```
        ORG     0000H
        LJMP    MAIN

        ORG     0003H                ; INT0 中断
        LJMP    ADINT

        ORG     000BH                ; T0 中断
        LJMP    T0INT

        ORG     0060H
MAIN：  MOV     IE，#83H             ; 开放 INT0 、T0 中断，设置为边沿触发
        SETB    IT0
        MOV     TMOD，#01H           ; 设置定时器 T0 为方式 1
        MOV     TL0，#0B0H           ; 定时 0.1 s
        MOV     TH0，#3CH
```

```
        MOV     R0，#00H
        MOV     R2，#0AH          ；定时 1 s
        MOVX    @R0，A            ；启动 A/D
LL：    MOV     A，R1             ；显示子程序
        MOV     B，#0AH
        DIV     AB
        MOV     DPTR，#TAB
        MOVC    A，@A+DPTR
        MOV     P1，A
        MOV     P2，#0FDH
        LCALL   DELAY
        MOV     A，B
        MOVC    A，@A+DPTR
        MOV     P1，A
        MOV     P2，#0FEH
        LCALL   DELAY
        SJMP    LL

ADINT： PUSH    ACC               ；中断程序，保护 ACC
        MOVX    A，@R0            ；取 A/D 转换所得数
        MOV     R1，A             ；送显示单元
        SETB    TR0               ；启动 T0
        POP     ACC               ；恢复现场
        RETI

T0INT： MOV     TL0，#0B0H
        MOV     TH0，#3CH
        DJNZ    R2，T0L
        MOV     R2，#0AH
        MOVX    @R0，A            ；1 s 后，再次启动 A/D，进行下次转换
        CLR     TR0
T0L：   RETI

DELAY： MOV     R7，#0FFH
L1：    DJNZ    R7，L1
        RET
TAB：   DB  3FH，06H，5BH，4FH，66H，6DH，7DH，07H，7FH
        DB  6FH，6FH，77H，7CH，39H，5EH，79H，71H
        END
```

(七)实训步骤

(1)启动 VW，新建一个文件，编写汇编程序，并保存为 ad.asm。

(2)编译文件，生成 ad.hex 文件。

(3)连接硬件电路。

(4)启动 STC-ISP-V3.5，把 ad.hex 文件下载到单片机。

(5)调接电位器的调整端，观察实验板变化。

本章小结

本章主要介绍了 MCS-51 系列单片机的扩展与接口技术，详细介绍了总线、存储器、并行输入输出口的扩展方法，接着对人机对话、模拟通道、开关通道等接口技术进行了探讨。通过本章的学习，应掌握片外三总线、ROM、RAM、PIO 的扩展方法，会设计扩展电路，能够明确单片机的 CPU 与片外设备的通信方法；还应掌握显示器、键盘、A/D、D/A 以及开关通道的接口技术，同时要掌握各种接口电路的设计方法及控制程序设计。

习题与思考题

1. MCS-51 单片机如何访问外部 ROM 及外部 RAM?

2. 试用 Intel 2764、6116 为 8031 单片机设计一个存储器系统，它具有 8 KB EPROM(地址由 0000H～1FFFH)和 16 KB 的程序、数据兼用的 RAM 存储器(地址为 2000H～5FFFH)。要求画出该存储器系统的硬件连接图。

3. 试用 Intel 2764、2864 为 8031 单片机设计一个存储器系统，它具有 8 KB EPROM(地址为 0000H～1FFFH)和 16 KB 的程序、数据兼用的 RAM 存储器(地址为 2000H～5FFFH)。要求画出硬件连接图，并指出每片芯片的地址空间。

4. 8155 芯片有几种工作方式？具体如何?

5. 试比较常用的几种并行输入输出接口电路的异同。

6. 试为 8031 单片机系统设计一个键盘接口(可经 8155 或 8255A)。键盘共有 12 个键(3 行×4 列)，其中 10 个为数字键 0～9，两个为功能键 RESET 和 START。具体要求：

(1)按下数字键后，键值存入 3040H 开始的单元中(每个字节存放一个键值)。

(2)按下 RESET(复位)键后，将 PC 复位成 0000H。

(3)按下 START(启动)键后，系统开始执行用户程序(入口地址为 4080H)，试画出该接口的硬件连接图并进行程序设计。

7. 试为 8031 单片机系统设计一个 LED 显示器接口，该显示器共有 8 位，从左到右分别为 DG1～DG8(共阴极)，要求将内存 3080H～3087H 8 个单元中的十进制数(BCD)依次显示在 DG1～DG8 上。画出该接口硬件连接图并进行接口程序设计。

8. 本章提及的 D/A、A/D 转换器各有哪几种工作方式？分别叙述其工作原理。

9. 图 7-40 所示的 MCS-51 与 ADC0809 接口电路图，若要从该 A/D 接口通道每隔 1 s 读入一个数据并将数据存入 40 H 开始的内存单元中，试进行程序设计。

第八章　MCS-51 单片机应用系统设计

提要 本章主要学习 MCS-51 单片机应用系统的一般设计步骤、开发工具和系统的可靠性设计。

重点 MCS-51 单片机应用系统的一般设计步骤和系统的可靠性设计。

难点 应用系统的可靠性设计。

导入 随着现代技术的发展，单片机已被广泛地应用到军事、工业和民用产品中，并且这种趋势正在进一步扩大。由于其应用的广泛性、技术要求的多样性，因此系统的设计一般来说也是不同的，但从总体设计方法和步骤来看却基本相同。本章重点介绍单片机应用系统设计的一般设计方法和步骤，并通过实例来说明应用系统的软硬件设计方法。例如，利用 MCS-51 单片机可构成一个简单的交通灯控制系统。系统中有 2 个开关，6 个发光二极管，当按下某个开关时，系统开始工作，各红绿二极管按照规定的时间顺序点亮；按下另一个开关，系统停止工作。

第一节　应用系统的开发过程

从设计任务提出直到系统正式投入运行的整个过程称之为单片机的系统开发。单片机应用系统的设计过程，我们可以简单地归结为“要做什么”、“怎么做”、“做的效果如何”。具体地说，系统开发的一般过程包括需求分析、总体设计、硬件设计、软件设计、联机调试、脱机调试等，开发过程如图 8-1 所示。

一、需求分析

需求分析简单地说就是要明确系统“要做什么”和“做的效果如何”。通过调查研究，对应用系统的输入信号、输出信号、人机接口、控制精度、系统结构等问题加以明确。同时还要了解国内外同类产品或项目的情况，对产品或项目的先进性、可靠性、可维护性、性价比等进行综合考虑，形成需求分析任务书。任务书应包含单片机应用系统所应具有的功能特性和性能指标等主要内容。

需求分析包括的主要内容如下：

(1)输入信号：系统所要检测的信号类型、精度要求、信号频率、信号量程等，以便总体设计时确定检测元件、检测方法、输入技术等。

(2)输出信号：系统所要输出的信号类型、精度要求、信号制式、信号功率等，以便在总体设计中确定数字量和模拟量的输出方式。

(3)人机接口：确定系统控制面板是采用普通方式还是图形化界面，以便在总体设计中确定输入和显示设备。

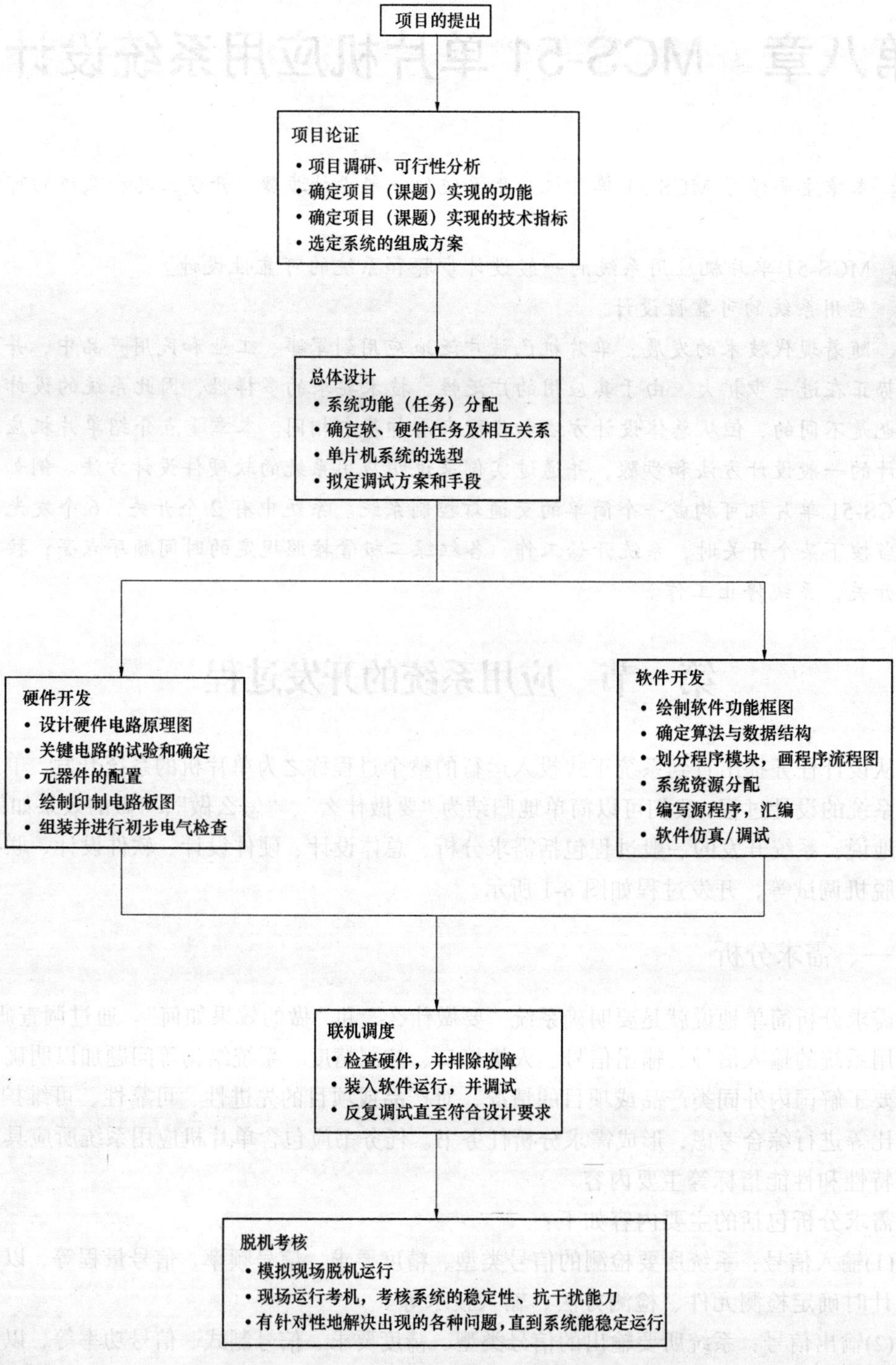

图 8-1　单片机应用系统开发流程

(4)系统结构：确定系统是独立的系统还是某一系统的子系统，是单 CPU 结构还是多 CPU 结构，是否构成通信网络，是否挂靠某种网络标准或现场总线标准等，以便在总体设计中确定系统的总线结构和通信协议。

(5)控制精度：明确系统的控制精度要求，以便在总体设计中确定硬件滤波、数字滤波算法，控制算法和各类校正算法等。

二、总体设计

在产品或项目的功能和技术指标确定之后，就应进行总体设计。总体设计简单地说是从宏观上解决“怎么做”的问题。本阶段的任务包括系统功能(任务)的分配、确定软硬件任务及相互关系、单片机系统的选型、软件平台和开发语言、拟订调试方案和手段等。

(一)机型的选择

单片机的选择，应注意以下几点：

(1)市场货源。设计者应该选择具有稳定充足货源的机型，以便批量生产。

(2)单片机性能。应该根据应用系统的要求，选择合适的机型，够用即可，不可一味地追求高性能。所选机型的基本单元应能满足系统的要求，不能满足时，应尽可能地寻找最大限度满足的单片机型号。

(3)研制周期。应选择熟悉的机种和拥有优良开发环境的机型，加速系统的开发。

(二)器件的选择

元器件的选择包括传感器、模拟电路、接口电路等。根据需求分析中的要求，结合市场的行情，选择性价比较高的器件，具体型号可在硬件设计时决定。

(三)软硬件功能的划分

根据需求分析任务书中系统的功能特性和性能指标，规划系统的硬件结构和软件功能。

(1)硬件设计。硬件电路的设计主要包括以下几个方面：①最小系统结构。根据系统需要和所选单片机型号，决定是采用总线型结构还是采用非总线型结构。②前向通道接口配置。是指单片机应用系统传感输入通道接口电路设计，是从传感器到单片机输入引脚的全部电路设计。③后向通道接口配置。是指单片机应用系统中伺服驱动控制的输出通道接口电路设计，是应用系统从单片机输出到控制对象的全部输出电路设计。④人机通道接口配置。是指单片机应用系统中人机对话的外围接口电路设计。⑤通信通道接口配置。是指单片机应用系统中的标准数字通信接口设计。

(2)软件设计。程序的设计主要包括以下几个方面：①定义和说明输入输出口的功能，是模拟信号还是数字信号、电平范围、与系统的接口方式、占用地址、读取和输入方式等。②在程序存储器区域中，合理分配存储空间，包括系统主程序、常用表格、功能子程序块的划分、入口地址表等。③在数据存储区域中，考虑是否有断电保护措施，定义数据暂存区标志单元。④面板开关、按键等控制量的定义与软件编制密切相关，系统运行过程的显示、运算结果的显示、错误提示等也由软件编制，所以事先必须给予定义，作为编程的依据。

(3)软硬件的关系及任务分配。由于软硬件的设计是紧密联系在一起的，而且具有一定的互换性，在总体设计时，必须决定好哪些功能是由硬件完成，哪些功能是由软件完成。

在划分时应注意以下几点：①硬件实现，可以提高系统的速度，降低软件设计的难度，但会增加硬件成本。②软件实现，可以降低硬件成本，但会增加软件设计复杂程度，同时系统运行速度也会降低。③总体设计时，要综合考虑软、硬件的优势和其他因素(如速度、成本、体积等)进行合理的分配，在软件与硬件之间找一个平衡。

三、硬件设计

硬件设计主要是根据总体设计，选择系统所需的各类元器件、设计系统的印刷电路板、安装元器件、调试硬件线路。硬件设计应确保硬件功能和接口满足系统的需要，并且充分考虑硬件与软件的协调工作关系，尽可能地应用高集成度的器件和采用硬件软化、软件硬化等设计技术。尽管单片机集成度高，但在组成单片机系统时，扩展若干接口仍是设计者必不可少的任务。

硬件设计主要包括以下几个方面的内容。

(一)存储器扩展

现在单片机内部的程序和数据存储器已能满足实际需要，因此基本可以省略这部分设计。在特殊系统 (如语音系统)中，扩展时注意选择存储器的类型、容量和接口，并且尽可能减少芯片的数量。同时还要考虑 RAM 是否要进行掉电保护等。

(二)I/O 接口的扩展

根据实际情况决定是否进行 I/O 接口扩展。在扩展时应从体积、价格、负载能力、功能等几个方面考虑。

(三)输入通道扩展

输入通道扩展设计包括开关量和模拟量的设计。

(1)开关量要考虑接口形式、电压等级、隔离方式、扩展接口等。

(2)模拟量通道的设计要与传感器和信号处理电路等结合起来，要综合考虑系统对信号的要求，从转换精度、转换速度、结构、功耗、价格等方面决定选择哪种 A/D 转换器，同时考虑信号调理电路、光电隔离等。

(四)输出通道扩展

输出通道设计包括开关量和模拟量输出通道的设计。

(1)开关量输出主要考虑输出功率、控制方式(继电器、可控硅、三极管等)和输出信号隔离。

(2)模拟量输出要考虑 D/A 转换器的选择(从转换精度、转换速度、结构、功耗、价格等考虑)、输出信号的形式(电流还是电压)、隔离方式、扩展接口等。

(五)人机界面设计

设计主要包括用户信息输入设备和用户信号获取设备。输入要考虑是采用键盘输入还是采用触摸屏输入，输出要考虑显示设备(LED/LCD)、打印机、报警方式等，此外还要考虑各种人机界面的扩展接口。

(六)通信通道

单片机要构成多机系统、网络系统或与 PC 机通信时，必须配备有标准的 RS-232、RS-422/485 通信接口或现场总线的通信接口。许多单片机都提供了串行异步通信接口

(UART)，选择合适的器件能方便地将 UART 扩展成相应的 RS-232、RS-422/485 接口。

(七)电源系统

单片机应用系统需要各种不同的电源，要考虑电源的组数、输出电压(3.3 V、5 V、12 V、24 V)、输出功率、抗干扰能力。

(八)抗干扰的实施

采取必要的抗干扰措施是保证单片机系统正常工作的重要环节。它包括芯片和器件选择、去耦滤波电路、印刷电路板布线、通道隔离等。

(九)印刷电路板的设计与制作

电路原理图和印刷电路板的设计常采用专业设计软件，如 Protel、OrCAD 等。设计印刷电路板需要很多的技巧和经验，设计好印刷电路板图后，送到厂家生产，在印刷电路板上安装好元件，最后进行调试。

四、软件设计

单片机应用系统软件设计是系统研制中最重要也是最困难的任务。下面简单介绍软件设计的一般方法和步骤。

(一)系统定义

在总体设计中已经初步做了系统定义，这时可以进一步细化。

(二)软件结构设计

合理的软件结构是设计一个性能优良系统的基础。

对于简单的应用系统，我们通常采用中断的方法来划分 CPU 的时间，把程序分成主程序和中断服务子程序。根据系统各个操作的性质，指定哪些操作由主程序完成，哪些操作由中断服务子程序完成。

对于复杂的实时控制系统，应该采用实时多任务操作系统，通过合理的调度策略，实现对多个控制对象的信息采集和处理。

模块化程序设计是单片机应用系统软件设计最常用的方法。模块化程序设计，是把一个完整的程序，分解成若干个相对独立的功能模块。这种设计方法的优点是各模块的设计和调试简单，缺点是各模块连接时有一定的难度。此外还有自顶向下程序设计方法等，可参考相关资料。

(三)程序设计

程序设计一般经过以下几个步骤：

(1)建立数学模型。建立数学模型就是根据系统要求，建立输入信号和输出结果之间的数学关系。数学模型的好坏，直接影响系统性能的高低。

(2)绘制程序流程图。程序流程图是人们对解决问题的方法、思路和算法的一种描述，它具有结构清晰、逻辑性强、易于理解等优点。在编写程序之前，应先绘制程序流程图。

(3)编写程序。根据流程图，选择合适的编程语言，编写程序。单片机编程语言有汇编语言和 C 语言两种，由于程序的复杂性越来越高，现在大部分单片机编程语言选择 C 语言。

(4)编译和调试。在编写程序过程中，要随时编译、运行、调试程序，保证编写程序的正确性。

对于特别复杂的程序，可能要由一个团队来完成。负责人对任务进行划分，程序员分别负责其中一段程序的编制、编译及调试，最后进行总装和统调。

五、联机调试

联机调试时，将应用系统中的单片机芯片拔掉，插上仿真器的仿真头，借助于开发系统的调试功能可对其硬件和软件进行各种检查和调试，排除硬件的故障和软件设计中的故障。将软件和硬件一起反复调试，并尽可能地模拟现场环境，包括人为地制造一些干扰等，考察联机运行情况，直至所有功能均能实现，并且达到设计技术指标为止。

六、脱机实验

联机调试完成后，可将程序写入单片机，进行脱机考核，看应用系统能否可靠、稳定地工作，这个过程一般没有问题。若有问题，则大多出在复位、晶体振荡、“看门狗”电路或电源等方面，可有针对性地予以解决。然后可将系统样机现场运行考核，进一步暴露问题。现场考机要考察样机对现场环境的适应能力、抗干扰能力。此外，对样机还需进行较长时间的连续运行，以充分考察系统的稳定性和可靠性。

经过现场较长时间的运行和全面严格的检测、调试完善后，确认系统已稳定、可靠并已达到设计要求，可定型交付使用、正式投入运行或定型投入批量生产，最后整理资料，编写技术说明书，进行产品鉴定或验收。

第二节　单片机的开发工具

单片机的开发过程中，所用到的工具除普通微机外，通常还要购置仿真器、编程器、万用表等设备，以随时进行系统的调试及试验。

一、仿真器

(一)仿真器种类

目前市场比较流行的 51 仿真技术主要有 Bondout 仿真技术、HOOKS 仿真技术和嵌入式仿真技术。

(1)Bondout 仿真技术，即专用仿真芯片技术。它是为了仿真方便单独设计的，可以将一些特殊的总线单独引出，不与 P0 和 P2 复用的特殊单片机。同时，还引出了一些其他的专用控制线，这样仿真时就不会占用标准芯片的 I/O，P0、P2 的总线也都可以提供给用户使用。

这种仿真技术在早几年非常流行，主要是 Winbond 生产了一批可以用做 Bondout 仿真的专用芯片，如 W78958、W78438、W77968 等。

Bondout 仿真技术的优点主要是：①可以完全真实仿真。②仿真频率高，可以达到专用芯片的最高标准。③噪音小，I/O 和总线不易出现毛刺等现象。

Bondout 仿真技术的缺点主要是：①可仿真芯片种类少，只能仿真标准的 51 系列单片机，目前一些增强型单片机所带的特殊资源就不能仿真。②成本高，因为专用仿真芯片价格高。

(2)HOOKS 仿真技术由 Philips 公司开发，该技术的核心是通过分时复用 I/O 引脚方式来重构 MCS-51 系列 P0、P2 口，使支持 HOOKS 技术的 MCS-51 芯片进入 HOOKS 仿真状态后，通过硬件将复用的 P0、P2 口扩展为独立的仿真总线及用户 P0、P2 口。

目前国内仿真器开发商通过授权、转让的方式从 Philips 公司引进了 HOOKS 仿真技术，开发了基于 HOOKS 仿真技术的仿真器，如广州周立功单片机发展有限公司的 TKS-HOOKS 系列等。

HOOKS 仿真技术的优点是：①可仿真芯片种类较多，大部分的 Philips 的 51 系列单片机都可以仿真。②成本低，不需专用仿真芯片，使用普通的 51 系列单片机即可。

HOOKS 仿真技术的缺点是：①由于 P0、P2 是重构的，因此 P0、P2 口与标准单片机的 P0、P2 口不是完全相同。②HOOKS 技术的最高仿真频率不如 Bondout 技术高，噪音大于 Bondout 技术，仿真时 I/O 容易出现毛刺，影响单片机的正常运行，特别是总线和 I/O 操作等情况。③只能仿真标准 51 内核或者 Philips 公司的增强型 51 单片机，对于其他公司的增强型 51 单片机并不完全支持。

(3)嵌入式仿真技术包括 MON51 和 ISD51 两种。 嵌入式仿真需要把监控程序全部或者部分嵌入到用户的程序空间去执行，监控程序和用户程序使用同一个 CPU。这种仿真方式使得这种技术理论上几乎可以仿真所有厂商的所有 CPU，因为监控程序就是基于这个 CPU 工作，可以访问到它的所有资源。但是，正是由于监控程序和用户程序共用一个 CPU，使得监控程序不可避免地会用到一些资源，使得这些资源难以仿真。比如仿真监控程序要和计算机的调试环境通信，就必须使用串口，这样串口相关的资源加上产生波特率的定时器，串口所在的 2 条 I/O 线都无法仿真。另外监控程序和用户程序切换的过程中，为了保存用户程序工作时的工作状态，还要用到一些内存空间或者堆栈空间。这样一来，嵌入式仿真技术就很难做到 51 全部资源的仿真。

嵌入式仿真技术的优点是：①成本低，几乎都可以自行制作。②结构简单，I/O 仿真完全真实，无噪音。③仿真频率高，基本上没有限制。④几乎可以仿真所有的 CPU，特别是有总线的 CPU，外接一块 RAM 就可以仿真了。

嵌入式仿真技术的缺点是：①无法仿真全部的资源，特别是串口相关资源。②仿真操作速度不快，特别是 Flash 版本的仿真器。③单步运行时定时器不准确，因为在用户程序和监控程序切换时定时器还在走动。④在某些情况下单步可能跑飞，特别是汇编代码的调试，不过并不会过分影响程序的调试，但是 C51 的断点和单步很少出现这样的问题。

此外，根据仿真器的适应性，可把仿真器分为专用仿真器和通用仿真器。专用仿真器只能仿真某一系列的 CPU，如南京伟福公司的 K51 系列和 E51 系列仿真器只能仿真 MCS-51 及兼容芯片。专用仿真器最大特点是价格低廉。通用仿真器适应性强，更换不同的仿真头，即可仿真不同种类的 CPU，如南京伟福公司的 E6000 系列、E2000 系列，更换不同仿真头后即可仿真 Intel MCS-51 及兼容 CPU、Philips 公司增强型 80C51 内核 CPU(包括 8XC5X 系列、89C51RX 系列、552 系列、592 系列、76X 系列等)以及 Microchip 公司的 PIC 系列 CPU。通用仿真器价格高，一次性投入较大，但与仿真器配套的各系列仿真头价格较低，更重要的是可在同一仿真开发环境下使用，也是物有所值。

(二)仿真器的选择

一般某一型号的仿真器只适用于开发特定系列、型号的单片机。因此，选仿真器时，首先要了解该仿真器能仿真何种类型的单片机。仿真器功能越强，程序调试效率就越高。理想的单片机开发系统必须具有如下特性：

(1)不占用硬件资源。当然，一些低档的 MCS-51 仿真器(仿真头)只能将 P0、P2 口作为总线使用，不能作为 I/O 口使用。

(2)随机浏览、修改内部 RAM 与特殊功能寄存器的内容。

(3)浏览、编辑程序存储器各存储单元的内容。

(4)随机修改程序计数器 PC 的值。

(5)浏览、修改外部 RAM 单元的内容。

(6)具备连续、单步、跟踪执行功能，方便程序的调试。

(7)灵活、方便的断点设置和取消功能。

(8)开发系统提供的汇编器(仿真开发软件)必须具备如下功能：①源程序编辑操作方式与用户熟悉的通用字处理软件相同或相近；②方便、灵活的查找和定位功能，以便迅速找到源程序中特定字符串(如标号、变量、操作码或操作数助记符)。

(9)汇编器(仿真开发软件)应具备一定的容错能力。由于 MCS-51 汇编指令助记符与 Intel X86 通用 CPU 相似，因此编辑源程序时，可能将 MCS-51 指令系统的“ANL”写成“AND”，“ORL”写成“OR”等。汇编程序应该能够理解这样的错误。

(10)汇编器最好支持“过程汇编”伪指令，这对于程序设计、编写将非常方便。采用过程伪指令后，过程内的标号就可以分为公共标号和局部标号两类。公共标号在整个程序内有效，而局部标号只在本过程内有效，这样不同子过程内就能重复使用公共标号外的标号名，避免了因标号重定义造成的错误，也使不同过程内的局部标号名含义明确。

(11)支持 A51 汇编语言和 C 语言。

二、其他工具

(一)逻辑笔

逻辑笔主要用于判别电路某点的电平状态(高电平、低电平，还是脉冲)，是数字电路系统常用的检测工具。

(二)万用表

万用表是最基本的电子测量工具，主要用于测量电路系统中各节点间电压或各节点对地电压、电路中两点的通断、判别元器件的好坏等。

(三)通用编程器

由于目前内置 OTP ROM、Flash ROM 存储器芯片的单片机 CPU 已成为主流芯片，程序调试结束后，需要在编程器上将调试好的程序代码写入 CPU 内的程序存储器中。

(四)IC 插座

在单片机开发过程中，可能需要各种规格的 IC 插座。例如，当目标板上 CPU 插座周围的元器件(如电解电容、晶振等)太高，妨碍仿真头插入时，可使用一两块 IC 插座抬高 CPU 插座，以方便仿真头的插入。

(五)单片机实验板

可以自制或购买简单的实验板，板上应包括单片机最小系统、基本输入输出接口以及按键、LED 等人机接口器件，便于进行简单程序的调试和实验。

第三节　系统抗干扰设计

单片机应用系统是一个非常复杂的电子系统，是一个含有众多元器件和子系统的数字系统，外来辐射、内部元件、子系统、各传输通道之间都会产生干扰和破坏，严重影响单片机的稳定性、可靠性和安全性。随着工业控制自动化和智能化程度的提高，单片机系统应用越来越广泛，怎样消除各种干扰，提高系统稳定性，变得越来越重要。因此，在单片机应用系统中，我们要应用各种软硬件抗干扰措施，提高系统的稳定性、可靠性和安全性。

一、硬件抗干扰技术

在单片机应用系统硬件设计时，系统应用场合不同、本身结构不同，采用的可靠性措施也不尽相同。常用的硬件抗干扰技术有以下几种。

(一)提高元器件的可靠性

使用的元器件并不是“理想”的，其特性与理想特征有一定的差异，可能器件本身就是一个干扰源，因此正确选择器件非常重要。

(二)PCB 板的抗干扰设计

印制电路板的抗干扰设计与具体电路有着密切的关系，这里仅就 PCB 抗干扰设计的几项常用措施做一些说明。

1. 电源线设计

根据印制线路板电流的大小，尽量加粗电源线，减少环路电阻。同时，使电源线、地线的走向和数据传递的方向一致，这样有助于增强抗干扰能力。

2. 地线设计

在 PCB 板上，地线往往是最多最长的，设计时应注意以下三个方面：①数字地与模拟地分开。线路板上既有逻辑电路又有模拟电路，应使它们尽量分开。②低频电路的地应尽量采用单点并联接地，而高频电路宜采用多点串联接地，地线应短而粗，高频元件周围尽量用栅格状大面积地箔。③接地线应尽量加粗。若接地线很细，则接地电位随电流的变化而变化，使抗噪性能降低。

3. 旁路和去耦技术

旁路和去耦是一种防止能量从一个回路转移到另一个回路的技术，有三个回路区域需要重视：电源层、地线层、元器件和内部电源连线。

(三)电源的抗干扰设计

电源污染是单片机应用系统中最大且危害最严重的干扰来源。电源系统的常见干扰有雷击干扰、高频干扰、通断开关干扰、电源本身干扰、放电干扰、电网干扰等。

常用的抗干扰措施有以下几个方面。

1. 供电策略

对于不同的器件，合理的供电策略可以提高系统的抗干扰性能。最理想的方法是每个负载有一个独立的电源，但通常是不容许的。比较经济的办法是负载分离供电方法，即不采用同一根母线的供电策略。

2. 电源接地技术

电源接地技术具体可考虑：①分别建立交流、直流和数字信号的接地通路。②电源接地通路应尽可能直接接到阻抗最低的接地导体上。③将几条接地通路接到电源公共接地点上，以保证电源电路有较低的阻抗通道。④接地母线尽量少用串联接头。⑤交流中线必须与机架地线绝缘，不能作为设备接地使用。

3. 电源滤波技术

电源滤波的主要目的是抑制在电源线上传导高频干扰。电源滤波不仅能有效地防止外部干扰传入系统，而且能有效地抑制系统本身的干扰向外传播。单片机的电源滤波通常包括交流端的滤波和直流端的滤波两个方面。

4. 电源系统的隔离技术

对于交流系统，要防止电源线引干扰信号进入系统，通常采用隔离变压器；对于直流系统，要防止不同单元间的干扰信号通过直流电源传递，通常使用DC-DC变换器。

5. 稳压器的使用

电网电压波动较大时，可采用交流稳压器，以得到较好的交流电源。另外，一些单片机系统往往需要多种直流电源，比如3.3 V、±5 V、±12 V、±24 V等，为此常使用三端稳压器组成稳压电源，如7805、7905、7812、7912、7824等。

6. 瞬态干扰的抑制

由于受到瞬时电压冲击(如雷击、电网电压的浪涌和尖峰电压、一些设备产生的尖峰干扰脉冲、工业电火花以及静电放电电压等)会对电子设备产生损坏和干扰，对这些冲击一定要采取防护措施。常用的瞬态抑制装置有防雷变压器、避雷管、压敏电阻、固态放电管、瞬态抑制器等。

(四)主机系统的抗干扰设计

主机系统是指单片机最小系统，其抗干扰设计主要包括单片机总线选择、时钟电路设计和复位电路设计。

1. 单片机总线选择

由于单片机种类的不同，8051系列的单片机有三种不同的最小系统：

(1)总线型单片机的总线最小系统结构。这种结构是利用单片机引脚提供的三总线进行外围器件的扩展，这是我们非常熟悉的方法。它的优点是数据传输速度快，实时性好。它的缺点是系统扩展电路复杂，可用I/O口较少，抗干扰性能较差，因此应该尽量避免使用这种结构。

(2)总线型单片机的非总线最小系统结构。这种结构是单片机的并行总线不用于外围器件的扩展，作为I/O口来使用，要进行扩展利用串行总线。由于没有采用并行总线扩展系统，因此系统结构简单，可靠性和抗干扰性能得到了提高。当然它也有缺点，数据传输速度慢，但能满足单片机系统的需要。

(3)非总线型单片机的最小系统结构。这种非总线型单片机是将外部并行总线去掉后封装而成的小型、廉价型单片机，其最小系统与总线型非总线应用最小系统相似。在程序不大，不需要并行外围扩展的应用系统，应优先考虑这种单片机。这种单片机适用于小型系统(如摩托车点火控制系统等)，它的最大特点是价格低廉，可靠性高。

2. 时钟电路设计

时钟电路不仅是对噪声干扰最敏感的部位，也是单片机系统的主要噪声源。因此，在单片机设计时要采取必要的措施，来提高系统的抗干扰性能。一般可采取以下措施：①时钟脉冲电路尽量靠近 CPU，引线尽量短粗。②用地线包围晶振电路，晶体外壳接地。③晶振电路电容要性能稳定，容量准确，且远离发热元件。④在满足系统需要的前提下，尽量降低晶振频率。⑤印制板上的大电流信号线、电源变压器要远离晶振电路。

3. 复位电路设计

单片机工作时常会进入复位工作状态，因此要求复位电路必须能准确、可靠地工作。通常单片机复位操作有上电复位、信号复位、运行监视复位。单片机的复位干扰主要来自电源和按钮传输线串入的噪声。设计时应注意两个方面：①复位键一般不引出，但对于需要引出的复位按钮来说，传输线长，容易引起电磁干扰，所以复位键的传输一般要采用双绞线，并远离交流用电设备，在复位端口，可并联 0.01 μF 的高频电容来抑制干扰。②供电电源的稳定过程对单片机的复位也有影响，若电源电压上升过慢，电源稳定过渡时间过长，将导致系统不能实现上电复位。

(五)接口电路的抗干扰设计

单片机的接口电路包括前向通道、后向通道、人机接口、通信接口等。

1. 前向通道

前向通道是单片机系统与采集对象相连的部分，是系统的输入通道。由于采集的对象不同，有开关量、模拟量、频率量等，这些量由安放在现场的传感器、变换装置产生，同时许多量不能直接满足计算机输入的要求，因而必须设计信号变换、调节电路。

前向通道是一个容易受到干扰的通道，在设计中，必须进行抗干扰设计。一般采取以下措施：①采用隔离放大器。通过光电耦合或变压器耦合，阻断干扰进入系统。②采用滤波器。根据用户要求构建滤波器，过滤干扰。③采用数字传感器。数字传感器一般都输出频率参数，抗干扰能力强。④采用可编程增益放大器。在多通道数据采集系统中，为使一个放大器满足多个模拟通道的要求，可以采用程控增益放大器。

2. 后向通道

后向通道是对控制对象实现控制操作的输出通道。由于单片机处理后的结果总是以数字信号的形式通过 I/O 口送给控制对象，可以直接驱动数字量系统，但对于一些模拟量系统就需要数/模转换。后向通道主要解决功率驱动、干扰抑制和数/模转换等问题。

后向通道也容易受干扰侵袭，在设计时要采取必要的抗干扰措施，抑制伺服驱动系统通过信号通道、电源以及空间磁场系统产生干扰。常用的方法是采用信号隔离、电源隔离和对大功率开关实现过零切换等方法进行干扰抑制。

3. 人机接口

人机对话是单片机应用系统的必备功能，它由输入设备和输出设备构成。输入设备有键盘和按键，输出设备有 LED/LCD、打印机等。在人机接口设计中，要考虑键盘的消抖问题、按键的信号传输问题、显示器的动态显示问题，并进行必要的抗干扰设计，保证输入信号和输出信号的准确性，提高系统的稳定性。

4. 通信接口

随着技术的发展和控制的要求，现在的单片机系统渐渐地采用分布式系统，这样就带来了通信接口的设计。单片机系统的通信是十分灵活的，有串行和并行通信两种结构。为保证系统通信的可靠性，必须进行必要的抗干扰设计保证通信数据的正确传输。

(六)屏蔽技术

随着现代工业的发展，单片机工作环境的电磁辐射干扰问题日益严重，已经严重影响了单片机的稳定运行。而屏蔽技术可以有效地切断辐射干扰，提高系统的抗干扰性能。

电磁屏蔽就是以金属隔离的方法来控制电磁干扰从一个区域向另一个区域感应和辐射。一般分两种类型：一类是静电屏蔽，主要用于防止静电场和恒定磁场的影响；另一类是电磁屏蔽，主要用于防止交流电场、交变磁场以及交变电磁场的影响。

二、软件抗干扰技术

随着单片机测控系统逐渐复杂，工作环境干扰日趋严重，提高单片机应用系统的可靠性，仅靠硬件抗干扰措施是不够的，软件的抗干扰技术日益为人重视。软件可靠性设计主要有以下几方面。

(一)软件自身可靠性设计

程序的编制过程中，不可避免地存在一定的缺陷，有的是显性的，可以通过调试过程发现；有些是隐性的，这类问题一般难以发现，这就需要设计人员在设计软件时，能综合考虑各方面的问题，尽可能减少程序的错误和缺陷，并使程序具有一定的容错能力。

(二)数字量 I/O 通道的抗干扰设计

在单片机测控系统中，控制系统不断地读取各种数据和状态，同时也不断地发出各种控制命令到执行机构。为了提高输入输出的可靠性，在软件设计上，可以通过多次重复采集输入信号，提高输入的可靠性；同样，可以通过多次输出同一数据的方法来提高输出可靠性。

(三)程序执行过程中的抗干扰设计

1. 指令冗余技术

程序执行的过程中，在外界干扰的作用下程序可能会跑飞，由于指令有单字节、两字节和三字节之分，这时有可能会把一些操作数当指令来运行，从而引起程序混乱，采取指令冗余后，可以使程序从跑飞状态恢复正常。一般有两种方法：①NOP 指令的使用。在一些对程序流向起决定作用或对系统工作状态重要的指令之前插入两条 NOP 指令，可保证其后的指令不被拆散，从而保证弹飞的程序迅速纳入正轨。②指令重复。对于重要的指令重复写上多次，即使某条指令受到干扰，程序仍可有效地执行。

2. 软件陷阱

指令冗余使弹飞的程序安定下来是有条件的，首先弹飞的程序必须落到程序区，其次必须执行到冗余指令。如果程序跑飞到非程序区，它就无能为力了，这时就需要软件陷阱。

所谓软件陷阱，其实就是一段拦截指令，负责把跑飞到非程序区的程序引导到一个指定的地址，在那里有一段专门对程序出错进行处理的指令。软件陷阱一般安排在没有使用的中断向量区、未使用的大片 ROM 区、表格等区域。

3. 程序监视定时器(WatchDog Timer)

在干扰的作用下，可能会导致程序跑飞，甚至进入死循环，这时指令冗余技术、软件陷阱技术都无能为力，可以采用“看门狗”措施。WDT 通过不断监视程序每个周期运行事件是否超时，从而判断程序是否进入死循环，决定是否进行系统复位。WDT 可以由硬件实现，也可由软件实现，也可以将两者结合起来。

(四)程序运行中的数据保护

在程序的运行过程中，干扰的存在会影响单片机的内部寄存器和外部数据存储器中的数据。从系统的可靠性出发，应该对各种寄存器和外部数据存储器进行保护。对寄存器的保护可以采用堆栈，对系统数据可以采取数据冗余技术。

(五)故障的恢复处理

当单片机因干扰原因程序失控后，通过指令冗余、软件陷阱、WDT 等措施使 PC 到 0000H 处，而系统上电后 PC 也从 0000H 处开始执行，这两者之间是不同的。后者要经过寄存器初始化，进行系统运行前的准备，而前者是没有这个过程的，因此要进行故障的恢复处理。

1. 上电方式判别

当 PC 为 0000H 时，判别是系统上电复位还是故障复位，一般可以通过特定寄存器中的值或 RAM 中的预设标志来进行。

2. 系统复位处理

通过上电方式判别是何种复位，当判别为故障复位时，要进行彻底初始化或有选择地进行部分初始化，以便得到正确的数据，保证程序的正确执行。

3. RAM 数据的备份与纠错

单片机在运行中受到干扰后，存储在 RAM 中的数据会遭到破坏，但这种破坏一般是局部的。因此，编写程序时应将重要的数据多作备份。备份时，各数据应该分散设置，防止同时破坏。纠错是根据备份数据进行的，把原始数据和多个备份数据比较。若发现同一组数据大多数据相同，只有少数数据不同，这时用多数值代替达到纠错目的。

4. 失控后信息的恢复

对程序中的各个模块进行编码，比如第一模块编码为 11，第二模块为 12。在程序进入第一模块时写入 11，当程序退出第一模块、进入第二模块时写入 12。当程序出现故障时，通过故障处理系统恢复后，可以查询编码恢复程序运行。

(六)数字滤波技术

利用 CPU 的运算能力，通过特定的数学函数，对输入的信号进行处理，称为数字滤波技术。常用的数字滤波技术有算术平均法、比较取舍法、中值法和一阶递推数字滤波法。

实训课题

一、交通灯控制系统设计

(一)实训目的

(1)掌握简易单片机控制系统的软、硬件设计方法。

(2)掌握简易单片机控制系统的方案设计和编程方法。

(3)深化模块化的编程思想。

(二)实训设备

(1)微机一台(安装 VW、STC-ISP-V3.5 软件)。

(2)STC-2007 单片机实验板一块。

(三)实训要求

利用 51 单片机构成一个简易的交通灯控制系统，并编程调试运行。

(四)实训原理及电路图

实训电路图见图 8-2。

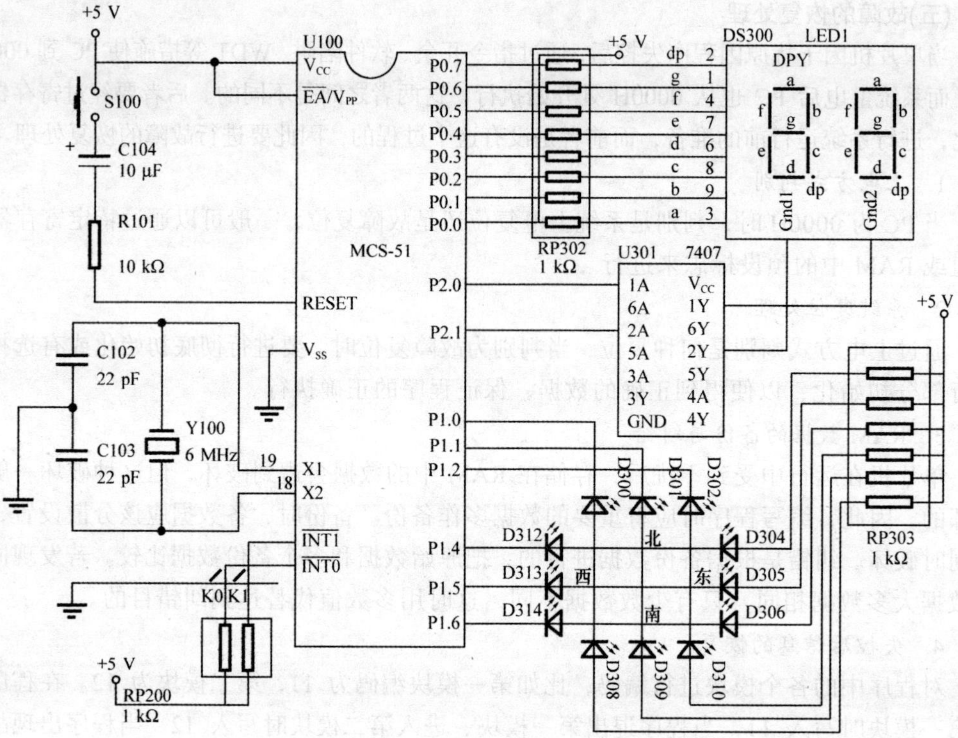

图 8-2　交通灯控制系统电路原理图

(1)方案设计。采用对称的控制方案。按下启动开关时，系统启动：先是(状态 0)南北向红灯及东西向绿灯亮 30 s；再是(状态 1)两个方向黄灯亮 3 s；接着是(状态 2)南北向绿灯及东西向红灯亮 30 s；接着又是(状态 3)黄灯亮 3 s，依次循环；在红绿黄灯循环的同时，LED 显示交通灯切换剩余的时间；当按下停止开关后，系统关闭。当然该方案中的通行时间均可根据实际情况调整。

(2)硬件设计。STC-2007 单片机实验板中 U3 Display 单元的 D300R、D301Y、D302G 分别当做北方的红、黄、绿灯；D308R、D309Y、D310G 分别当做南方的红、黄、绿灯；D304R、D305Y、D306G 分别当做东方的红、黄、绿灯；D312R、D313Y、D314G 分别当做西方的红、黄、绿灯；由于 12 个发光二极管两两串联，故用单片机 P1 端口的 P1.0～P1.2

和 P1.4～P1.6 引脚控制；采用 U3 Display 单元的 DS300 两位的 LED 来代替东南西北 4 个方向的数码管倒计时器；DS300 的段选码由单片机的 P0 端口送出，位选码由单片机的 P2 端口提供；将 U2 KEY 键盘单元的 K0、K1 扩展为单片机控制系统的外部中断申请开关，负责整个交通灯控制系统的启动和停止。K0 接在 $\overline{\text{INT0}}$ 上，K1 接在 $\overline{\text{INT1}}$ 上。

(3)软件设计。主要采用循环结构和散转结构，充分利用子程序和模块化结构。采用定时器 T0 的工作方式 1 定时 0.1 s，以 10 次为 1 个单位，完成对 1 s 的控制；在交通灯各状态内部，进行状态号和状态时间的循环赋值；定时器 T0 每中断 10 次，将状态时间减 1，实现状态时间的传递。控制定时器 T0 10 次的参数在递减为 0 后，重新赋初值 10，以完成对下一个 1 s 的控制。按下启动开关 K0，启动定时器 T0 工作计时；按下停止开关 K1，关闭定时器 T0，停止计时。

(五)实训电路接线

(1)基本接线：编程下载线接到 U6 Max232 单元的 J602(绿色线接 G)；电源线接到 U9 Power 单元的 JP901，S901 的 U1、U2、U3、U6 拨到“ON”端。

(2)功能接线：U1 MCU 单元的 J111 P1 接 U3 Display 单元的 J303 Light，J111 的 0 接 J303 的 0；U1 MCU 单元的 J103 P0 接 U3 Display 单元的 J300 Code-In，J103 的 0 接 J300 的 a；U1 MCU 单元的 J108 P2 的 0～1 接 U3 Display 单元 J301 Seg-In 的 1～2；U2 Key 单元的 J201 Row 接 U9 Power 电源的 J903 GND；U2 Key 单元的 J200 Col 的 0、1 分别接 U1 MCU 单元的 J100 的 $\overline{\text{INT0}}$、$\overline{\text{INT1}}$。

(六)参考源程序

```
        ORG     0000H
        LJMP    MAIN

        ORG     0003H
        SETB    TR0
        RETI

        ORG     000BH
        LJMP    T0INTP

        ORG     0013H
        CLR     TR0
        RETI

        ORG     0060H
MAIN:   MOV     IE，#87H
        MOV     TMOD，#01H
        MOV     TH0，#3CH              ；定时 0.1 s
        MOV     TL0，#0B0H
```

```
         MOV     R2, #00H
         MOV     R0, #0AH               ; 定时 1 s 循环 10 次
         MOV     R1, #1EH               ; 剩余时间初始值为 30 s
WAIT:    MOV     P1, #0FFH
         MOV     P2, #0FFH
         JNB     TR0, WAIT
         MOV     A, R2
         ADD     A, R2
         MOV     DPTR, #STATUS
         JMP     @A+DPTR
         NOP
STATUS:  AJMP    STA0                   ; 工作状态 0
         AJMP    STA1                   ; 工作状态 1
         AJMP    STA2                   ; 工作状态 2
         AJMP    STA3                   ; 工作状态 3
         NOP
STA0:    CJNE    R1, #00H, DISP0
         MOV     R2, #01H               ; 切换到工作状态 1
         MOV     R1, #03H               ; 黄灯亮 3 s
         AJMP    WAIT
         NOP
DISP0:   MOV     P1, #0BEH              ; 东西向通行，南北向禁止
         ACALL   DELAY
         ACALL   DISPLED
         AJMP    WAIT
         NOP
STA1:    CJNE    R1, #00H, DISP1
         MOV     R2, #02H               ; 切换到工作状态 2
         MOV     R1, #1EH               ; 红绿灯亮的时间
         AJMP    WAIT
         NOP
DISP1:   MOV     P1, #0DDH              ; 东西向和南北向亮黄灯
         ACALL   DELAY
         ACALL   DISPLED
         AJMP    WAIT
         NOP
STA2:    CJNE    R1, #00H, DISP2
         MOV     R2, #03H               ; 切换到工作状态 3
```

```
         MOV     R1，#03H             ；黄灯亮 3 s
         AJMP    WAIT
         NOP
DISP2:   MOV     P1，#0EBH            ；东西向禁止，南北向通行
         ACALL   DELAY
         ACALL   DISPLED
         AJMP    WAIT
         NOP
STA3:    CJNE    R1，#00H，DISP3
         MOV     R2，#00H             ；切换到工作状态 0
         MOV     R1，#1EH
         AJMP    WAIT
         NOP
DISP3:   MOV     P1，#0DDH            ；东西向和南北向亮黄灯
         ACALL   DELAY
         ACALL   DISPLED
         AJMP    WAIT

T0INTP:  MOV     TH0，#3CH
         MOV     TL0，#0B0H
         DJNZ    R0，T0CNT
         MOV     R0，#0AH
         DEC     R1
T0CNT:   RETI

DELAY:   MOV     R7，#80H
LL:      DJNZ    R7，LL
         RET

DISPLED: MOV     A，R1
         MOV     B，#0AH
         DIV     AB
         MOV     DPTR，#TAB
         MOVC    A，@A+DPTR
         MOV     P0，A
         MOV     P2，#0FDH
         ACALL   DELAY
         XCH     A，B
```

```
        MOVC    A，@A+DPTR
        MOV     P0，A
        MOV     P2，#0FEH
        ACALL   DELAY
        RET
TAB:    DB  3FH，06H，5BH，4FH，66H，6DH，7DH，07H，7FH，6FH
        END
```

(七)实训步骤

(1)启动 VW，新建一个文件，输入汇编程序，并保存为 jtd.asm。

(2)编译文件，生成 jtd.hex 文件。

(3)电路接线。

(4)启动 STC-ISP-V3.5，将 jtd.hex 文件下载到单片机。

(5)按下开关，观察实验板变化。

二、秒表设计

(一)系统要求

利用 STC-2007 单片机实验板设计一秒表系统，计时范围 0 ~ 99 s，要求按下启动开关后，开始计时；按下停止开关后，停止计时，并显示计时时间；可多次计时并保存时间。

(二)方案提示

用定时器 T0 的工作方式 1 定时 0.1 s，以 10 次为 1 个单位，完成对 1 s 的控制；在系统停止前，将计时数据转存后清零计时寄存器，并修改存放地址，以便于进行下一次计时工作；可将启动、停止开关扩展为单片机系统的两个外部中断申请触发源。

(三)软硬件设计

硬件电路自拟，软件编程自拟。

三、密码锁设计

(一)系统要求

利用 STC-2007 单片机实验板设计一个 4 位密码锁控制系统，要求预先开辟 4 个 RAM 单元区间，存放密码。要求系统一上电，便进入密码设置程序；密码设置完成后，立即进入锁定状态并保持，同时要求输入密码解锁；输入密码正确后，解锁，并发出声光提示。

(二)方案提示

密码锁一般分为两种，一种是数字键型密码锁，另一种是动态数据功能设置键型密码锁。数字键型密码锁一般在键盘扫描后，可得到预置的密码键值，需连续多次键盘扫描后得到完整密码。硬件用量较大，成本较高。动态数据功能设置键型密码锁，可将开关通过扩展连接到单片机中断系统上或固定的 PIO 引脚上，通过巧妙丰富的中断服务子程序或循环查询子程序来实现密码的输入和解锁，硬件结构相比前者简单，但编程相对比较困难。

由于 STC-2007 单片机实验板硬件有限，可用 U3 Display 单元的发光二极管代替密码锁的线圈及触点锁定，二极管的点亮和熄灭可取代密码锁的锁定和解锁，同样可以完成程序的调试运行。输入密码解锁时，若密码错误，可用U5 Buzzer单元的扬声器进行模拟报警。一般在编程时，允许1～3次的错误输入，也可根据实际情况而定。

(三)软硬件设计

硬件电路自拟，软件编程自拟。

本章小结

本章首先介绍了MCS-51单片机应用系统的一般设计步骤，包括系统需求分析、总体设计、硬件设计、软件设计、联机调试、脱机调试等，然后介绍了单片机开发过程中常用的仿真器等系统开发工具，最后对单片机的软、硬件抗干扰设计进行了简单叙述。

习题与思考题

1. 简述单片机应用系统的开发步骤。
2. 简述单片机应用系统开发、维护所需工具及各自的用途。
3. 列举常用的软件、硬件抗干扰措施。

第九章　新型单片机简介

提要 单片机世界是个大家庭，在这个大家庭中，有着许多公司设计生产的数以千计的不同型号的单片机。本章主要介绍几种常见的新型单片机，目的是使读者能够在宏观上对单片机世界有所认识，开阔读者的专业视野，了解单片机的发展趋势。

重点 了解各种类型单片机的特点及彼此的区别。

难点 如何根据实际情况合理选择单片机类型及型号。

导入 近年来，随着半导体和电子技术的不断发展，单片机技术也已经发展到了相当高的水平，各种新型单片机层出不穷，技术日新月异，这些功能强大的单片机已经突破了传统意义上单片机的概念。

第一节　AT89 系列单片机简介

一、AT89 系列单片机简介

AT89 系列单片机是美国 Atmel 公司的产品。Atmel 公司成立于 20 世纪 80 年代中期，公司成立后将研发方向定位为新型半导体存储技术，很快在 Flash 存储器技术领域取得了优势，并创造性地将 Flash 存储器技术注入到单片机产品中，将 Flash 存储器技术与 Intel 公司的 MCS-51 的核心技术相结合，在 20 世纪末推出了多种 AT89 系列单片机。

AT89 系列单片机的内部功能、引脚的数量和排列方式、指令系统与 MCS-51 系列单片机完全兼容，因此对以 MCS-51 系列产品为基础的应用系统而言，十分容易进行替换。

二、AT89 系列单片机分类与基本特性

AT89 系列单片机拥有较庞大的家族系列，每一系列都有多个型号，而每个型号还有多个具体的型号。AT89 系列单片机可分为低档型、标准型和高档型 3 个系列，下面对这 3 个系列的 AT89 单片机的主要性能进行系统介绍。

(一)低档型 AT89 系列单片机

所谓低档型指的是在标准型的结构基础上，为了适应一些简单控制系统的需要而适当地减少一些功能部件，形成一种体积更加小巧、功能简化或单一、价格更加低廉的单片机。主要型号包括 AT89C1051U、AT89C2051 和 AT89C4051 等。

1. AT89C1051U 单片机

- 8031 CPU；
- 1 KB 的快速擦写 Flash 存储器，用于程序存储，可擦写次数为 1 000 次；
- 芯片内数据存储器空间包括 64 B 的芯片内部 RAM(00H ~ 3FH)和 128 B 的特殊功能寄存器 SFR 区域(80H ~ FFH)；

- 15 根可编程 I/O 线；
- 2 个可编程 16 位定时器；
- 6 个中断源、5 个中断矢量、2 级中断优先权的中断系统；
- 一个可编程的 UART 串行通信口；
- 具有“空闲”和“掉电”两种低功耗工作模式；
- 可编程的 2 级程序锁定位；
- 工作电源电压为 2.7 ~ 6.0 V；
- 可实现完全静态操作模式，工作频率为 0 ~ 24 MHz；
- 内部含有一个模拟比较器；
- 可直接驱动 LED。

AT89C1051U 单片机的引脚排列如图 9-1 所示。

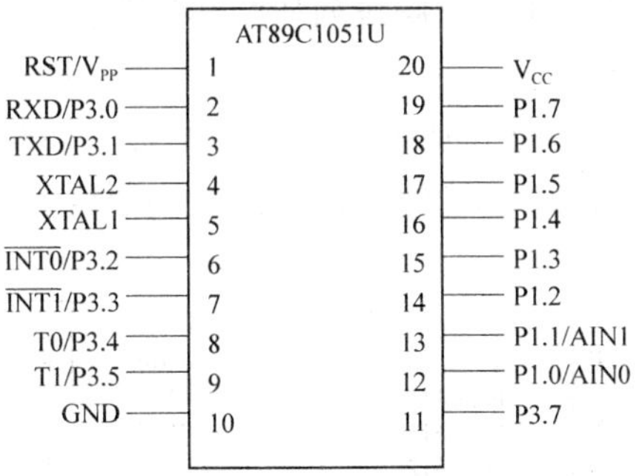

图 9-1　AT89C1051U 单片机的引脚排列

2. AT89C2051 单片机

AT89C2051 单片机的引脚排列与 AT89C1051U 单片机的引脚排列完全相同。与 AT89C1051U 单片机相比，AT89C2051 片内 RAM 容量增加为 128 B，片内 Flash ROM 存储器的容量增加为 2 KB。

3. AT89C4051 单片机

AT89C4051 单片机的引脚排列与 AT89C1051U、AT89C2051 单片机的引脚排列完全相同。与 AT89C2051 相比，AT89C4051 除增加了 2 KB 的片内 ROM，还增加了电压掉电检测功能。所谓电压掉电检测就是当电源电压 V_{CC} 下降到检测门限电压以下，并重新升高超过检测门限电压，延迟 15 ms 后，单片机内部将自动产生一个复位信号。

(二)标准型 AT89 系列单片机

标准型 AT89 系列单片机包括 AT89C51、AT89C52、AT89S51 和 AT89S52。由于标准型 AT89 系列单片机与 MCS-51 完全兼容，又有着优良的特性以及较高的性能价格比，因此成为 AT89 多种系列单片机家族中的主流机型。在标准型 AT89 单片机的基础上适当减少或增加部分硬件，可方便地形成低档型 AT89 系列单片机或高档型 AT89 系列单片机。

1. AT89C51 的主要工作特性

- 8031 CPU；
- 4 KB 的快速擦写 Flash 存储器，用于程序存储，可擦写次数为 1 000 次；

- 256 B 的 RAM，其中高 128 B 地址被特殊功能寄存器 SFR 占用；
- 32 根可编程 I/O 线；
- 2 个可编程 16 位定时器；
- 具有 6 个中断源、5 个中断矢量、2 级优先权的中断系统；
- 一个数据指针 DPTR；
- 一个可编程的全双工串行通信口；
- 具有“空闲”和“掉电”两种低功耗工作方式；
- 可编程的 3 级程序锁定位；
- 工作电源的电压为(5 ± 0.2) V；
- 振荡器最高频率为 24 MHz；
- 编程频率 3 ~ 24 MHz，编程电流 1 mA，编程电压 V_{pp} 为 5 V 或 12 V。

DIP 封装的 AT89C51 单片机的引脚排列如图 9-2 所示。

2. AT89C52 的主要工作特性

与 AT89C51 相比，AT89C52 增加了一个定时器 T2。外部引脚方面，与 AT89C51 的引脚排列基本相同，只是在引脚 1(P1.0)和引脚 2(P1.1)增加了定时器 2 的外部计数输入和触发器输入，如图 9-3 所示。

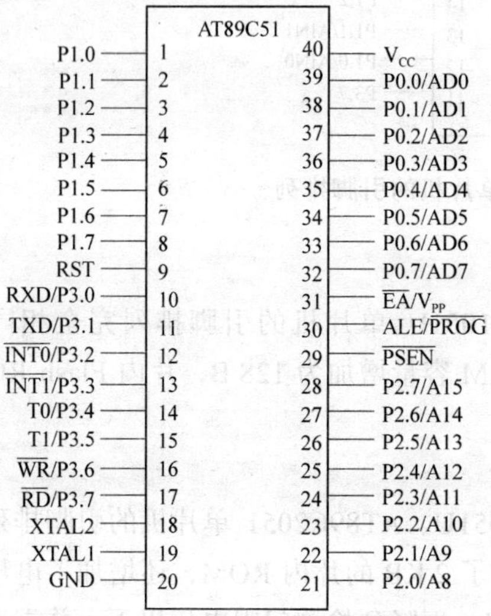

图 9-2　AT89C51 单片机的引脚排列

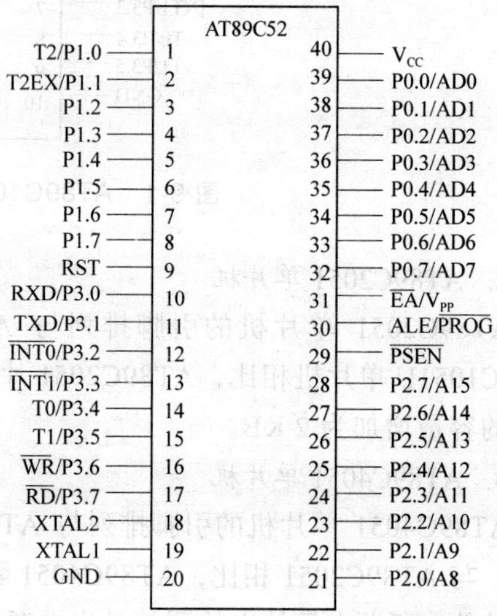

图 9-3　AT89C52 单片机的引脚排列

3. AT89S51 的主要工作特性

与 AT89C51 比较，AT89S51 主要增加了以下功能：

- 增加了在线编程功能，这对程序的修改和调试极其方便，使其编程和校验更加方便、灵活；
- 数据指针由 1 个增加到 2 个，使对扩展外部数据存储器的访问更加方便；
- 增加了看门狗定时器 WDT，使单片机应用系统的抗干扰能力得到很大提高；
- 增加了断电标志 POF；
- 增加了掉电状态下的中断恢复方式。

4. AT89S52 的主要工作特性

与 AT89S51 相比，AT89S52 单片机主要增加了以下功能：

- 芯片内的 Flash 程序存储器由 4 KB 增加到 8 KB；
- 芯片内的数据存储器由 128 B 增加到 256 B；
- 芯片内新增加了一个定时器 T2，芯片内定时器总数增加到 3 个(T0、T1 和 T2)；
- 中断源由原来的 6 个增加到 8 个，中断矢量由 5 个增加到 6 个。

AT89S52 单片机的引脚排列与 AT89S51 的引脚排列基本相同，只是在引脚 1(P1.0)和引脚 2(P1.1)增加了定时器 2 的外部计数输入和触发器输入。

(三)高档型 AT89 系列单片机

所谓高档型单片机是在标准型单片机结构的基础上，增加一部分功能部件，使之具备比标准型单片机更高、更优良的性能。主要包括 AT89C51RC、AT89S8252、AT89S53 和 AT89C55WD 等型号，下面简要介绍一下 AT89S53。

AT89S53 单片机是在 AT89S52 基础上开发的增强型产品，与 AT89S52 相比增加了如下功能：

- 芯片内的 Flash 程序存储器由 8 KB 增加到 12 KB；
- 新增加了 SPI 外围扩展串行口；
- 对 Flash 程序存储器可使用串行口进行编程和校验；
- 数据指针由 1 个增加到 2 个；
- 增加了看门狗定时器 WDT；
- 退出掉电工作方式时可采用外部中断方式；
- 中断源由 8 个增加到 9 个；
- 具有断电标志 POF。

第二节　AVR 单片机简介

AVR 单片机是 Atmel 公司 1997 年推出的精简指令集(RISC)单片机系列。Atmel 公司通过 AVR 把 RISC 技术带到了 8 位单片机世界，这种全新的结构具有很多优势。该系列的程序存储器是在片内的 Flash 存储器，可以反复修改上千次，这对新产品开发、产品升级都是很方便的。单片机的指令基本上都是单个晶振周期的，能够达到 1 MIPS(每秒执行百万条指令)的性能，该系列单片机还针对应用 C 语言编程做了优化。这一系列单片机许多型号都是宽电压工作的，同时有各种睡眠模式有利于降低系统功耗。再加上内部的振荡器、看门狗、上电复位、A/D 输入、PWM 输出等功能，它也可以称为“零外设”的单片机，具有片上系统(SOC，System On Chip)的雏形。因此，AVR 单片机适合于很多领域的应用，表现出卓越的性能。

一、AVR 单片机概述

(一)AVR 单片机的型号

AVR 单片机家族已经发展成为一个很全的系列，包括 Tiny AVR、ATMEGA AVR、

LCD AVR、USB AVR、DVD AVR、RF AVR、SECURE AVR、FPGA AVR 等类别，下面介绍几个主要的系列。

1. 低档的 Tiny AVR 系列

该系列主要有 8 引脚的 Tiny11/12/15、20 引脚的 Tiny26 和 28 引脚的 Tiny28 几种，其中 Tiny15 和 Tiny26 有 10 位的 A/D 转换器，Tiny26 还有 128 B 的 RAM。

2. 中档的 AT90 AVR 系列

该系列主要有 20 引脚的 AT90S1200/2313 和 28 引脚的 AT90S4433/8515/8535，其中 8515 和 MCS-51 引脚兼容，可以外扩 SRAM，1200/2313 和 AT89C2051 的管脚兼容，而 4433 和 8535 有内部的 10 位 A/D 转换器，但不可以外扩 SRAM。

3. 高档的 ATMEGA AVR 系列

该系列主要有 28 引脚的 ATMEGA8、40 引脚的 ATMEGA161/163/323 和 64 引脚的 ATMEGA103/128。其中 ATMEGA8 和 AT90S4433 的管脚兼容，程序 ROM 空间为 8 KB，片内带 A/D 转换器。ATMEGA161 的管脚和 8515 兼容，程序 ROM 空间为 16 KB。ATMEGA163/323 和 8535 的管脚兼容，程序 ROM 分别为 16 KB 和 32 KB，片内有 A/D 转换器。ATMEGA103/128 是功能最强的 AVR 单片机，可以外扩 SRAM，片内带 A/D 转换器。ATMEGA323 和 ATMEGA128 还可以支持 JTAG 仿真。ATMEGA8 是 AT90S4433 的升级版。ATMEGA128 是 103 的升级版，具有更高的性能价格比。

4. 新品 ATMEGA AVR 系列

该系列主要有 ATMEGA8515、ATMEGA8535、ATMEGA16 和 ATMEGA32 几种。和 ATMEGA8/128 一样，它们分别是 8515、8535、163、323 的升级版本，采用了 0.35 μm 工艺，功能更强，而价格更低。

(二)AVR 单片机的特点

(1)绝大部分 AVR 单片机支持“在系统编程(ISP)”，ATMEGA 系列还支持“在应用编程(IAP)”。同时，AVR 单片机采用了可多次擦写的 Flash 存储器，给用户的开发生产和维护带来方便。

(2)AVR 是一种高速单片机，其机器周期等于时钟周期。绝大部分指令为单周期指令。以 16 MHz 工作的 AVR 单片机，其速度可以达到 16 MIPS。

(3)AVR 单片机片内有丰富的外设，如 E^2PROM、RTC、WATCHDOG、A/D 转换器、PWM、片内振荡器等，可以真正地做到单片控制。

(4)AVR 系列单片机的端口有较强的负载能力，可以直接驱动 LED。新品 ATMEGA 系列的 I/O 驱动能力已经达到了 40 mA。

(5)多种封装形式，满足不同用户的需求。

(6)完全免费的开发环境，包括汇编器支持汇编和高级语言源代码级调试的模拟和仿真环境，更有 GNU 组织提供免费的 AVRGCC C 编译器支持。

二、AVR 单片机的结构

(一)AVR 单片机的架构

AVR 是一种 RISC 结构单片机，程序 ROM 空间和数据 RAM 空间分离，取程序代码和操作数采用分离的数据总线和地址总线，同时指令译码采用流水作业，因而绝大部分指令是单周期指令，可以达到 1 MIPS 的性能。

AVR 取指令的数据总线是 16 位宽度的，而取操作数的数据总线是 8 位宽度的。AVR 的每一条指令都是 16 位，但不影响 ROM 存储器中常量表的使用，即常量表仍然可以单个字节访问。

AVR 内有 32 个通用寄存器 R0 ~ R31，没有 MCS-51 的单累加器的瓶颈限制。另外，32 个累加器中的最后 6 个寄存器可以组成三个 16 位的数据指针 X、Y 和 Z。这两个特点给使用 C 语言编程带来了很大的方便，也使 AVR 单片机具有较高的 C 语言密度。

(二)存储器组织

AVR 单片机采用单独的片内程序 ROM 空间，AVR 架构最多可支持 8 MB 的空间，目前生产的最多支持 128 KB。数据存储器空间片内、片外统一编址，一般从 0x60 地址开始分配。ATMEGA128 可以从 0x100 开始，直到 0xFFFF 地址。

通用工作寄存器有 R0 ~ R31 共 32 个，同时映射为数据存储器空间的 0 ~ 0x1F 段。

输入/输出寄存器空间单独的 I/O 地址 0 ~ 0x3F，同时映射为数据存储器空间的 0x20 ~ 0x5F 段，两种不同的方式地址相差 0x20。

对 8515/161/128 等可以外扩 RAM 的 MCU，外部数据 RAM 的扩充方法和 MCS-51 的扩充方式一样，但有更好的 EMI 特性，即在不访问外部 RAM 时没有 ALE 信号产生。

通用工作寄存器和 I/O 地址的映射方式增加了使用的灵活性，即通用工作寄存器和 I/O 空间除了可以使用自己的访问指令，还可以当做 RAM 来访问。和 MCS-51 不同，AVR 系列访问片内和片外 RAM 的指令是相同的。当访问片外 RAM 时，需要设置 MCUCR 寄存器的 SRE 位，否则不能访问外部 RAM。

(三)堆栈

Tiny11/12/15/28/1200 这几种内部不带 RAM 的 MCU，为硬件三层堆栈。对有 RAM 的 AVR 单片机，由一个 16 位长度的堆栈指针寄存器 SP 来完成堆栈处理。AVR 的堆栈指针在复位后为 0，所以使用之前一定要进行初始化，否则子程序调用会出错。

AVR 的堆栈是向下生长的，即进栈时 SP 减小而出栈时 SP 增大，和 MCS-51 相反。AVR 的堆栈可以放在片内 RAM，也可以放在片外 RAM 中。但建议放在片内，这样可以加快程序执行的速度。

(四)中断

AVR 的中断系统丰富多样，每个中断源都有自己单独的中断向量入口，只有一个中断优先级，中断向量地址较低的中断拥有较高的优先级别。但是，AVR 单片机可以使用软件的方法来实现多个中断优先级的处理。

AVR 的每个中断源都有单独的屏蔽位和标志位，在 MCUCR 寄存器中还有一个中断全局屏蔽位 SE。AVR 在响应中断时，禁止全局中断；在中断返回时，开启全局中断。通过在中断程序的入口处用 SEI 指令开启中断，可以使 AVR 响应其他优先级高的中断，以实现软件中断优先级处理。

AVR 单片机中断源种类齐全，有引脚的外部中断、键盘中断、定时器的溢出捕捉和比较匹配中断、UART 中断、A/D 转换完成中断、SPI 中断、I^2C 中断、E^2PROM 就绪中断等。

(五)端口

AVR 的端口为真正的三态双向口，每个端口有三个地址：PORTX、DDRX 和 PINX，其中 X 根据不同的 MCU 可以分别为 A ~ F。

DDRX 为端口方向寄存器，控制端口的方向，当 DDRX 的某一位置 1 时，相应的端口线为输出。输出内容由对应 PORTX 中的相应位决定。当 DDRX 的某一位置 0 时，相应的端口线为输入。此时，如果对应 PORTX 中的相应位为 1，则是有上拉的输入状态，否则为高阻态输入。

PORTX 为端口寄存器，其内容决定了端口输出的内容或输入时上拉是否打开。

PINX 为读引脚地址，当读取端口引脚电平时，应该读取 PINX 而不是读取 PORTX。

部分端口还具有第二或第三功能，如 UART、SPI 等。

(六)其他外设

(1)内部 E^2PROM：绝大部分的 AVR 系列单片机内部集成了 E^2PROM 存储器，方便用户保存一些重要参数。AVR 单片机内部的 E^2PROM 采用了单独的总线结构，有较快的访问速度和较短的工作代码。在程序访问 E^2PROM 时，通过三个寄存器 EECR、EEDR 和 EEAR 进行。EECR 控制 E^2PROM 的读写，EEAR 决定访问 E^2PROM 的地址，EEDR 存放访问 E^2PROM 的数据。

(2)内部 UART 或 USART：AVR 的 UART 或 USART 是一个全双工部件，有单独的波特率发生器，可以用较低的晶振频率产生较高的波特率，支持 9 位工作方式和多机通信。部分 AVR 单片机只有 UART，只可以异步方式工作，不可以工作在同步方式。而新款 AVR 单片机的 USART 不仅可以异步工作，还可以全双工地以同步方式工作。在同步方式工作时，可以有很高的通信速率。部分没有 UART 的低档 AVR 单片机，由于 AVR 的高速度，可以用软件来模拟 UART 的运行。

(3)SPI 口：AVR 的 SPI 口在程序下载时，可以用于控制对 AVR 芯片的编程；在程序运行时，是一个双工的 SPI 端口，既可以 SPI 主方式运行，也可以 SPI 从方式运行，支持中断方式工作，比软件模拟 SPI 有更快的速度、更小的代码和更好的实时性。

(4)I^2C 总线通信口：部分 AVR 单片机有两线总线 I^2C 接口，可以作为主器件或从器件运行。AVR 的 I^2C 以字节为单位进行处理，也支持中断方式。工作使用比较方便灵活，比软件模拟 I^2C 可以有更小的代码。

(5)带比较捕捉和 PWM 功能的定时/计数器：AVR 有功能很强的定时/计数器，除了基本的定时/计数功能，还可用于捕捉比较匹配或 PWM 方式。

(6)A/D 转换器：部分 AVR 单片机有多通道的 10 位逐次逼近式 A/D 转换器，支持内部或外部基准。部分型号只支持模拟电压信号的单端方式输入，还有一部分型号除支持单端输入外，还支持模拟电压的差分输入和内部程控放大。

(7)看门狗：AVR 单片机均支持片内 WATCHDOG，在满足用户需求的同时可以降低用户的成本，部分型号的 WDT 可以通过编程熔丝位使能。

(8)实时时钟：部分 AVR 单片机支持实时时钟 RTC，此时可以外接一个 32.768 kHz 的晶振，以产生时间基准信号。注意，AVR 的 RTC 在使用时将占用一个 8 位的定时器。

(9)模拟量比较器：可以产生中断，可以触发定时器的捕捉功能，在检测电压和一些低成本的 A/D 方案中得到良好应用。

(10)内部上电和 BOD 复位电路：AVR 单片机均有上电复位电路，部分型号还具有可编程的低电压复位 BOD 功能。

(11)丰富的振荡器工作方式：AVR 支持多种时钟方式，有外部晶振、外部 RC 振荡、外部时钟和内部 RC 振荡四种。AVR 单片机的片内 RC 振荡器工作频度可以校正到 1%的精度。

第三节　PIC 单片机简介

PIC 系列单片机(Peripheral Interface Controller)是美国 Microchip 公司生产单片机产品中的标志产品。从 10 年前的默默无闻，到今天跃居世界 8 位单片机销量第一，与其过硬的技术支持和系统内核的完善设计不无关系。Microchip 公司系列单片机率先采用了精简指令集(RISC)结构的嵌入式微控制器，突破了传统单片机对 PC 机在结构上存在的自然依赖性，加上哈佛总线的存储器结构、两级流水线指令结构、单周期指令等技术，从而在单片机硬件结构上独辟蹊径，大大提高了系统运行的效率。其高速度、低电压、低功耗、大电流 LCD 驱动能力和低价位 OTP 技术等都体现出单片机产业的新趋势。

一、PIC 8 位单片机的分类

现在 PIC 系列单片机在世界单片机市场份额的排名中已逐年升位，尤其是在 8 位单片机市场。PIC 单片机从覆盖市场出发，已有三个系列多种型号的产品问世，所以在全球都可以看到 PIC 单片机。从电脑的外设、家电控制、电信通信、智能仪器、汽车电子到金融电子各个领域，均有广泛的应用，现今的 PIC 单片机已经是世界上最有影响力的嵌入式微控制器之一。

PIC 8 位单片机产品共有三个系列，即基本级、中级和高级。

(一)基本级系列

该级产品的特点是低价位，适合在各种对成本要求严格的家电产品当中使用。比如 PIC12C5XX 是世界上第一个 8 脚的低价位单片机，其体积很小，完全可以应用在以前不能使用单片机的家电产品中。

(二)中级系列

该级产品是 PIC 最丰富的品种系列，它在基本级产品上进行了改进，并保持了很高的兼容性。其外部结构也多种多样，从 8 引脚到 68 引脚的各种封装，如 PIC12C6XX。该级产品性能很好，如内部带有 A/D 变换器、E^2PROM 数据存储器、比较器输出、PWM 输出、I^2C 和 SPI 等接口。PIC 中级系列产品适用于各种高、中、低档的电子产品的设计。

(三)高级系列

该系列产品如 PIC17CXX 单片机，其特点是速度快，所以适用于高速数字运算的应用场合中，加之它具备一个指令周期内(160 ns)可以完成 8×8(位)二进制乘法运算的能力，所以可取代某些 DSP 产品。再有，PIC17CXX 单片机具有丰富的 I/O 控制功能，并可外接扩展 EPROM 和 RAM，使它成为目前 8 位单片机中性能最好的机种之一。PIC 高级系列适用于高、中档的电子设备。

上述三个层次的 PIC 8 位单片机还具有很好的代码兼容性，用户很容易将代码从某型号转换到另一个型号。

二、PIC 单片机的特点

(一)注重实际

PIC 最大的特点是从实际出发，重视产品的性价比，靠发展多种型号来满足不同层次的应用要求。例如，一个摩托车的点火器需要一个 I/O 较少、RAM 及程序存储空间不大、可靠性较高的小型单片机，若采用 40 脚且功能强大的单片机，投资大不说，使用起来也不方便。

PIC 系列从低到高有几十个型号，可以满足用户的各种需要。其中，PIC12C508 单片机仅有 8 个引脚，如图 9-4 所示。该型号有 512 字节 ROM、25 字节 RAM、1 个 8 位定时器、1 根输入线、5 根 I/O 线，市面售价在 3 ~ 6 元人民币。这样一款单片机应用于摩托车点火器无疑是非常适合的。而 PIC 的高档型号 PIC16C74，有 40 个引脚，其内部资源为 4 KB ROM、192 字节 RAM、8 路 A/D、3 个 8 位定时器、2 个 CCP 模块、3 个串行口、1 个并行口、11 个中断源、33 个 I/O 脚，完全可以应用于复杂控制系统。

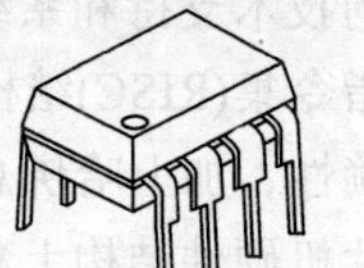

图 9-4　PIC12C508 单片机外形

(二)高效率

PIC 系列 8 位单片机具有独特的 RISC 结构。数据总线和指令总线分离的哈佛总线(Harvard)结构，使指令具有单字长的特性，且允许指令码的位数多于 8 位的数据位数。与传统的采用 CISC 结构的 8 位单片机相比，可以达到 2∶1 的代码压缩，速度提高了 4 倍。

(三)开发环境优越

PIC 在推出一款新型号的同时也推出相应的仿真芯片，所有的开发系统都有专用的仿真芯片支持，实时性非常好。

(四)较强的抗干扰能力

PIC 单片机通过限流电阻可以接至 220 V 交流电源，可直接与继电器控制电路相连，无需光电耦合器隔离，给应用带来极大方便。

(五)彻底的保密性

PIC 用保密熔丝来保护代码，用户在写入代码后熔断熔丝，别人再也无法读出，除非恢复熔丝。目前，PIC 采用熔丝深埋工艺，恢复熔丝的可能性极小。

(六)自带看门狗定时器

自带的看门狗定时器可以提高程序运行的可靠性。

(七)睡眠和低功耗模式

睡眠和低功耗模式使 PIC 单片机具有非常低的功耗，可用于电池供电的便携产品。

三、PIC 系列单片机的结构

PIC 8 位单片机具有指令少、执行速度快等优点，其主要原因是 PIC 系列单片机在结构上与其他单片机不同。该系列单片机引入了原用于小型计算机的双总线和两级指令流水线结构，这种结构与一般采用 CISC 的单片机在结构上是不同的。

(一)结构描述

具有 CISC 结构的单片机均在同一存储空间取指令和数据，片内只有一种总线。这种总线既要传送指令又要传送数据，如图 9-5 所示。因此，它不可能同时对程序存储器和数据存储器进行访问。因与 CPU 直接相连的总线只有一种，要求数据和指令同时通过，所以具有这种结构的单片机只能先取出指令，再执行指令(在此过程中往往要取数)。然后，待这条指令执行完毕，再取出另一条指令，继续执行下一条。这种结构通常称为冯·诺依曼结构，又称普林斯顿结构。

1. 双总线结构

PIC 系列单片机采用了一种双总线结构，即所谓哈佛结构。这种结构有两种总线，即程序总线和数据总线。这两种总线可以采用不同的字长，如 PIC 系列单片机是 8 位机，所以其数据总线当然是 8 位的，但低档、中档和高档的 PIC 系列机分别有 12 位、14 位和 16 位的指令总线。这样，取指令时经过指令总线，取数据时则经数据总线，互不冲突。这种结构如图 9-6 所示。

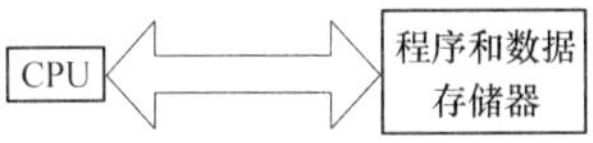

图 9-5　冯·诺依曼结构

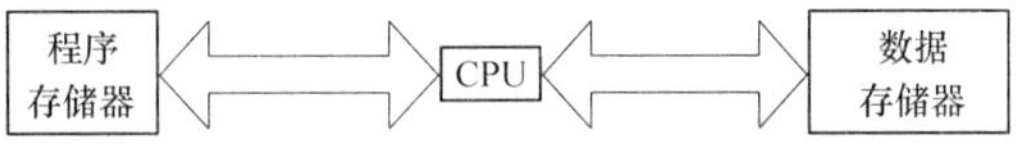

图 9-6　哈佛结构(双总线结构)

指令总线一般要增加位数，这是因为指令的位数多，则每条指令包含的信息量就大，这种指令的功能就强。一条 12 位、14 位或 16 位的指令可能会具有两条 8 位指令的功能。因此，PIC 系列单片机的指令与 CISC 结构的单片机指令相比，前者的指令总数(即 RISC 指令集)要少得多。

2. 两级指令流水线结构

由于 PIC 系列单片机采用了指令空间和数据空间分开的哈佛结构，用了两种位数不同的总线，因此取指令和取数据有可能同时交叠进行，所以在 PIC 系列微控制器中取指令和执行指令就采用指令流水线结构，如图 9-7 所示。

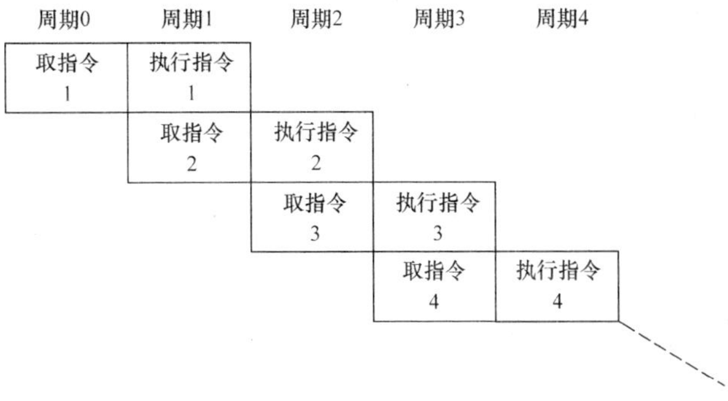

图 9-7　指令流水线结构

当第一条指令被取出后，随即进入执行阶段，这时可能会从某寄存器取数而送至另一寄存器，或从端口向寄存器传送数，但数据不会流经程序总线，而只是在数据总线中流动。因此，在这段时间内，程序总线有空，可以同时取出第二条指令。当第一条指令执行完毕，就可执行第二条指令，同时取出第三条指令……。这样，除了第一条指令的取出，其余各条指令的执行和下一条指令的取出是同时进行的，使得每个时钟周期可以获得最高效率。

在大多数微控制器中，取指令和执行指令都是按顺序进行的，但在 PIC 单片机指令流水线结构中，取指令和执行指令在时间上是相互重叠的，所以用 PIC 系列单片机可实现单周期指令。只有涉及到改变程序计数器 PC 值的程序分支指令(例如 GOTO、CALL 等)才需要两个周期。

此外，PIC 的结构特点还体现在寄存器组上，如寄存器 I/O 端口、定时器和程序寄存器等都采用了 RAM 结构形式，而且都只需要一个周期就可以完成访问和操作，而其他单片机常需要两个或两个以上的周期才能改变寄存器的内容。

以上各项是 PIC 系列单片机能做到指令总数少，且大都为单周期指令的重要原因。

(二)RISC 结构采用的指令集

Microchip 公司系列单片机率先采用了 RISC 结构的嵌入式微控制器，该结构采用精简指令集，这点不同于 51 系列单片机，所以了解 PIC 单片机首先要了解它所采用的精简指令集。传统的集中指令集(CISC)，在设计上多带有 PC 机 CPU 结构的痕迹，采用 CISC 结构的单片机指令通常有 50～110 条，且多是多周期指令，在结构上有很大的弊端。同时，采用 CISC 结构的单片机数据线和指令线分时复用(即所谓冯·诺依曼结构)，由于取指令和取数据不能同时进行，其速度受到限制，而且价格也高。

采用精简指令集(RISC)结构的单片机数据线和指令线分离(即所谓哈佛结构)，这使得取指令和取数据可同时进行，且由于一般指令线宽于数据线，使其指令较同类 CISC 单片机指令包含更多的处理信息，执行效率更高，速度也更快。同时，这种单片机指令多为单字节，程序存储器的空间利用率大大提高，有利于实现超小型化。

属于 CISC 结构的单片机有 Intel 8051 系列、Motorola 的 M68HC 系列、Atmel 的 AT89 系列、我国台湾省的 Winbond W78 系列、Philips 的 PCF80C51 系列等；属于 RISC 结构的有 Microchip 公司的 PIC 系列、Zilog 的 Z86 系列、Atmel 的 AT90S 系列、韩国三星公司的 KS57C 系列 4 位单片机、我国台湾义隆的 EM-78 系列等。一般来说，控制关系较简单的小家电，可以采用 RISC 单片机；控制关系较复杂的场合，如通信产品、工业控制系统，应采用 CISC 单片机。

第四节　ARM 单片机简介

一、ARM 公司简介

ARM(Advanced RISC Machines)公司是 1985 年在英国剑桥成立的半导体设计公司。经过不断的完善和发展，ARM 公司现在已发展成为一家能够提供基于 ARM 系列芯片的嵌入式开发设备提供商，从处理器软/硬/固核、Cache 和 SOC 设计，到集成开发环境 IDE、仿真器、片上跟踪装置和驻留软件、相应原件库和芯片内总线 AMBA 等。ARM 公司的处理器核/处理器采用 IP(Intellectual Property，知识产权)产品运营模式，即公司不直接生产基于 ARM 处理器核的芯片，而主要是将处理器核、总线等产品以图纸或硬内核的形式出售给其他公司，依靠授权费和版权费作为收入的主要来源。

ARM 公司自成立以来，在 32 位 RISC CPU 开发领域不断取得突破，其结构已经从 V3 发展到 V6。由于 ARM 公司一直以 IP 提供者的身份向各大半导体制造商出售知识产权，而自己从不介入芯片的生产销售，加上其设计的芯核具有功耗低、成本低等显著优点，因此获得众多的半导体厂家和整机厂商的大力支持，在 32 位嵌入式应用领域获得了巨大的成功，目前已经占有 75%以上的 32 位 RISC 嵌入式产品市场，在低功耗、低成本的嵌入式应用领域确立了市场领导地位。现在设计、生产 ARM 芯片的国际大公司已经超过 50 家，国内中兴通讯和华为通讯等公司也已经购买 ARM 公司的芯核用于通讯专用芯片的设计。

目前非常流行的 ARM 芯核有 ARM7TDMI、StrongARM、ARM720T、ARM9TDMI、ARM922T、ARM940T、ARM946T、ARM966T、ARM10TDM1 等。自 V5 以后，ARM 公司提供 Piccolo DSP 的芯核给芯片设计者，用于设计 ARM+DSP 的 SOC (System On Chip)结构的芯片。此外，ARM 芯片还获得了许多实时操作系统(Real Time Operating System)供应商的支持，比较知名的有 WINCE、Linux、pSOS、VxWorks Mucleus、EPOC、uCOS、BeOS 等。

随着国内嵌入式应用领域的发展，ARM 芯片必然会获得广泛的重视和应用。但是，由于 ARM 芯片有多达十几种的芯核结构，70 多家芯片生产厂家，以及千变万化的内部功能配置组合，开发人员在选择方案时有一定的困难。

二、ARM 微处理器的特点及应用

(一)ARM 微处理器的特点

采用 RISC 架构的 ARM 微处理器一般具有如下特点：

(1)体积小、功耗低、性能好、成本低；

(2)支持 Thumb(16 位)/ARM(32 位)双指令集，能很好地兼容 8 位/16 位器件；

(3)大量使用寄存器，指令执行速度更快；

(4)大多数数据操作都在寄存器中完成；

(5)寻址方式灵活简单，执行效率高；

(6)指令长度固定。

(二)应用领域

到目前为止，ARM 微处理器及技术的应用几乎已经深入到各个领域。

(1)工业控制领域：作为 32 位的 RISC 架构，基于 ARM 核的微控制器芯片不但占据了高端微控制器市场的大部分市场份额，同时也逐渐向低端微控制器应用领域扩展，ARM 微控制器的低功耗、高性价比，向传统的 8 位/16 位微控制器提出了挑战。

(2)无线通讯领域：目前已有超过 85%的无线通讯设备采用了 ARM 技术，ARM 以其高性能和低成本，在该领域的地位日益巩固。

(3)网络应用：随着宽带技术的推广，采用 ARM 技术的 ADSL 芯片正逐步获得竞争优势。此外，ARM 在语音及视频处理上进行了优化，并获得广泛支持，也对 DSP 的应用领域提出了挑战。

(4)消费类电子产品：ARM 技术在目前流行的数字音频播放器、数字机顶盒和游戏机中得到广泛应用。

(5)成像和安全产品：现在流行的数码相机和打印机中绝大部分采用 ARM 技术，手机中的 32 位 SIM 智能卡也采用了 ARM 技术。

此外，ARM 微处理器及技术还应用到许多不同的领域，并会在将来取得更加广泛的应用。

三、ARM 系列芯片

ARM 微处理器目前包括下面几个系列，以及其他厂商基于 ARM 体系结构的处理器，它们除了具有 ARM 体系结构的共同特点，每一个系列的 ARM 微处理器都有各自的特点和应用领域。目前常用的主要有 ARM7 系列、ARM9 系列、ARM9E 系列、ARM10E 系列、SecurCore 系列、Intel 的 Xscale、Intel 的 StrongARM，其中 ARM7、ARM9、ARM9E 和 ARM10E 为 4 个通用处理器系列，SecurCore 系列专门为安全要求较高的应用而设计。每一个系列均提供一套相对独特的性能来满足不同应用领域的需求，下面我们来详细了解一下各种处理器的特点及应用领域。

(一)ARM7 系列

ARM7 系列微处理器为低功耗的 32 位 RISC 处理器，最适合用于对价位和功耗要求较高的消费类应用。ARM7 微处理器系列具有如下特点：

(1)具有嵌入式 ICE-RT 逻辑，调试、开发方便；

(2)极低的功耗，适合对功耗要求较高的应用，如便携式产品；

(3)能够提供 0.9 MIPS 的三级流水线结构；

(4)代码密度高并兼容 16 位的 Thumb 指令集；

(5)对操作系统的支持广泛，包括 Windows CE、Linux、Palm OS 等；

(6)指令系统与 ARM9 系列、ARM9E 系列和 ARM10E 系列兼容，便于用户的产品升级换代；

(7)主频最高可达 130 MIPS，高速的运算处理能力能胜任绝大多数的复杂应用。

ARM7 系列微处理器的主要应用领域为工业控制、Internet 设备、网络和调制解调器设备、移动电话等各种多媒体和嵌入式应用。

ARM7 系列微处理器包括 ARM7TDMI、ARM7TDMI-S、ARM720T、ARM7EJ 等几种类型的核。其中 ARM7TDMI 是目前使用最广泛的 32 位嵌入式 RISC 处理器，属低端 ARM 处理器核。TDMI 的基本含义为：T 表示支持 16 位压缩指令集 Thumb；D 表示支持片上 Debug；M 表示内嵌硬件乘法器(Multiplier)；I 表示嵌入式 ICE，支持片上断点和调试点。

(二)ARM9 系列

ARM9 系列微处理器在高性能和低功耗特性方面提供最佳的选择，具有以下特点：

(1)5 级整数流水线，指令执行效率更高；

(2)提供 1.1 MIPS 的哈佛结构；

(3)支持 32 位 ARM 指令集和 16 位 Thumb 指令集；

(4)支持 32 位的高速 AMBA 总线接口；

(5)全性能的 MMU，支持 Windows CE、Linux、Palm OS 等多种主流嵌入式操作系统；

(6)MPU 支持实时操作系统；

(7)支持数据 Cache 和指令 Cache，具有更高的指令和数据处理能力。

ARM9 系列微处理器主要应用于无线设备、仪器仪表、安全系统、机顶盒、高端打印机、数字照相机和数字摄像机等。

ARM9 系列微处理器包含 ARM920T、ARM922T 和 ARM940T 三种类型，以适用于不同的应用场合。

(三)ARM9E 系列

ARM9E 系列微处理器为可综合处理器，使用单一的处理器内核提供了微控制器、DSP、Java 应用系统的解决方案，极大地减少了芯片的面积和系统的复杂程度。ARM9E 系列微处理器提供了增强的 DSP 处理能力，很适合于那些需要同时使用 DSP 和微控制器的应用场合。

ARM9E 系列微处理器的主要特点如下：

(1)支持 DSP 指令集，适合于需要高速数字信号处理的场合；

(2)5 级整数流水线，指令执行效率更高；

(3)支持 32 位 ARM 指令集和 16 位 Thumb 指令集；

(4)支持 32 位的高速 AMBA 总线接口；

(5)支持 VFP9 浮点处理协处理器；

(6)全性能的 MMU，支持 Windows CE、Linux、Palm OS 等多种主流嵌入式操作系统；

(7)MPU 支持实时操作系统；

(8)支持数据 Cache 和指令 Cache，具有更高的指令和数据处理能力；

(9)主频最高可达 300 MIPS。

ARM9E 系列微处理器主要应用于下一代无线设备、数字消费品、成像设备、工业控制、存储设备和网络设备等领域。

ARM9E 系列微处理器包含 ARM926EJ-S、ARM946E-S 和 ARM966E-S 三种类型，以适用于不同的应用场合。

(四)ARM10E 系列

ARM10E 系列微处理器具有高性能、低功耗的特点，由于采用了新的体系结构，与同等的 ARM9 器件相比较，在同样的时钟频率下，性能提高了近 50%。同时，ARM10E 系列微处理器采用了两种先进的节能方式，使其功耗极低。

ARM10E 系列微处理器的主要特点如下：

(1)支持 DSP 指令集，适合于需要高速数字信号处理的场合；

(2)6 级整数流水线，指令执行效率更高；

(3)支持 32 位 ARM 指令集和 16 位 Thumb 指令集；

(4)支持 32 位的高速 AMBA 总线接口；

(5)支持 VFP10 浮点处理协处理器；

(6)全性能的 MMU，支持 Windows CE、Linux、Palm OS 等多种主流嵌入式操作系统；

(7)支持数据 Cache 和指令 Cache，具有更高的指令和数据处理能力，主频最高可达 400 MIPS；

(8)内嵌并行读/写操作部件。

ARM10E 系列微处理器主要应用于下一代无线设备、数字消费品、成像设备、工业控制、通信和信息系统等领域。

ARM10E 系列微处理器包含 ARM1020E、ARM1022E 和 ARM1026EJ-S 三种类型，以适用于不同的应用场合。

(五)SecurCore 系列

SecurCore 系列微处理器专为安全需要而设计，提供了完善的 32 位 RISC 技术的安全解决方案。因此，SecurCore 系列微处理器除了具有 ARM 体系结构的低功耗、高性能的特点，还具有其独特的优势，即提供了对安全解决方案的支持。SecurCore 系列微处理器除了具有 ARM 体系结构各种主要特点，还在系统安全方面具有如下的特点：

(1)带有灵活的保护单元，以确保操作系统和应用数据的安全；

(2)采用软内核技术，防止外部对其进行扫描探测；

(3)可集成用户自己的安全特性和其他协处理器。

SecurCore 系列微处理器主要应用于一些对安全性要求较高的应用产品及应用系统，如电子商务、电子政务、电子银行业务、网络和认证系统等领域。

SecurCore 系列微处理器包含 SecurCore SC100、SecurCore SC110、SecurCore SC200 和 SecurCore SC210 四种类型，以适用于不同的应用场合。

(六)StrongARM 系列

Intel StrongARM SA-1100 处理器是采用 ARM 体系结构高度集成的 32 位 RISC 微处理器。它融合了 Intel 公司的设计和处理技术以及 ARM 体系结构的电源效率，软件上兼容 ARM v4 体系结构，同时采用具有 Intel 技术优点的体系结构。

Intel StrongARM 处理器是便携式通信产品和消费类电子产品的理想选择，已成功应用于多家公司的掌上电脑系列产品。

(七)Xscale 处理器

Xscale 处理器是基于 ARMv5TE 体系结构的解决方案，是一款全性能、高性价比、低功耗的处理器。它支持 16 位的 Thumb 指令和 DSP 指令集，已使用在数字移动电话、个人数字助理和网络产品等场合。Xscale 处理器是 Intel 公司目前主要推广的一款 ARM 微处理器。

四、ARM 微处理器结构

(一)RISC 体系结构

传统的 CISC(Complex Instruction Set Computer，复杂指令集计算机)结构有其固有的缺点，即随着计算机技术的发展而不断引入新的复杂的指令集，为支持这些新增的指令，计算机的体系结构会越来越复杂，然而，在 CISC 指令集的各种指令中，其使用频率却相差悬殊，大约有 20%的指令会被反复使用，占整个程序代码的 80%；而余下的 80%的指令却不经常使用，在程序设计中只占 20%。显然，这种结构是不太合理的。基于以上的不合理性，1979 年美国加州大学伯克利分校提出了 RISC(Reduced Instruction Set Computer，精简指令集计算机)的概念，RISC 并非只是简单地去减少指令，而是把着眼点放在了如何使计算机的结构更加简单合理地提高运算速度上。RISC 结构通过优先选取使用频率最高的简单指令，避免复杂指令；将指令长度固定，指令格式和寻址方式种类减少；以控制逻辑为主，不用或少用微码控制等措施来达到上述目的。

到目前为止，RISC 体系结构也还没有严格的定义。一般认为，RISC 体系结构应具有如下特点：

(1)采用固定长度的指令格式，指令归整、简单，基本寻址方式有 2 ~ 3 种。

(2)使用单周期指令，便于流水线操作执行。

(3)大量使用寄存器，数据处理指令只对寄存器进行操作，只有加载/存储指令可以访问存储器，以提高指令的执行效率。此外，ARM 体系结构还采用了一些特别的技术，在保证高性能的前提下尽量缩小芯片的面积，并降低功耗。

(4)所有指令都可根据前面的执行结果决定是否被执行，从而提高指令执行效率。

(5)可用加载/存储指令批量传输数据，以提高数据的传输效率。

(6)可在一条数据处理指令中同时完成逻辑处理和移位处理。

(7)在循环处理中使用地址的自动增减来提高运行效率。

当然，和 CISC 架构相比较，尽管 RISC 架构有上述的优点，但决不能认为 RISC 架构就可以取代 CISC 架构，事实上，RISC 和 CISC 各有优势，而且界限并不那么明显。现代的 CPU 往往采用 CISC 的外围，内部加入了 RISC 的特性，如超长指令集 CPU 就是融合了 RISC 和 CISC 的优势，成为未来的 CPU 发展方向之一。

(二)ARM 微处理器的寄存器结构

ARM 处理器共有 37 个寄存器，被分为若干个组(BANK)，这些寄存器包括：

(1)31 个通用寄存器，包括程序计数器(PC 指针)，均为 32 位的寄存器。

(2)6 个状态寄存器，用以标识 CPU 的工作状态及程序的运行状态，均为 32 位，目前只使用了其中的一部分。

同时，ARM 处理器又有 7 种不同的处理器模式，在每一种处理器模式下均有一组寄存器与之对应。即在任意一种处理器模式下，可访问的寄存器包括 15 个通用寄存器(R0 ~ R14)、1 ~ 2 个状态寄存器和程序计数器。在所有的寄存器中，有些是在 7 种处理器模式下共用的同一个物理寄存器，而有些寄存器则是在不同的处理器模式下有不同的物理寄存器。

(三)ARM 微处理器的指令结构

ARM 微处理器在较新的体系结构中支持两种指令集：ARM 指令集和 Thumb 指令集。其中，ARM 指令为 32 位的长度，Thumb 指令为 16 位长度。Thumb 指令集为 ARM 指令集的功能子集，但与等价的 ARM 代码相比较，可节省 40%左右的存储空间，同时具备 32 位代码的所有优点。

第五节　DSP 芯片简介

数字信号处理器(Digital Signal Processor)简称为 DSP 芯片，是一种专门用于对数字信号进行快速、实时处理的微处理器。DSP芯片诞生于20世纪70年代末期，随着微电子技术和数字信号处理技术的迅猛发展，DSP芯片技术的发展也突飞猛进。时至今日，DSP芯片技术已经进入非常高的性能价格比阶段，广泛应用于各个领域。

一、DSP芯片概述

由于DSP芯片是一种专门设计用于对数字信号进行快速、实时处理的微处理器，因此除具备一般微处理器的高速运算和控制功能外，在结构、指令系统和指令流程等方面又具有独自的特点。

(一)DSP芯片的主要特点

1. 哈佛结构

早期的微处理器多采用冯·诺依曼结构。该结构采用单存储空间，片内的程序存储空间和数据存储空间合在一起，取指和取操作数的操作通过一条总线分时进行，无法使这两种操作同时进行，限制了运行速度。

DSP芯片采用的是哈佛结构，如图9-8所示。片内的程序和数据存储空间分开，设置多条数据和程序总线，使得取指、取操作数和指令的执行操作可以同时进行，并且还允许在两个存储空间之间传送数据，大大提高了对数据的处理能力和速度。因此，这种结构的处理器特别适宜于有大量数据产生并需要处理的应用领域，主要应用于数字信号处理领域。

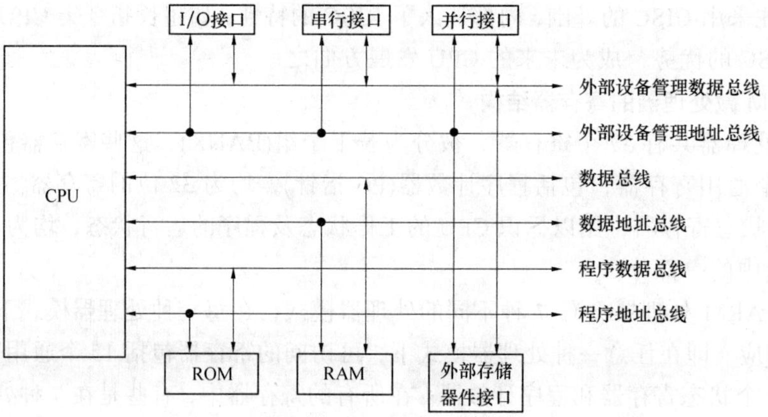

图9-8 哈佛结构

2. 多总线结构和流水线技术

哈佛结构与冯·诺依曼结构的区别之一就是采用了多总线结构。

一条指令可分为取指、译码、取操作数和执行几个步骤。一般的微处理器由于对指令的诸步骤是串行执行的，因此对指令的执行也是串行的。

由于DSP采用了多总线结构，CPU在一个机器周期内可以多次对程序和数据存储空间进行访问，即可以同时进行取指和数据存取操作。DSP的这种多总线结构、多处理单元结构及特殊的指令系统结合在一起，实现了流水线操作技术。

图9-9给出的是四级流水线的操作过程。从图中可以看到，在一个机器周期内同时执行了4条指令的不同步骤，在第N条指令执行完毕的同时，完成了前面第N–1条指令的译

码、取操作数和执行 3 个步骤的操作，第 $N-2$ 条指令的取操作数和执行 2 个步骤的操作，第 $N-3$ 条指令的执行操作；还完成了后面第 $N+1$ 条指令的取指、译码和取操作数 3 个步骤的操作，第 $N+2$ 条指令的取指和译码 2 个步骤的操作，第 $N+3$ 条指令的取指操作。流水线操作实现了多条指令的并行执行，提高了处理速度。

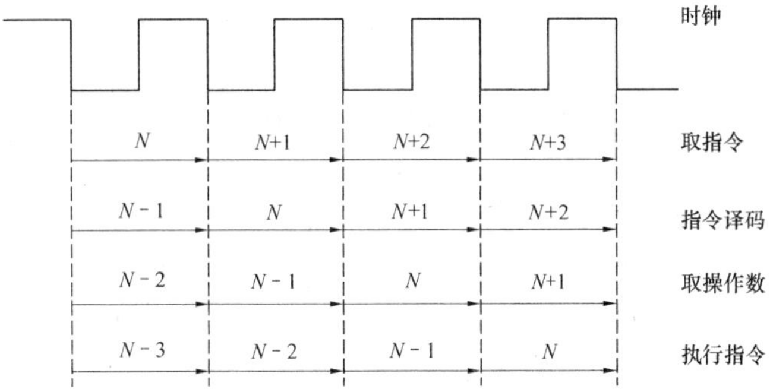

图 9-9　四级流水线操作

3. 多处理单元

为了适应数字信号处理的需要，除了算术逻辑运算单元(ALU)，DSP 芯片内还设计有硬件乘法器(MUL)、累加器(ACC)和辅助寄存器运算单元(ARAU)等，这些处理单元使得芯片可以在一个指令周期内同时进行多个运算。

例如，在执行一次乘法和累加操作的同时，ARAU 已经完成了下一个地址的寻址操作，为下一次的乘法和累加操作做好了准备。这样，当 DSP 进行连续的乘加运算时，每一次的乘加运算都是单周期的。

4. 特殊的 DSP 指令

在 DSP 芯片的指令系统中，设计了若干专用于完成某些特殊处理功能的 DSP 指令，以便更好地满足数字信号处理的需要。

5. 快速的指令周期

随着超大规模集成电路制造技术的飞速发展，DSP 芯片大都采用 0.25 ~ 0.18 μm 的 CMOS 工艺制造，同时由于采用了哈佛结构、多总线结构、流水线技术、多处理单元和特殊的DSP指令等一系列技术，其指令周期缩短到 10 ns 以下，运算速度达到了 2 000 MIPS(每秒百万次指令)以上。例如，TMS320C6203 的运算速度达到了 2 400 MIPS。

6. 运算精度高

输入信号的动态范围和迭代算法可能产生的误差积累问题，对 DSP 芯片的运算精度提出了更高的要求。DSP 的字长也从最初的 8 位逐步提高到 16 位、24 位和 32 位。累加器的长度也增加到了 40 位。

7. 硬件资源的高配置

现今的 DSP 芯片具有强大的接口功能，片内设计有串行接口、主机接口(HPI)、DMA 控制器、软件可编程的等待状态发生器、锁相环时钟发生器以及实现在片仿真的符合 IEEE 1149.1 标准的测试仿真接口等。这些硬件资源的配备极大地方便了 DSP 应用系统的设计，可以方便地构成嵌入式数字信号处理系统。

8. 支持多处理器结构

虽然现今的DSP芯片技术已经达到了很高的水平，但对一些实时性处理要求极高的应用而言，单片DSP的处理能力尚不能满足要求。所以，支持多处理器结构成为提高DSP应用性能的重要途径之一。例如，TMS320C40设计有6个供DSP芯片之间高速传送数据的32位专用通信接口，使DSP芯片之间可高速直接地传送数据。

(二)DSP芯片的分类

DSP芯片的分类方法有很多种，一般可按照两种方式进行分类。

1. 按照数据格式分类

根据芯片对数据的处理格式将芯片分为定点DSP芯片和浮点DSP芯片。数据以定点格式参加运算的称为定点DSP芯片，如TI公司的TMS320Clx/C2x/C5x系列芯片、AT&T公司的DSP16/16A等；数据以浮点格式参加运算的称为浮点DSP芯片，如TI公司的TMS320C3x/C4x/C8系列芯片、AT&T公司的DSP32/32C等。

2. 按照使用用途分类

按照芯片的使用用途，可将芯片分为通用芯片和专用芯片。通用芯片指可用指令编程的、适合于通常应用的DSP芯片，具有很强的处理功能，可完成复杂的数字信号处理的算法，TI公司生产的DSP芯片大都为通用芯片；专用芯片是为特定的数字信号处理运算而专门设计的芯片，一般只针对某一种应用，其算法的实现由片内的硬件电路完成，适用于数字滤波、FFT、卷积等特殊的算法，主要使用于对数字信号处理速度要求极高的应用中，如TI公司的TMS320C24x、Motorola公司的DSP56200等芯片。

(三)DSP芯片的发展历程和发展趋势

从20世纪70年代末期第一片DSP芯片诞生至今，DSP芯片的发展历经了3个阶段。

第一阶段为20世纪70年代末期至80年代中期，是DSP的雏形阶段。这一阶段开始出现了脱离于通用微处理器的DSP芯片，但由于受当时集成电路制造技术的限制，其功能、运算速度和运算精度受到了很大的限制，运算速度大约为单指令周期 200 ~ 250 ns，价格昂贵，仅局限于在军事、航空和航天等特殊领域应用。

第二阶段为20世纪80年代末期至90年代中期，是DSP的成熟阶段。集成电路制造技术的飞速发展为DSP芯片的发展奠定了基础，同时多个世界著名的微电子公司对这一产品的前景看好，纷纷投入研发力量，推动了DSP技术的迅速发展。这一阶段的DSP芯片在结构上更适合于对数字信号的处理，如硬件乘法器、硬件FFT和单指令滤波处理等。其存储器资源和运算速度得以成倍地提高，运算速度达到了单指令周期 80 ~ 100 ns。应用领域扩大到了通信和计算机领域，并为语音处理、图像处理技术的发展奠定了基础。

第三阶段为20世纪90年代后期至今，是DSP的完善阶段。在这一阶段，各DSP的制造商进一步完善了数字信号的处理功能，将一些通用外设集成到芯片内，进一步提高了运算速度，单指令周期降低到了10 ns。同时在系统开发的方便性、编程及调试的灵活性、功耗的节能性等方面进行了大量改进，可在Windows平台上直接使用C语言编程，灵活方便。性能的进一步提高和使用的方便灵活，加上价格的不断下降，使DSP芯片的应用领域迅速扩大，开始进入了普及应用。

目前，DSP芯片技术主要的发展趋势体现在如下几个方面：

(1)运算速度将会更高。虽然目前 DSP 芯片的运算速度已经达到了 2 000 MIPS 以上，但仍嫌不够快，必须追求更高、更快的运算速度才能够跟上电子产品的更新步伐。按照 CMOS 技术的发展趋势，人们预测在未来 10 年的时间里 DSP 芯片的运算速度会有百倍的提高。

(2)系统集成度的提高。当前，各 DSP 生产商积极采用最新的制造工艺来改进 DSP 的芯核，并将多个 DSP 芯核、微处理器芯核、专用处理单元、外围电路、存储系统集成在一块芯片上，构成系统级的 DSP 芯片。例如，TI 公司的 TMS320C80 在一个芯片上集成了 4 个 DSP、1 个 RISC 处理器、1 个传输控制器和 2 个视频控制器，其功能非常强大，可支持各种图像处理算法，代表了当今 DSP 技术的最高水平。

(3)功耗进一步降低。随着超大规模集成电路制造技术和电源技术的发展，DSP 芯片内核的电源电压已经降到了 1.0 V 甚至以下，同时存储系统、芯核周围单元的功耗也在不断地降低，使得 DSP 芯片的功耗不断下降，适应消费性电子产品对 DSP 芯片低功耗的需求。根据预测，到 2010 年前后，DSP 芯片的功耗可降低到 0.001 mW/MIPS 左右。

二、TMS320C54x 芯片的特点

美国德州仪器公司(TI)是世界上著名的 DSP 芯片生产商之一，自 1982 年推出了第一款定点 DSP 芯片 TMS320C10 以来，相继推出了定点、浮点和多处理器三类 7 代产品，见表 9-1。其中 C2x、C24x 称为 C2000 系列，主要应用于数字控制系统；C54x，C55x 称为 C5000 系列，主要应用于低功耗、便于携带的通信终端；C62x、C64x 和 C67x 称为 C6000 系列，主要应用于高性能、复杂的通信系统。

表 9-1　TI 公司 DSP 芯片产品系列

定点				浮点				多处理器			
系列型号	位数	代数	推出年代	系列型号	位数	代数	推出年代	系列型号	位数	代数	推出年代
TMS320C1x	16	1	1982	TMS320C3x	32	3	1990	TMS320C8x	32	6	1994
TMS320C2x	16	2	1987	TMS320C4x	32	4	1990	—	—	—	—
TMS320C5x	16	5	1993	TMS320C67x	64	7	1998	—	—	—	—
TMS320C54x	16	7	1996	—	—	—	—	—	—	—	—
TMS320C24x	16	7	1996	—	—	—	—	—	—	—	—
TMS320C6x	32	7	1997	—	—	—	—	—	—	—	—
TMS320C55x	16	7	2000	—	—	—	—	—	—	—	—

TMS320C54x(简称 C54x)是 TI 公司为实现低功耗、高性能而专门设计的 16 位定点 DSP 系列芯片，其系列芯片的种类很多，但都具有相同的 CPU 结构，只是片内存储器和片内外围设备的配置有所不同，于 1996 年推出。主要特性如下：

(1)CPU：

- 采用先进的多总线结构(1 条程序总线、3 条数据总线和 4 条地址总线)；
- 40 位算术逻辑运算单元(ALU)，包括 1 个 40 位的桶形移位寄存器和 2 个独立的 40 位累加器(ACCA 和 ACCB)；
- 17 位 × 17 位的并行乘法器，该乘法器与 40 位的专用加法器连接，用于非流水线式单周期乘法/累加(MAC)运算；
- 比较、选择、存储单元(CSSU)，用于 Viterbi 算法中的加法/比较/选择操作；
- 指数编码器，是一个支持单周期指令 EXP 的专用硬件单元，可以在单个周期内计算 40 位累加器中数值的指数；
- 双地址生成器，包括 8 个辅助寄存器和 2 个辅助寄存器算术运算单元(ARAU)。

(2)存储器：

- 可访问的最大存储空间为 64 K 字的程序存储器、64 K 字的数据存储器和 64 K 字的 I / O 空间，在 C548 和 C549 中最大存储空间可扩展至 8 M 字；
- 片内 ROM 可配置为程序存储器和数据存储器；
- 片内双寻址 RAM(DARAM)；
- 片内单寻址 RAM(SARAM)(仅 C548 和 C549)。

(3)指令系统：

- 支持单指令重复和块指令重复操作；
- 块存储器传送指令；
- 支持 32 位长操作数指令；
- 支持同时读入 2 个或 3 个操作数的指令；
- 能并行存储和并行加载的算术指令；
- 条件存储指令；
- 支持从中断快速返回的指令。

(4)在片外围电路：

- 具有软件可编程等待状态发生器；
- 可编程分区转换逻辑电路；
- 带有内部振荡器或用外部时钟源的片内锁相环(PLL)时钟发生器；
- 具有全双工的串行接口，支持 8 位或 16 位串行通信，包括单通道同步串行接口 SP、带缓冲器单通道同步串行接口 BSP、并行带缓冲器多通道同步串行接口 MCBSP 及时分多通道带缓冲器串行接口 TMD；
- 16 位可编程定时器；
- 设有与主机通信的 8 位并行接口(HPI)；
- 具有外部总线判断控制功能，以断开外部的数据总线、地址总线和控制信号；
- 数据总线具有总线保持器特性。

(5)电源：

- 具有多种节电模式，可用专门指令来控制芯片的功耗，使 CPU 工作在省电方式；
- CLKOUT 输出信号可在软件控制下关断。

(6)接口：

- 具有符合 IEEE 1149.1 标准的片内仿真接口。

(7)速度：

- 5.0 V 电压的芯片，其速度可达到 40 MIPS，指令的周期为 25 ns；
- 3.3 V 电压的芯片，其速度可达到 80 MIPS，指令的周期为 12.5 ns；
- 2.5 V 电压的芯片，其速度可达到 100 MIPS，指令的周期为 10 ns；
- 1.8 V 电压的芯片，其速度可达到 200 MIPS，每个核的指令周期为 10 ns。

三、TMS320C54x 芯片的组成结构

TMS320C54x 芯片的内部结构如图 9-10 所示。

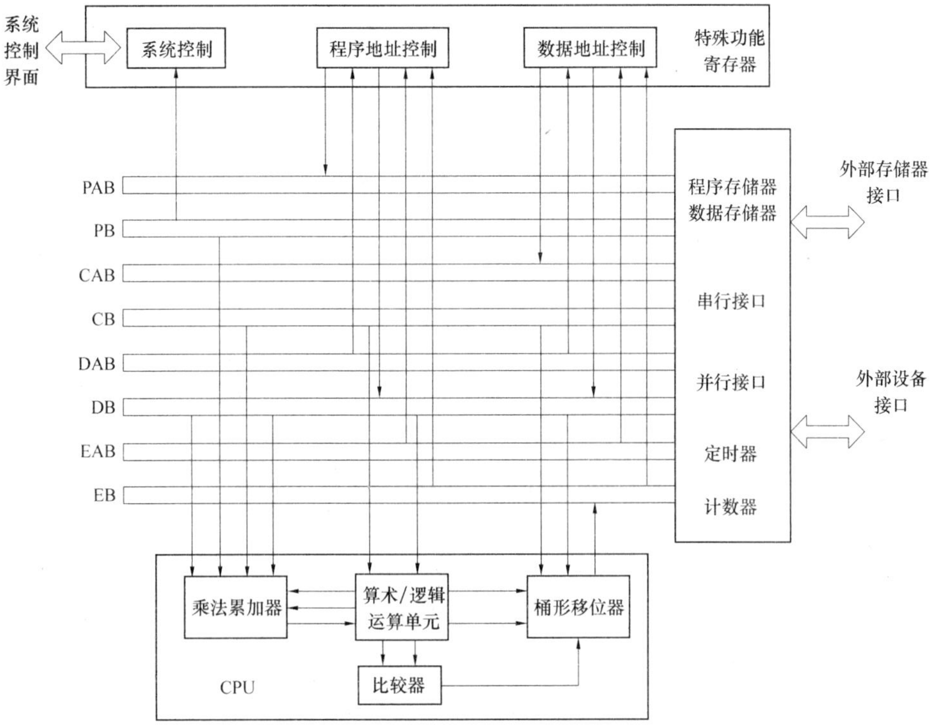

图 9-10　TMS320C54x 内部结构图

从图 9-10 可以看到，TMS320C54x 芯片的组成结构与一般意义的单片机的结构是不同的，其组成结构包括 16 位的 8 条总线、中央处理器(CPU)、内部总线控制、特殊功能寄存器、数据存储器(RAM)、程序存储器(ROM)、I/O 口扩展功能、串行接口、并行接口、HPI、定时器、中断系统等。

TMS320C54x 系列芯片采用 CMOS 工艺制造，系列下各型号的芯片基本上都采用了塑料或陶瓷材料的四方扁平的封装形式(TQFP)。根据型号的不同，其引脚的数量也不同，图 9-11 给出了 TMS320C5402 的引脚分布。TMS320C5402 芯片共有 144 个引脚，这 144 个引脚按功能可分为电源引脚、时钟引脚、控制引脚、地址和数据引脚、外部中断引脚、串行接口引脚、主机通信并行接口引脚、通用 I/O 引脚及测试引脚。

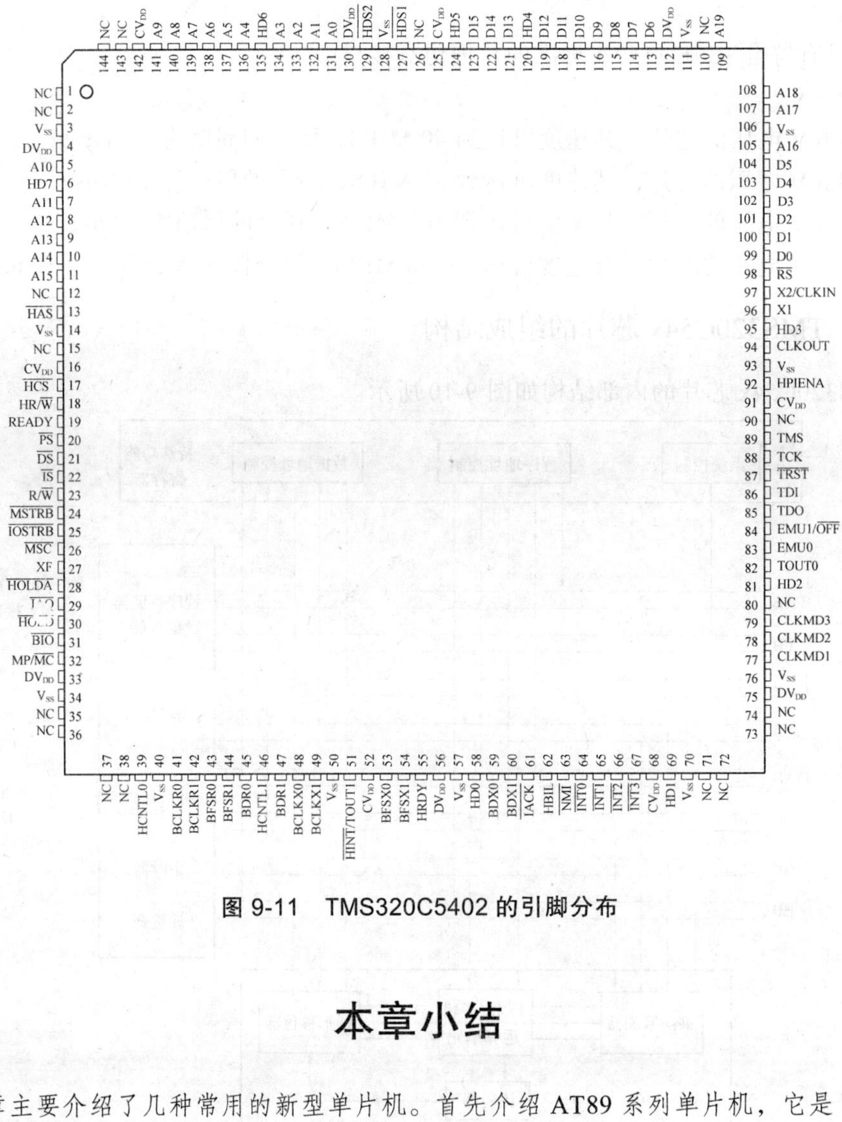

图 9-11　TMS320C5402 的引脚分布

本章小结

本章主要介绍了几种常用的新型单片机。首先介绍 AT89 系列单片机，它是目前应用最多的 MCS-51 兼容机，随后介绍了市场份额迅速增长的基于 RISC 指令系统的 AVR 系列和 PIC 系列单片机，其后又对 32 位单片机的典型代表 ARM 系列单片机进行了简要介绍，最后介绍了专门用于对数字信号进行快速、实时处理的 DSP 芯片。

习题与思考题

1. 简述以 PIC 系列单片机为代表的 RISC 单片机的架构。
2. 简述 RISC 与 CISC 的区别。
3. AVR 系列单片机的特点是什么？
4. ARM 系列单片机的特点有哪些？应用领域有哪些？
5. 简述流水线技术原理。

附　录

附录 A　MCS-51 指令系统

一、MCS-51 指令系统所用符号和含义

MCS-51 指令系统所用符号和含义如下所述：

addr11	11 位地址
addr16	16 位地址
bit	位地址
rel	相对偏移量，为 8 位有符号数(补码形式)
direct	直接地址单元(RAM、SFR、I/O)
#data	立即数
Rn	工作寄存器 R0 ~ R7
A	累加器
Ri	i=0 或 1，数据指针 R0 或 R1
X	片内 RAM 中的直接地址或寄存器
@	间接寻址方式中，表示间址寄存器的符号
(X)	在直接寻址方式中，表示直接地址 X 中的内容；在间接寻址方式中，表示间址寄存器 X 指出的地址单元中的内容
→	数据传送方向
∧	逻辑“与”
∨	逻辑“或”
⊕	逻辑“异或”
√	对标志位产生影响
×	不影响标志位

二、MCS-51 指令系统

根据功能不同，五大类指令分别见附表 A-1 ~ 附表 A-5，指令矩阵见附表 A-6。

附表 A-1　数据传送指令

十六进制代码	助记符	功能	对标志位影响				字节数	周期数
			P	OV	AC	CY		
E8 ~ EF	MOV A,Rn	(Rn)→A	√	×	×	×	1	1
E5	MOV A,direct	(direct)→A	√	×	×	×	2	1
E6,E7	MOV A,@Ri	((Ri))→A	√	×	×	×	1	1
74	MOV A,#data	data→A	√	×	×	×	2	1
F8 ~ FF	MOV Rn ,A	(A)→Rn	×	×	×	×	1	1
A8 ~ AF	MOV Rn,direct	(direct)→Rn	×	×	×	×	2	2
78 ~ 7F	MOV Rn,#data	Data→Rn	×	×	×	×	2	1
F5	MOV direct,A	(A)→direct	×	×	×	×	2	1
88 ~ 8F	MOV direct,Rn	(Rn)→direct	×	×	×	×	2	2
85	MOV direct1,direct2	(direct2)→direct1	×	×	×	×	3	2
86,87	MOV direct,@Ri	((Ri))→direct	×	×	×	×	2	2
75	MOV direct,#data	data→direct	×	×	×	×	3	2
F6,F7	MOV @Ri,A	(A)→(Ri)	×	×	×	×	1	1
A6,A7	MOV @Ri,direct	(direct)→(Ri)	×	×	×	×	2	2
76,77	MOV @Ri,#data	data→(Ri)	×	×	×	×	2	1
90	MOV DPTR,#data16	data16→DPTR	×	×	×	×	3	2
93	MOVC A,@A+DPTR	((A)+(DPTR)) →A	√	×	×	×	1	2
83	MOVC A,@A+PC	(PC)+1→PC，((A)+(PC))→A	√	×	×	×	1	2
E2,E3	MOVX A,@Ri	((Ri))→A	√	×	×	×	1	2
E0	MOVX A,@DPTR	((DPTR))→A	√	×	×	×	1	2
F2,F3	MOVX @Ri,A	(A)→(Ri)	×	×	×	×	1	2
F0	MOVX @DPTR,A	A→(DPTR)	×	×	×	×	1	2
C0	PUSH direct	(SP)+1→SP，(direct)→(SP)	×	×	×	×	2	2
D0	POP direct	((SP))→direct，(SP)−1→SP	×	×	×	×	2	2
C8 ~ CF	XCH A,Rn	A←→Rn	√	×	×	×	1	1
C5	XCH A,direct	A←→(direct)	√	×	×	×	2	1
C6,C7	XCH A,@Ri	A←→(Ri)	√	×	×	×	1	1
D6,D7	XCHD A,@Ri	$A_{0\sim3}$←→$(Ri)_{0\sim3}$	√	×	×	×	1	1

附表 A-2　算术运算指令

十六进制代码	助记符	功能	对标志位影响				字节数	周期数
			P	OV	AC	CY		
28 ~ 2F	ADD A,Rn	(A)+(Rn)→A	√	√	√	√	1	1
25	ADD A,direct	(A)+(direct)→A	√	√	√	√	2	1
26,27	ADD A,@Ri	(A)+((Ri))→A	√	√	√	√	1	1
24	ADD A,#data	(A)+data→A	√	√	√	√	2	1
38~3F	ADDC A,Rn	(A)+(Rn)+(CY)→A	√	√	√	√	1	1
35	ADDC A,direct	(A)+(direct)+(CY)→A	√	√	√	√	2	1
36,37	ADDC A,@Ri	(A)+((Ri))+(CY)→A	√	√	√	√	1	1
34	ADDC A,#data	(A)+data+(CY)→A	√	√	√	√	2	1
98~9F	SUBB A ,Rn	(A)–(Rn)–(CY)→A	√	√	√	√	1	1
95	SUBB A,direct	(A)–(direct)–(CY)→A	√	√	√	√	2	1
96,97	SUBB A,@Ri	(A)–((Ri))–(CY)→A	√	√	√	√	1	1
94	SUBB A,#data	(A)–data–(CY)→A	√	√	√	√	2	1
04	INC A	(A)+1→A	√	×	×	×	1	1
08~0F	INC Rn	(Rn)+1→Rn	×	×	×	×	1	1
05	INC direct	(direct)+1→direct	×	×	×	×	2	1
06,07	INC @Ri	((Ri))+1→(Ri)	×	×	×	×	1	1
A3	INC DPTR	(DPTR)+1→DPTR	×	×	×	×	1	2
14	DEC A	(A)–1→A	√	×	×	×	1	1
18 ~ 1F	DEC Rn	(Rn)–1→Rn	×	×	×	×	1	1
15	DEC direct	(direct)–1→direct	×	×	×	×	2	1
16,17	DEC @Ri	((Ri))–1→(Ri)	×	×	×	×	1	1
A4	MUL AB	(A)・(B)→A B	√	√	×	0	1	4
84	DIV AB	(A)/(B)→A B	√	√	×	0	1	4
D4	DA A	对 A 进行十进制调整	√	×	√	√	1	1

附表 A-3　逻辑运算指令

十六进制代码	助记符	功能	对标志位影响				字节数	周期数
			P	OV	AC	CY		
58～5F	ANL A ,Rn	(A)∧(Rn)→A	√	×	×	×	1	1
55	ANL A,direct	(A)∧(direct)→A	√	×	×	×	2	1
56,57	ANL A,@Ri	(A)∧((Ri))→A	√	×	×	×	1	1
54	ANL A,#data	(A)∧data→A	√	×	×	×	2	1
52	ANL direct,A	(direct)∧(A)→direct	×	×	×	×	2	1
53	ANL direct,#data	(direct)∧data→direct	×	×	×	×	3	2
48～4F	ORL A,Rn	(A)∨(Rn)→A	√	×	×	×	1	1
45	ORL A,direct	(A)∨(direct)→A	√	×	×	×	2	1
46,47	ORL A,@Ri	(A)∨((Ri))→A	√	×	×	×	1	1
44	ORL A,#data	(A)∨data→A	√	×	×	×	2	1
42	ORL direct,A	(direct)∨(A)→direct	×	×	×	×	2	1
43	ORL direct ,#data	(direct)∨data→direct	×	×	×	×	3	2
68～6F	XRL A ,Rn	(A)⊕(Rn)→A	√	×	×	×	1	1
65	XRL A ,direct	(A)⊕(direct)→A	√	×	×	×	2	1
66,67	XRL A,@Ri	(A)⊕((Ri))→A	√	×	×	×	1	1
64	XRL A,#data	(A)⊕data→A	√	×	×	×	2	1
62	XRL direct ,A	(direct)⊕(A)→direct	×	×	×	×	2	1
63	XRL direct ,#data	(direct)⊕data→direct	×	×	×	×	3	2
E4	CLR A	0→A	√	×	×	×	1	1
F4	CPL A	$(\overline{A})$→A	×	×	×	×	1	1
23	RL A	A 循环左移一位	×	×	×	×	1	1
33	RLC A	A 带进位循环左移一位	√	×	×	√	1	1
03	RR A	A 循环右移一位	×	×	×	×	1	1
13	RRC A	A 带进位循环右移一位	√	×	×	√	1	1
C4	SWAP A	A 半字节交换	×	×	×	×	1	1

附表 A-4　控制转移指令

十六进制代码	助记符	功能	对标志位影响				字节数	周期数
			P	OV	AC	CY		
*1	ACALL addr11	(PC)+2→PC,(SP)+1→SP,(PCL)→(SP),(SP)+1→SP,(PCH)→(SP),addr11→$PC_{10\sim0}$	×	×	×	×	2	2
12	LCALL addr16	(PC)+3→PC,(SP)+1→SP,(PCL)→(SP),(SP)+1→SP,(PCH)→(SP),addr16→PC	×	×	×	×	3	2
22	RET	((SP))→PCH,(SP)–1→SP,((SP))→PCL,(SP)–1→SP	×	×	×	×	1	2
32	RETI	((SP))→PCH,(SP)–1→SP,((SP))→PCL,(SP)–1→SP,从中断返回	×	×	×	×	1	2
*1	AJMP addr11	(PC)+2→PC,addr11→$PC_{10\sim0}$	×	×	×	×	2	2
02	LJMP addr16	addr16→PC	×	×	×	×	3	2
80	SJMP rel	(PC)+2→PC,(PC)+rel→PC	×	×	×	×	2	2
73	JMP @A+DPTR	(A)+(DPTR)→PC	×	×	×	×	1	2
60	JZ rel	(PC)+2→PC,若(A)=0,(PC)+rel→PC	×	×	×	×	2	2
70	JNZ rel	(PC)+2→PC,若 A 不等于 0,则(PC)+rel→PC	×	×	×	×	2	2
40	JC rel	(PC)+2→PC,若(CY)=1,则(PC)+rel→PC	×	×	×	×	2	2
50	JNC rel	(PC)+2→PC,若(CY)=0,则(PC)+rel→PC	×	×	×	×	2	2
20	JB bit,rel	(PC)+3→PC,若(bit)=1,则(PC)+rel→PC	×	×	×	×	3	2
30	JNB bit,rel	(PC)+3→PC,若(bit)=0,则(PC)+rel→PC	×	×	×	×	3	2
10	JBC bit,rel	(PC)+3→PC,若 bit=1,则 0→bit,(PC)+rel→PC	×	×	×	×	3	2
B5	CJNE A,direct,rel	(PC)+3→PC,若 A 不等于 direct,则 PC+rel→PC；若 A 小于 direct,则 1→CY	×	×	×	×	3	2
B4	CJNE A,#data,rel	(PC)+3→PC,若 A 不等于 data,则(PC)+rel→PC；若 A 小于 data,1→CY	×	×	×	√	3	2
B8 ~ BF	CJNE Rn,#data,rel	(PC)+3→PC,若 Rn 不等于 data,则(PC)+rel→PC；若 Rn 小于 data,则 1→CY	×	×	×	√	3	2
B6 ~ B7	CJNE @Ri,#data,rel	(PC)+3→PC,若 Ri 不等于 data,则(PC)+rel→(PC)；若 Ri 小于 data,则 1→CY	×	×	×	√	3	2
D8 ~ DF	DJNZ Rn,rel	(Rn)–1→Rn,(PC)+2→PC,若 Rn 不等于 0,则(PC)+rel→PC	×	×	×	√	2	2
D5	DJNZ direct,rel	(PC)+3→PC,(dirtct)–1→direct,若 direct 不等于 0,则(PC)+rel→PC	×	×	×	×	3	2
00	NOP	空操作	×	×	×	×	1	1

说明：表中*1 的含义为 AJMP 和 ACALL 指令由于其操作码中包含了 3 位操作数，与另 8 位操作数形成 11 位地址，所以其操作码不定，将与操作数有关。具体地说，AJMP 指令的操作码可能为 01、21、41、61、81、A1、C1、E1，而 ACALL 指令的操作码可能为 11、31、51、71、91、B1、D1、F1。请参考附表 A-6。

附表 A-5　位操作指令

十六进制代码	助记符	功能	对标志位影响				字节数	周期数
			P	OV	AC	Cy		
C3	CLR C	0→CY	×	×	×	√	1	1
C2	CLR bit	0→bit	×	×	×		2	1
D3	SETB C	1→CY	×	×	×	√	1	1
D2	SETB bit	1→bit	×	×	×		2	1
B3	CPL C	$(\overline{Cy})$→CY	×	×	×	√	1	1
B2	CPL bit	(bit)→bit	×	×	×		1	1
82	ANL C,bit	(CY)∧(bit)→CY	×	×	×	√	2	2
B0	ANL C,/bit	(CY)∧(bit)→CY	×	×	×	√	2	2
72	ORL C,bit	(CY)∨(bit)→CY	×	×	×	√	2	2
A0	ORL C,/bit	(CY)∨(bit)→CY	×	×	×	√	2	2
A2	MOV C,bit	(bit)→CY	×	×	×	√	2	1
92	MOV bit,C	(Cy)→bit	×	×	×	×	2	2

附表 A-6　MCS-51 指令矩阵

高位	低位								
	0	1	2	3	4	5	6	7	8 ~ F
0	NOP	AJMP0	LJMP addr16	RR A	INC A	INC dir	INC @R0	INC @R1	INC Rn
1	JBC bit,rel	ACALL0	LCALL addr16	RRC A	DEC A	DEC dir	DEC @R0	DEC @R1	DEC Rn
2	JB bit,rel	AJMP1	RET	RL A	ADD A,#data	ADD A,dir	ADD A,@R0	ADD A, @R1	ADD A,Rn
3	JNB bit,rel	ACALL1	RETI	RLC A	ADDC A,#data	ADDC A,dir	ADDC A,@R0	ADDC A, @R1	ADDC A,Rn
4	JC rel	AJMP2	ORL dir,A	ORL dir, #data	ORL A,#data	ORL A,dir	ORL A,@R0	ORL A, @R1	ORL A,Rn
5	JNC rel	ACALL2	ANL dir,A	ANL dir, #data	ANL A,#data	ANL A,dir	ANL A,@R0	ANL A, @R1	ANL A,Rn
6	JZ rel	AJMP3	XRL dir,A	XRL dir, #data	XRL A,#data	XRL A,dir	XRL A,@R0	XRL A, @R1	XRL A,Rn
7	JNZ rel	ACALL3	ORL C,bit	JMP @A+DPTR	MOV A,#data	MOV dir,#data	MOV @R0,#data	MOV @R1,#data	MOV Rn,#data
8	SJMP rel	AJMP4	ANL C,bit	MOVC A,@A+PC	DIV AB	MOV dir,dir	MOV dir,@R0	MOV dir,@R1	MOV dir,Rn
9	MOV DPTR, #data	ACALL4	MOV bit ,C	MOVC A, @A+DPTR	SUBB A,#data	SUBB A,dir	SUBB A,@R0	SUBB A, @R1	SUBB A,Rn
A	ORL C,/bit	AJMP5	MOV C,bit	INC DPTR	MUL AB	/	MOV @R0,dir	MOV @R1,dir	MOV Rn,dir
B	ANL C,/bit	ACALL5	CPL bit	CPL C	CJNE A, #data,rel	CJNE A, dir,rel	CJNE @R0, #data,rel	CJNE @R1, #data,rel	CJNE Rn, #data,rel
C	PUSH dir	AJMP6	CLR bit	CLR C	SWAP A	XCH A,dir	XCH A,@R0	XCH A, @R1	XCH A,Rn
D	POP dir	ACALL6	SETB bit	SETB C	DA A	DJNZ dir,rel	XCHD A,@R0	XCHD A, @R1	DJNZ Rn,rel
E	MOVX A, @DPTR	AJMP7	MOVX A,@R0	MOVX A,@R1	CLR A	MOV A,dir	MOV A,@R0	MOV A, @R1	MOV A,Rn
F	MOVX A, @DPTR	ACALL7	MOVX @R0,A	MOVX @R1,A	CPL A	MOV dir,A	MOVX @R0,A	MOVX @R1,A	MOV Rn ,A

说明：表中纵向高、横向低的十六进制数构成的一个字节为指令的操作码，其相交处的框内就是相对应的指令助记符，8 ~ F 对应工作寄存器 Rn 的 R0 ~ R7。表中的 dir 意为直接地址 direct。

附录B 常用芯片

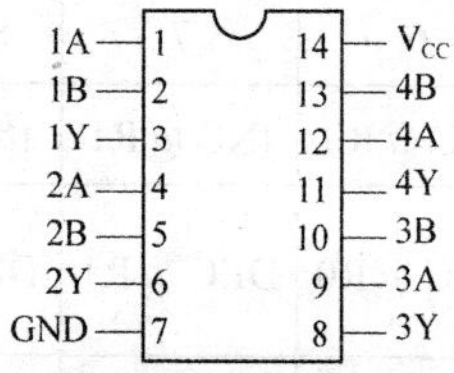

四2输入与非门74LS00

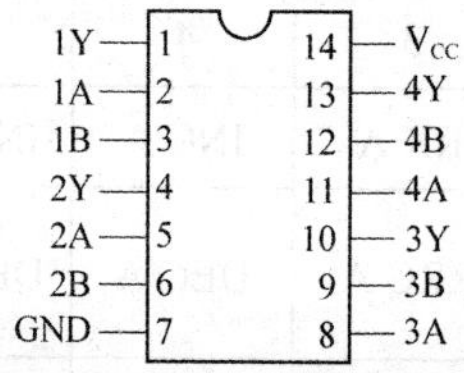

四2输入或非门74LS02

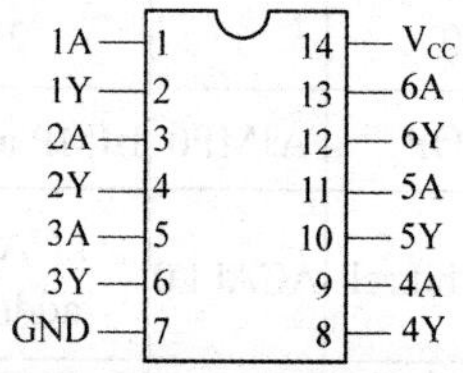

6反相器74LS04

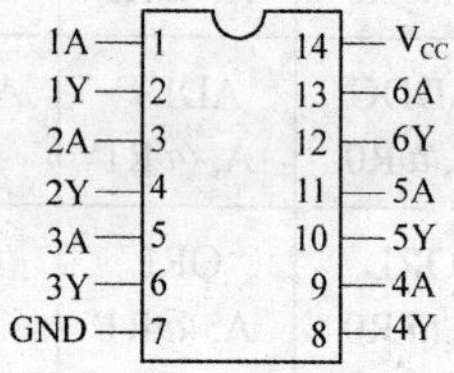

6同相缓冲/驱动器
(0C高压输出) 74LS07

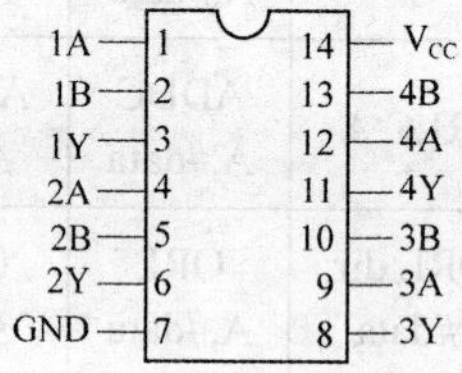

四2输入与非门74LS08

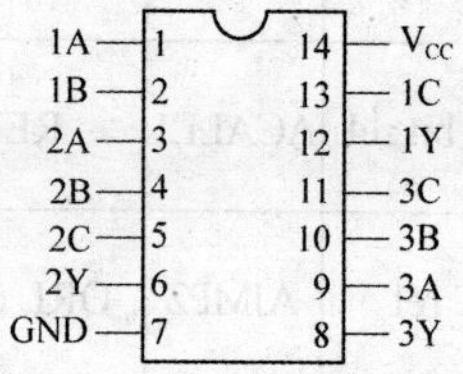

四3输入与非门74LS10

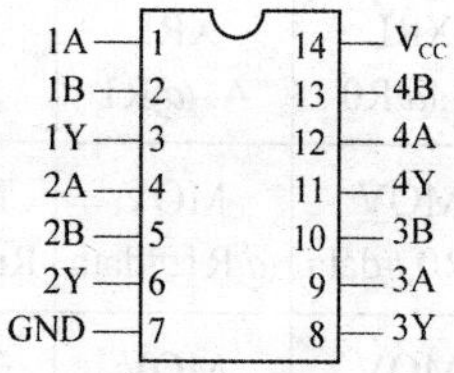

四2输入或门74LS32

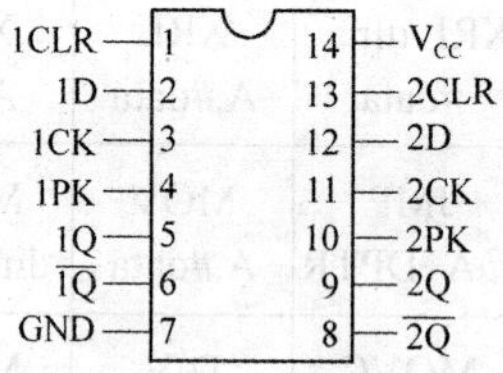

正沿触发双D锁存器74LS74

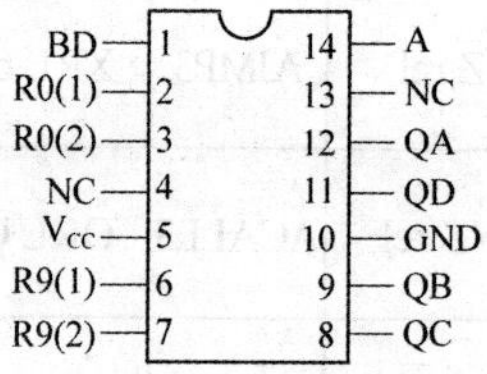

十进制计数器74LS90

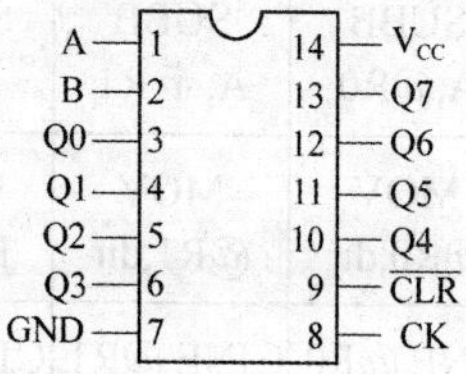

8位串入/并出移位寄存器74LS32

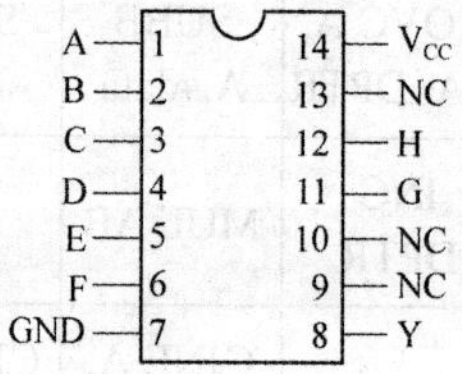

8输入与非门74LS30

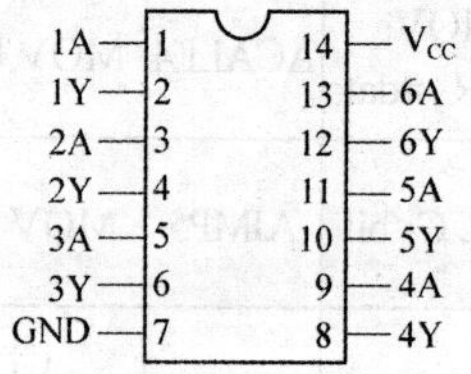

6反相缓冲/驱动器
(0C高压输出) 74LS06

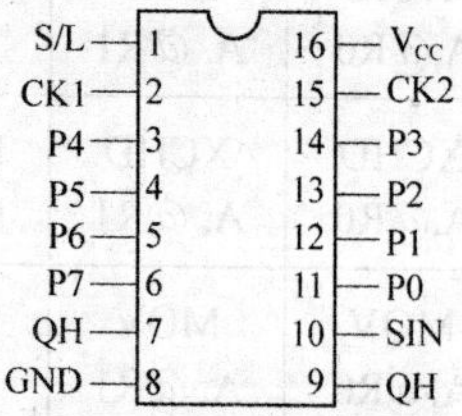

8位并入/串出移位寄存器
74LS165

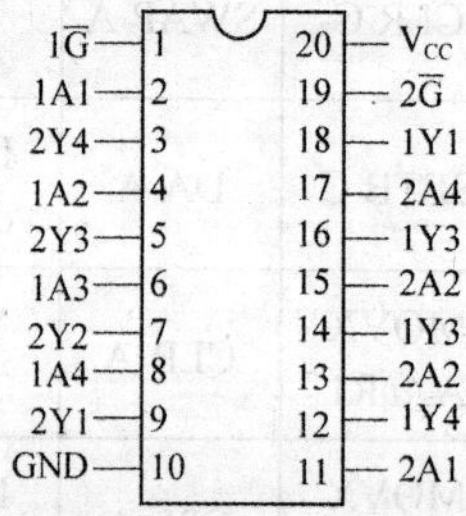

8缓冲/线驱动/线接收器
(原码三态输出) 74LS244

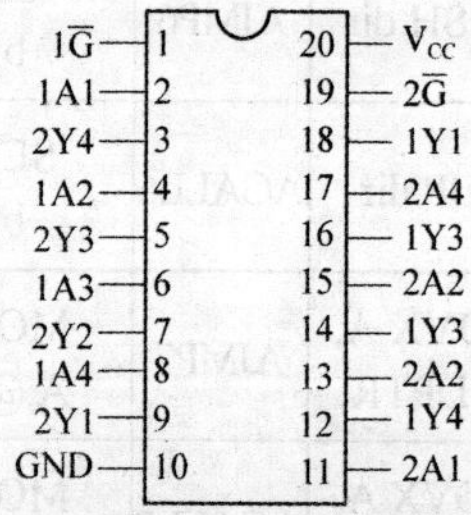

8缓冲/线驱动/线接收器
(反码三态输出) 74LS240

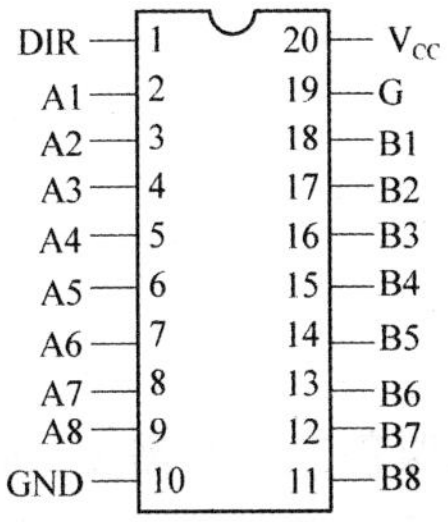

8总线接收/发送器
74LS245

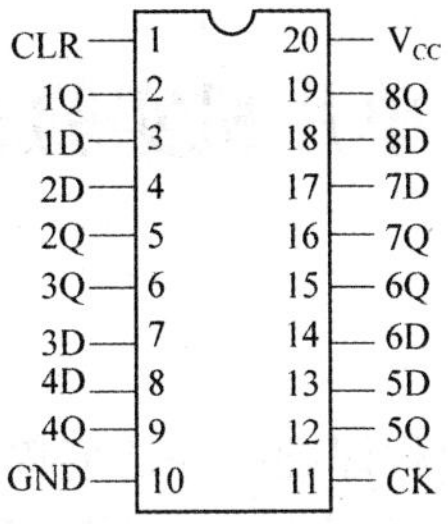

8D锁存器 74LS273

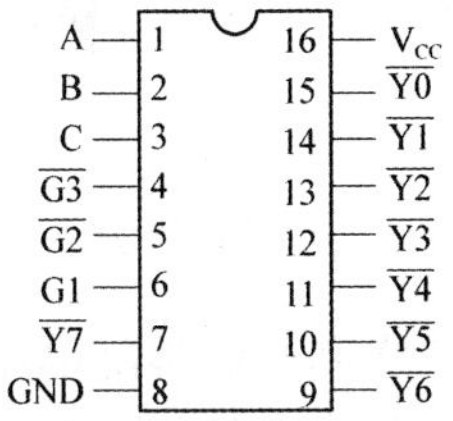

74LS138

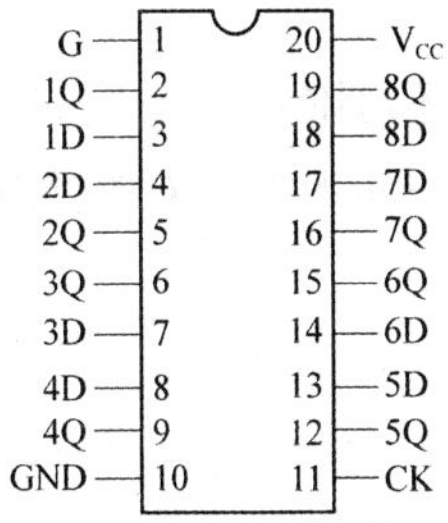

带使能端的8D锁存器
74LS377

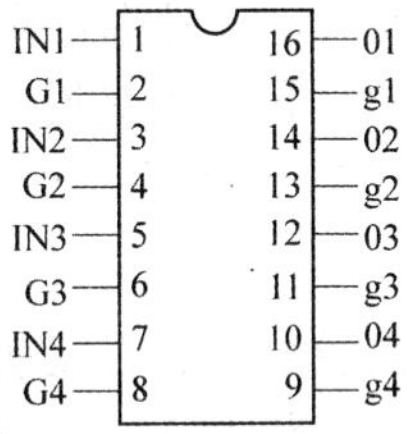

四路光隔电路TLP521-4

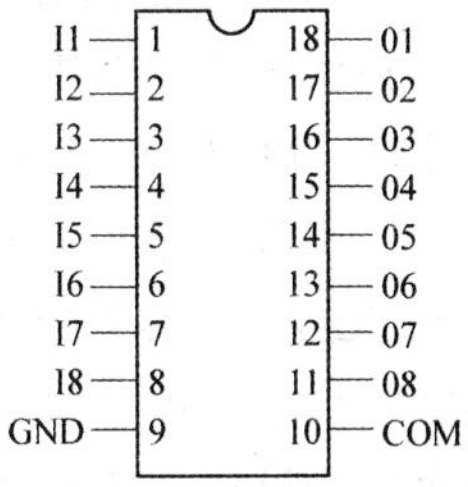

达林顿驱动电路ULN2803

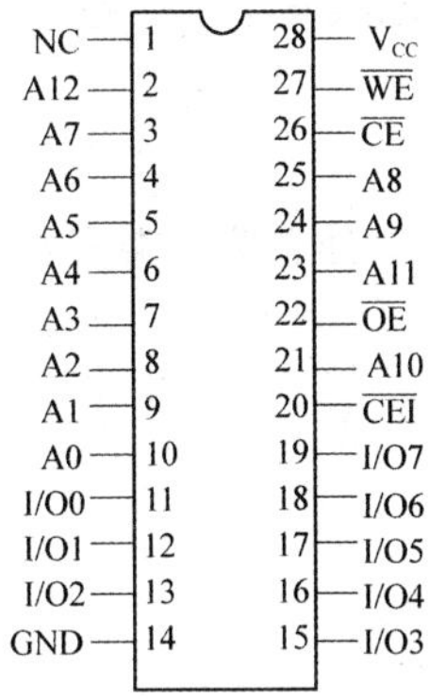

8 KB×8位静态RAM6264

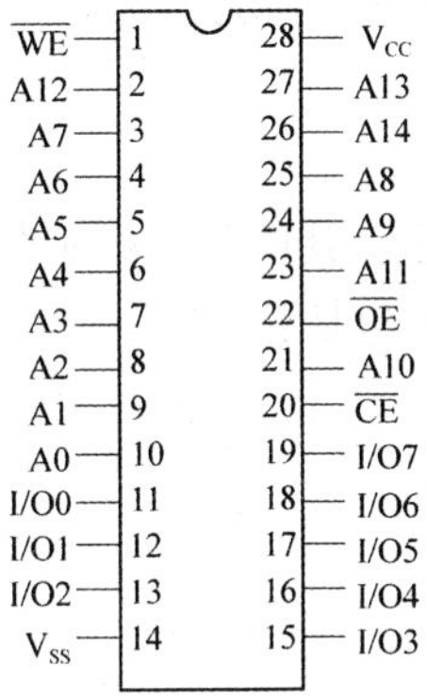

32 KB×8位闪存AT29C256

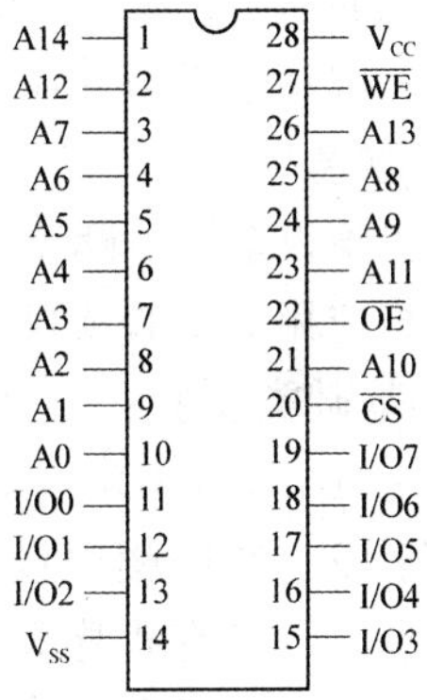

32 KB×8位静态RAM62256

附录C　单片机实验板简介

一、实验板简介

山东水利职业学院单片机精品课程课题组为适应单片机精品课程建设的需要，改善学校单片机教学条件不足的情况，设计并制作了本实验板，并将其命名为 STC-2007。本实验板的核心芯片是与 MCS-51 完全兼容的 STC 单片机，操作方便、易学易用、功能强大、成本低廉，可较好地满足实际教学要求。

本实验板的制作费用在 200 ~ 300 元，若是批量制作，成本还可降低。我们完全开放其电路原理、PCB 图、控制程序的目的只是为了交流，以便于进一步改进。欢迎大家在使用过程中提出改正意见和建议。

(一)STC-2007 实验板的性能特点

本实验板是集单片机应用技术、在线调试、在线仿真等功能于一体的实验开发系统，采用模块化的设计，所有电路单元尽可能独立开放，提高实验的自由度、灵活性，各单元模块可组成多种多样、功能各异的实验电路，提高了学生的创造性。针对 Intel8051 系列 8 位单片机的学习，提供了全面的开发工具和配套资料，最大程度地激发学生兴趣，巩固学习效果，方便了学习和应用。

(二)实验项目

本实验板系统共设计了 15 个实验，其中基础类实验项目 4 个，分立单元类实验项目 8 个，综合应用类实验项目 3 个。具体包括：

(1)基础类实验：

实验 1　VW IDE 集成开发环境

实验 2　顺序程序设计

实验 3　分支程序设计

实验 4　循环程序设计

(2)分立单元类实验：

实验 5　中断的使用

实验 6　定时器的使用

实验 7　扬声器

实验 8　串并转换

实验 9　数码显示

实验 10　8155 接口

实验 11　键盘扫描

实验 12　A/D 转换

(3)综合应用类实验：

实验 13　交通灯

实验 14　秒表

二、STC-2007 单片机实验板系统组成

本实验板主要由处理器单元 U1 MCU、键盘单元 U2 Key、显示单元 U3 Display、串并转换单元 U4 Ser/Par、蜂鸣器单元 U5 Buzzer、通信单元 U6 Max232、扩展并行口芯片单元 U7 PIO(8155)、模拟/数字转换单元 U8 ADC(0809)和电源单元 U9 Power 九个单元模块组成。

实验板整体及功能区域划分如图 C-1 所示。

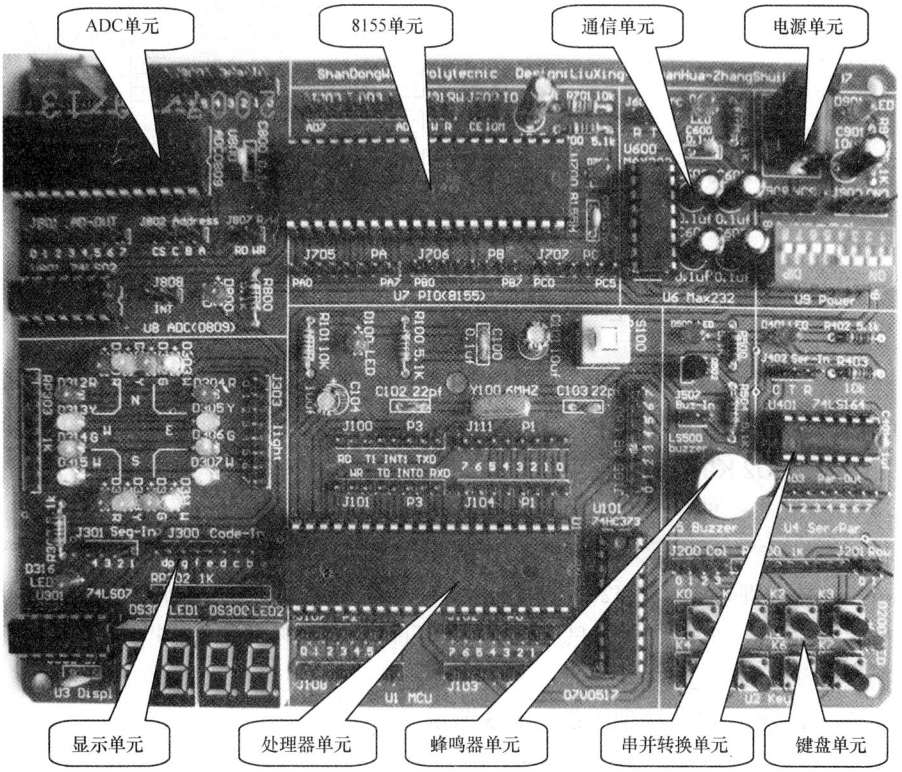

图 C-1　实验板整体及功能区域划分图

(一)处理器单元 U1 MCU

处理器单元 U1 MCU 的主要功能是提供一个完整的单片机系统及周边电路。

本单元电路主要由以下元器件组成：单片机 STC89C51RC(U100 8051AH)一片；8 位锁存器 74HC373(U101)一片；8 脚排针 J100(P3)、J101(P3)、J102(P0)、J103(P0)、J104(P1)、J105(AB Low)、J107(P2)、J108(P2)、J111(P1)共 9 只；电源指示灯 D100 LED 一只；电阻 R100(5.1 kΩ)、R101(10 kΩ)各一只；独石电容 C100(0.1 μF)一只；电解电容 C101(10 μF)、C104(10 μF)各一只；分频电容 C102(22 pF)、C103(22 pF)各一只；上电复位、6 脚锁定开关 S100(Power)一只；晶振 Y100(6 MHz)一只。

处理器单元 U1 MCU 电路原理图如图 C-2 所示。

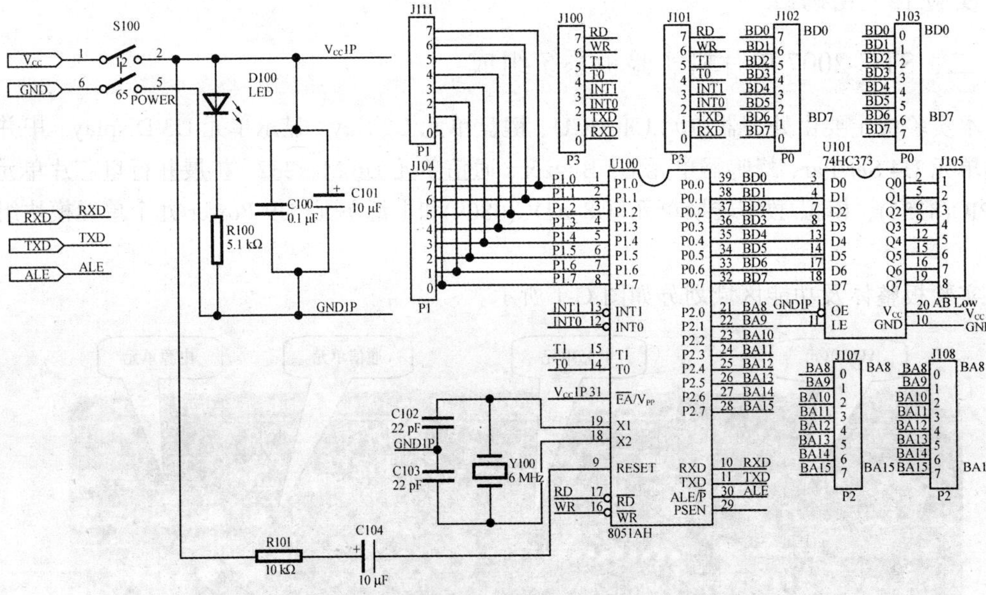

图 C-2　处理器单元 U1 MCU 电路原理图

在使用处理器单元 U1 MCU 时，应注意排针 J100(P3)、J101(P3)、J102(P0)、J103(P0)、J104(P1)、J105(AB Low)、J107(P2)、J108(P2)、J111(P1)的引脚顺序，以防接错电路。

(二)键盘单元 U2 Key

键盘单元 U2 Key 的主要功能是提供一个 2×4 矩阵键盘。

本单元电路主要由以下元器件组成：电源指示灯 D200 LED 一只；2 脚行线排针 J201(Row)一只；4 脚列线排针 J200(Col)一只；电阻排 RP200 一只；四脚微动开关 K0、K1、K2、K3、K4、K5、K6、K7 共 8 只。其中 8 个四脚微动开关构成 2×4 矩阵键盘，列线通过电路连接已预置为高电平。

键盘单元 U2 Key 电路原理图如图 C-3 所示。

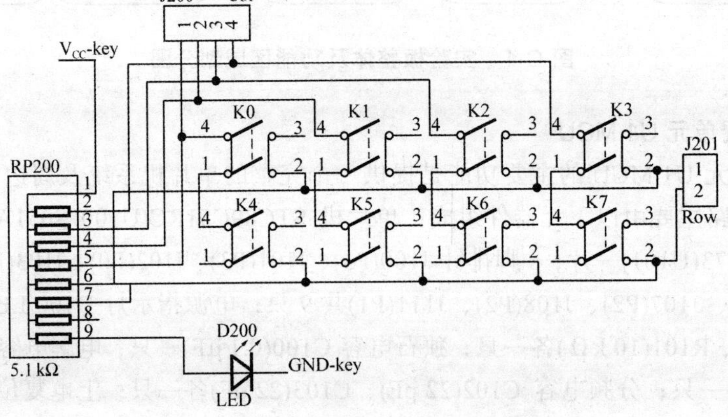

图 C-3　键盘单元 U2 Key 电路原理图

在使用键盘单元 U2 Key 时，应注意 2 脚行线排针 J201、4 脚列线排针 J200(Col)的引脚顺序，以防接错电路。

(三)显示单元 U3 Display

显示单元 U3 Display 的主要功能是提供常规的可视化控制对象和显示单元。

本单元电路主要由以下元器件组成：电源指示灯 D316 LED 一只；电阻 R300(5.1 kΩ)一只；电阻排 RP302(1 kΩ × 8)、RP303(1 kΩ × 8)各一只；独石电容 C300(0.1 μF)一只；同相驱动器 74LS07(U301)一片；4 位共阴极 8 段数码管：DS300(LED2)、DS301(LED1)共 2 片(注：本实验板选用每片集成 2 位的 LED)；彩色发光管 LED：D300R、D301Y、D302G、D303W、D304R、D305Y、D306G、D307W、D308R、D309Y、D310G、D311W、D312R、D313Y、D314G、D315W 共 16 只，其中 R 代表红色、Y 代表黄色、G 代表绿色、W 代表白色；4 脚排针 J301(Seg-In)一只；8 脚排针 J300(Code-In)、J303(Light)共 2 只。

本单元电路中 4 脚排针 J301(Seg-In)连接 4 位共阴极 8 段数码管的公共端，低电平有效，自左向右，实现位选控制；8 脚排针 J300(Code-In)作为 4 位共阴极 8 段数码管的段码线，用来输入段选码；8 脚排针 J303(Light)作为 16 只彩色发光管 LED 的阴极控制点亮线，低电平有效，点亮对应位上的彩色发光管 LED。

显示单元 U3 Display 电路原理图如图 C-4 所示。

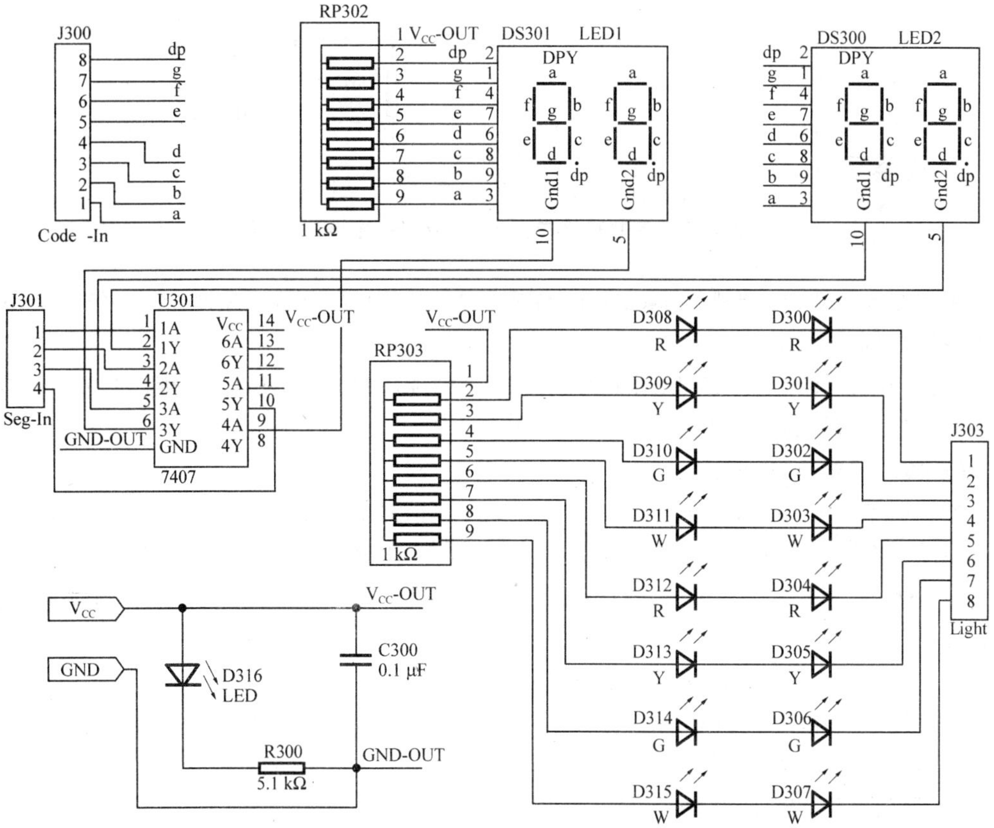

图 C-4　显示单元 U3 Display 电路原理图

由图 C-4 可知，16 只彩色发光管 LED 分为 8 组：D300R 和 D308R、D301Y 和 D309Y、D302G 和 D310G、D303W 和 D311W、D304R 和 D312R、D305Y 和 D313Y、D306G 和 D314G、D307W 和 D315W 两两串联接在一起，而且 D300R、D301Y、D302G、D303W、D304R、D305Y、D306G、D307W 的阳极端通过电路连接已预置为高电平，只要对 8 脚排针 J303(Light)设置低电平，便可点亮对应位上的彩色发光管 LED。

在使用显示单元 U3 Display 时，应注意 4 脚排针 J301(Seg-In)，8 脚排针 J300(Code-In)、J303(Light)的引脚顺序，以防接错电路。

(四)串并转换单元 U4 Ser/Par

串并转换单元 U4 Ser/Par 的主要功能是将串行输入的数据转换为并行数据。

本单元电路主要由以下元器件组成：电源指示灯 D401 LED 一只；电阻 R402(5.1 kΩ)、R403(10 kΩ)各一只；独石电容 C401(0.1 μF)一只；8 位串入/并出移位寄存器 74LS164(U400)一片；3 脚排针 J402(Ser-In)一只；8 脚排针 J403(Par-Out)一只。

串并转换单元 U4 Ser/Par 电路原理图如图 C-5 所示。

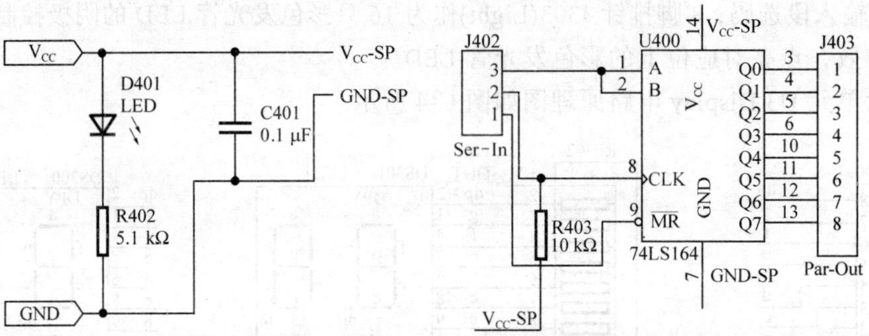

图 C-5　串并转换单元 U4 Ser/Par 电路原理图

由图 C-5 可知，3 脚排针 J402(Ser-In)用做串行数据的输入端，8 脚排针 J403(Par-Out)用做并行数据的输出端。

在使用串并转换单元 U4 Ser/Par 时，应注意 3 脚排针 J402(Ser-In)、8 脚排针 J403(Par-Out)的引脚顺序，以防接错电路。

(五)蜂鸣器单元 U5 Buzzer

蜂鸣器单元 U5 Buzzer 的主要功能是形成声讯信号的输出。

本单元电路主要由以下元器件组成：电源指示灯 D500 LED 一只；电阻 R500(5.1 kΩ)、R504(1 kΩ)各一只；塑封三极管 Q502(NPN)一只；蜂鸣器 LS500(buzzer)一只；2 脚排针 J507(Buz-In)一只。

蜂鸣器单元 U5 Buzzer 电路原理图如图 C-6 所示。

在使用蜂鸣器单元 U5 Buzzer 时，应注意在程序下载后，方可将 2 脚排针 J507(Buz-In)接线，否则蜂鸣器容易产生刺耳噪声。

(六)通信单元 U6 Max232

通信单元 U6 Max232 的主要功能是为微处理器和 PC 机提供通信通道，将源程序下载到单片机中。

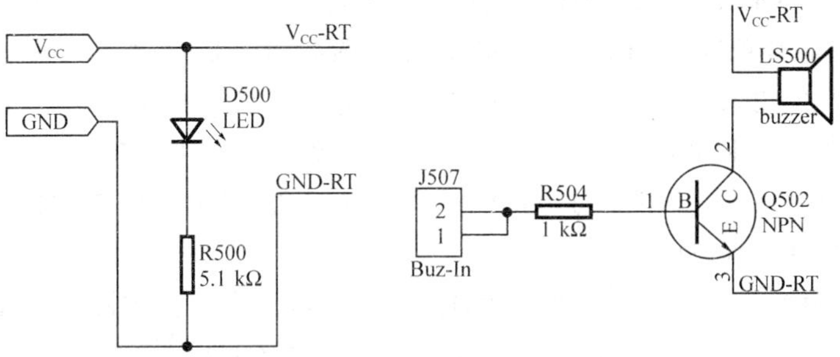

图 C-6　蜂鸣器单元 U5 Buzzer 电路原理图

本单元电路主要由以下元器件组成：电源指示灯 D600 LED 一只；电阻 R600(5.1 kΩ)一只；独石电容 C600(0.1 μF)一只；电解电容 C601(0.1 μF)、C602(0.1 μF)、C603(0.1 μF)、C604(0.1 μF)共 4 只；串行通信接口芯片 Max232(U600)一片；3 脚排针 J602(ToPc)一只。通信单元 U6 Max232 电路原理图如图 C-7 所示。

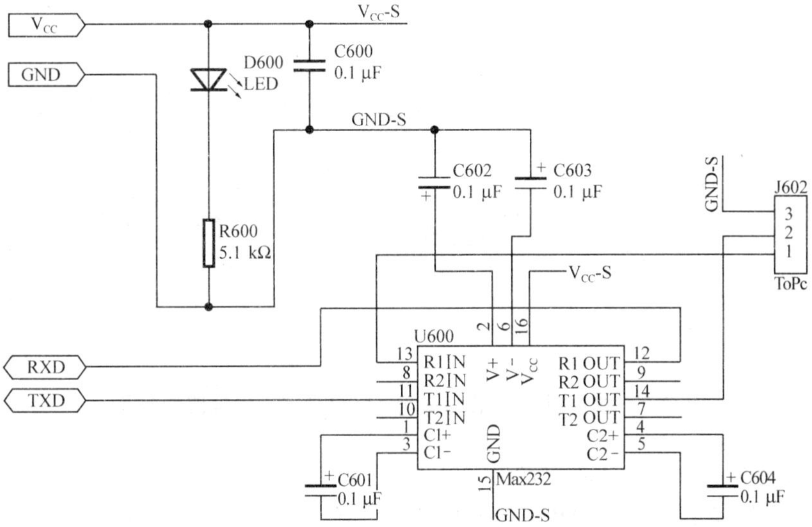

图 C-7　通信单元 U6 Max232 电路原理图

在使用通信单元 U6 Max232 时，应注意 3 脚排针 J602(ToPc)的引脚顺序，其中的“G”代表接地端，应接 RS232C 串行通信线的绿线，否则容易产生通信错误，造成程序下载失败。

(七)扩展并行口芯片单元 U7 PIO(8155)

扩展并行口芯片单元 U7 PIO(8155)的主要功能是扩展单片机的 PIO 口，实现较复杂系统的控制。

本单元电路主要由以下元器件组成：电源指示灯 D700 LED 一只；电阻 R700(5.1 kΩ)、R701(10 kΩ)各一只；独石电容 C700(0.1 μF)一只；电解电容 C701(10 μF)一只；可编程扩展 PIO 接口芯片 8155(U700)一片；2 脚排针 J701(RW)、J702(IO)各一只；6 脚排针 J707(PC)

一只；8 脚排针 J700(AD8)、J705(PA)、J706(PB)共 3 只。

扩展并行口芯片单元 U7 PIO(8155)电路原理图如图 C-8 所示。

由图 C-8 可知，2 脚排针 J701(RW)作为 8155 单元的读写控制引脚，2 脚排针 J702(IO)作为 8155 单元的片选和 PIO 口/存储器选择控制引脚，8 脚排针 J700(AD8)作为 8155 单元的数据/地址复用引脚，8 脚排针 J705(PA)、J706(PB)和 6 脚排针 J707(PC)分别作为 8155 单元的 PA、PB、PC 端口引脚。

在使用扩展并行口芯片单元 U7 PIO(8155)时，应该注意 2 脚排针 J701(RW)、J702(IO)，6 脚排针 J707(PC)，8 脚排针 J700(AD8)、J705(PA)、J706(PB)的引脚顺序，以防接错电路。

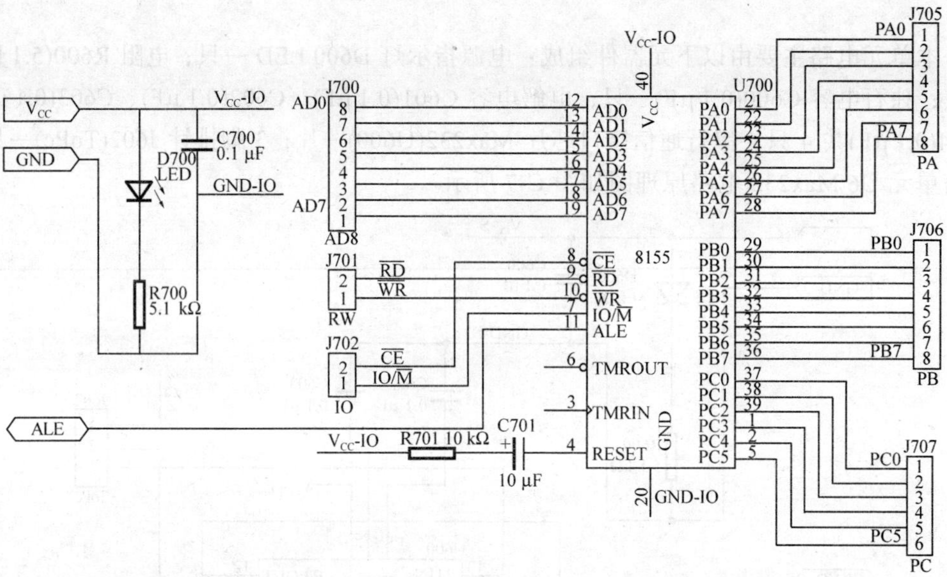

图 C-8 扩展并行口芯片单元 U7 PIO(8155)电路原理图

(八)模拟/数字转换单元 U8 ADC(0809)

模拟/数字转换单元 U8 ADC(0809)的主要功能是完成模拟量/数字量的转换。

本单元电路主要由以下元器件组成：电源指示灯 D800 LED 一只；电阻 R800(5.1 kΩ)一只；独石电容 C800(0.1 μF)一只；3 端可调电位器 R801(RESISTOR)一只；四 2 输入与非门芯片 74LS02(U801)一片；8 位模拟/数字转换器芯片 ADC0809(U800)一片；2 脚排针 J804(V-OUT)、J807(R/W)、J808(INT)各一只；4 脚排针 J802(Address)一只；8 脚排针 J800(Analog-In)、J801(AD-OUT)各一只。

模拟/数字转换单元 U8 ADC(0809)电路原理图如图 C-9 所示。

由图 C-9 可知，2 脚排针 J804(V-OUT)作为可调电位器的待测模拟量电位输出引脚，2 脚排针 J807(R/W)作为模拟/数字转换单元 U8 ADC(0809)的读/写控制线引脚，2 脚排针 J808(INT)作为 ADC(0809)的中断申请引脚，4 脚排针 J802(Address)作为 ADC(0809)单元的片选和模拟量通道选择引脚，8 脚排针 J800(Analog-In)作为 ADC(0809)的模拟量输入通道引脚，J801(AD-OUT)作为 ADC(0809)单元的数据通道引脚。

在使用模拟/数字转换单元 U8 ADC(0809)时，应该注意 2 脚排针 J804(V-OUT)、J807(R/W)、J808(INT)，4 脚排针 J802(Address)，8 脚排针 J800(Analog-In)、J801(AD-OUT)的引脚顺序，以防接错电路。

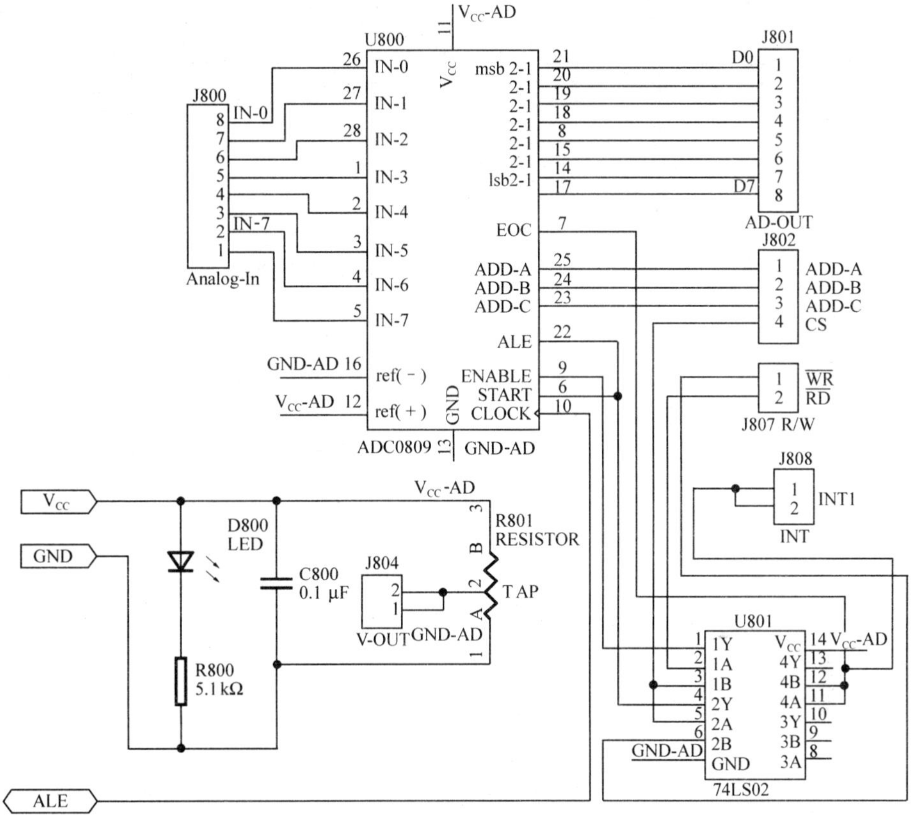

图 C-9　模拟/数字转换单元 U8 ADC(0809)电路原理图

(九)电源单元 U9 Power

电源单元 U9 Power 的主要功能是为实验板各模块提供稳定的+5 V 电源，在使用时必须由电源插座 JP901 外接+5 V 直流稳压电源；同时实验板的其他各模块可由 8 路拨动电源开关 S901 控制进行按需供电，实现了环保、节电的功效。

本单元电路主要由以下元器件组成：电源指示灯 D901 LED 一只；电阻 R901(5.1 kΩ)一只；电解电容 C901(10 μF)一只；电源插座 JP901(+5 V)一只；8 路拨动电源开关 S901(SW-DIP8)一只；4 脚排针 J902(V_{CC})、J903(GND)各一只。

本单元电路在具体使用过程中，可由 4 脚排针 J902(V_{CC})、J903(GND)分别提供+5 V、0 V 的电位，为实验人员搭接电路提供了方便。但是两者不可接错，否则容易引起短路，烧毁实验板。电源单元 U9 Power 电路原理图如图 C-10 所示。

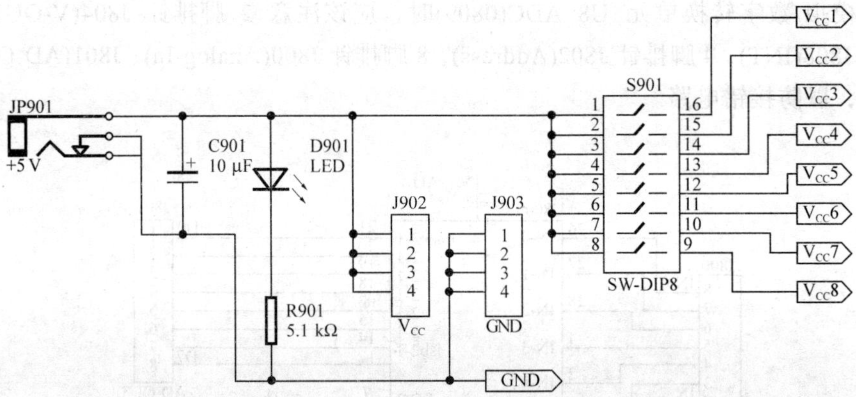

图 C-10　电源单元 U9 Power 电路原理图

附录 D　VW 集成调试环境简介

一、软件简介

VW 集成调试环境是由南京伟福实业有限公司开发的，主要配合其仿真器使用，也可以独立使用，可方便地用来仿真单片机内的程序执行过程，得到了广泛的应用。其主要特点如下：

(1)双工作模式。既可以软件模拟仿真，又可连接仿真器运行，适合不同用户(特别是没有购置仿真器的用户)需要。

(2)多语言多模块混合调试。该软件可支持汇编语言、PL／M 语言乃至 C 语言编程，而且支持多语言混合编程，各语言模块之间可相互调用。

(3)项目管理功能。将一个大项目分成若干个子模块，便于任务的分解和细化，各模块可由不同人员完成，也使得多语言混合编程成为可能。

(4)真正集成调试环境。集成了编辑器、编译器、调试器，使源程序编辑、编译、下载、调试全部在一个界面下完成。而且伟福公司的各种仿真器(MCS-51、MCS-96、PIC 等)都可使用该软件。

(5)良好的调试界面。内置了丰富的调试窗口，可实时显示单片机内部 RAM、SFR、ROM、IO 口等各单元内容，极为方便地进行程序调试。对于初学者来说，可非常直观地了解单片机内程序的执行过程，加深对所学知识的理解。

二、软件安装及启动

VW 集成调试环境包括安装版和绿色版两种，安装均非常方便。从网上免费下载 VW.exe(安装版)或 VW-G.exe (绿色版)，直接双击运行即可。完成安装后，在电脑的 C 盘上建立 C:\VW 或 C:\VW-G 目录，并在桌面上建立快捷方式，如图 D-1 所示。

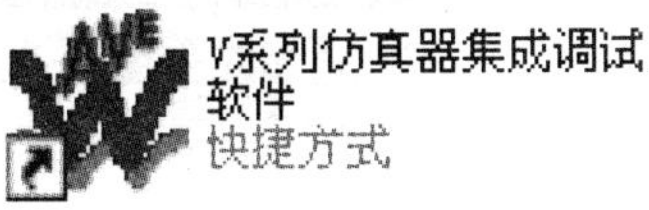

图 D-1　VW 快捷方式图标

要启动 VW 集成调试环境，直接双击桌面上的快捷方式图标即可。

三、软件使用

如上所述，VW 集成调试环境是一个真正的集成调试环境，支持多语言多模块混合调试，在进行 MCS-51、MCS-96、PIC 等不同系列单片机调试时的使用方法也略有不同，在此仅简要介绍 MCS-51 单片机汇编程序设计的调试方法。

(一)源程序编辑

在桌面上双击 VW 快捷方式图标，启动 VW 集成调试环境，然后点击“文件”菜单中的“新建文件”，如图 D-2 所示。

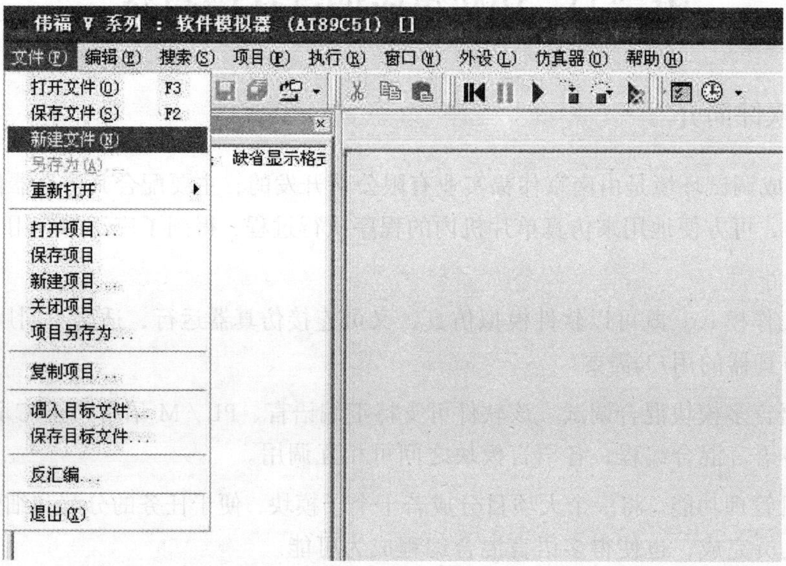

图 D-2 新建文件

VW 集成调试环境将自动产生一个默认文件名为 NONAME1 的程序编辑口，我们可输入待调试的源程序，如图 D-3 所示。

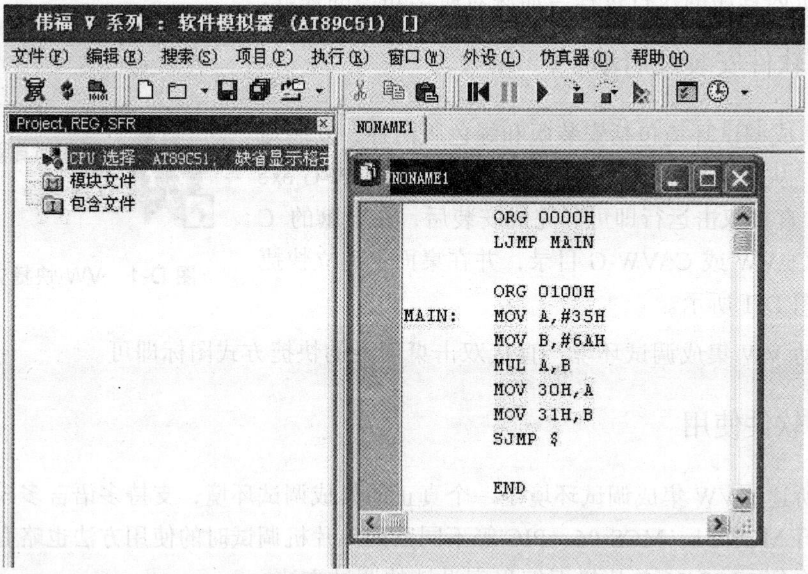

图 D-3 源程序输入窗口

然后，点击“文件”菜单中的“保存文件”或者“另存为”，弹出如图 D-4 所示的文件保存界面。

图 D-4　文件保存界面

注意，必须将源程序文件保存到 C:\VW 或者 C:\VW-G 目录下，而且文件的后缀名必须为*.asm，如图 D-5 所示。

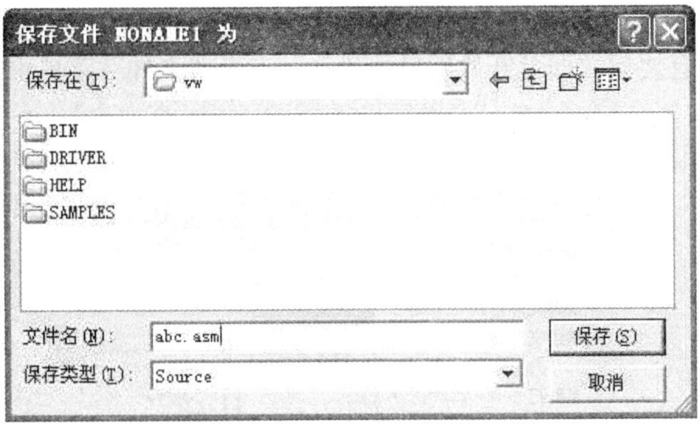

图 D-5　文件命名界面

(二)建立项目

在建立项目之前，首先要对仿真器进行设置，如图 D-6 所示。

图 D-6　仿真器设置

在弹出的对话框中选择欲仿真的单片机型号(例如 AT89C51)，如图 D-7 所示。注意不要选择 80C31、80C32 等片内没有 ROM 的芯片，否则在编译时会出错。

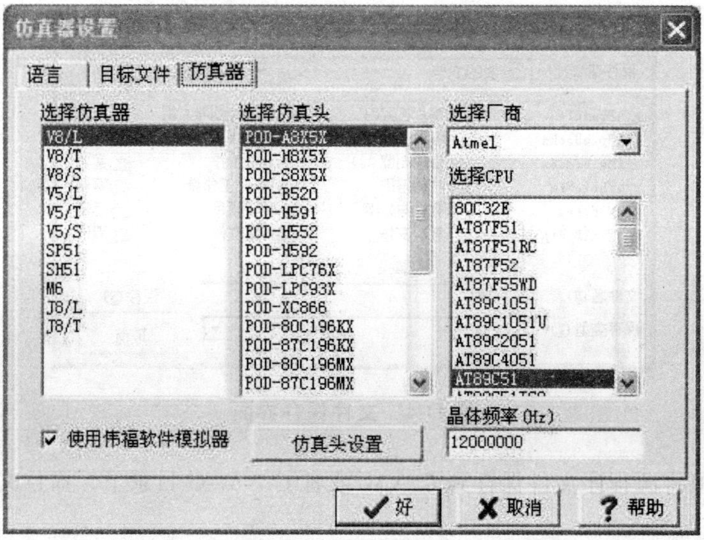

图 D-7 仿真器选择

完成仿真器设置之后，即可开始项目的建立。点击“文件”菜单中的“新建项目”，如图 D-8 所示。

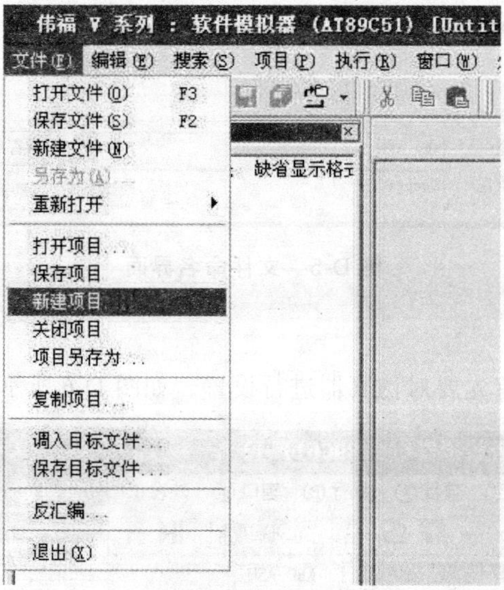

图 D-8 新建项目

接着，弹出模块添加对话框，加入已编辑好的源程序文件，如图 D-9 所示。可见，VW 集成调试环境支持*.PLM、*.C、*.ASM 三种格式的文件，即支持 PL／M 语言、C 语言、汇编语言的混合编程与调试。

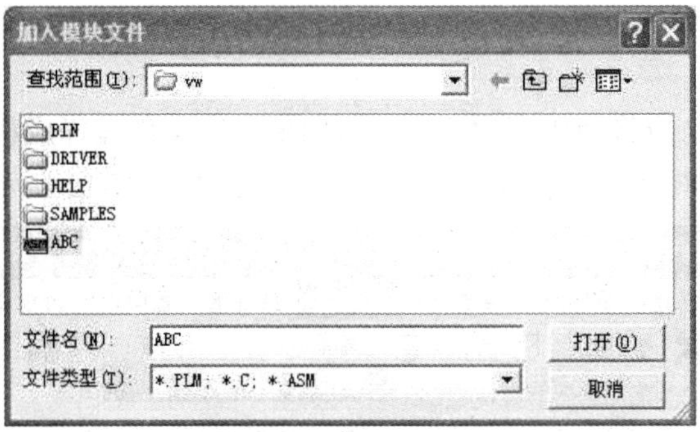

图 D-9　添加文件界面

点击图 D-9 中的“打开”按钮，即可将 ABC.ASM 文件加入到新建项目中。随后出现如图 D-10 所示的对话框，要求我们加入包含文件，这对于用 C 语言编写的源程序文件是十分必要的，因为 C 语言源程序在工作时必须调用部分“头文件”。而对于汇编语言编写的源程序文件，直接点击“取消”按钮即可。

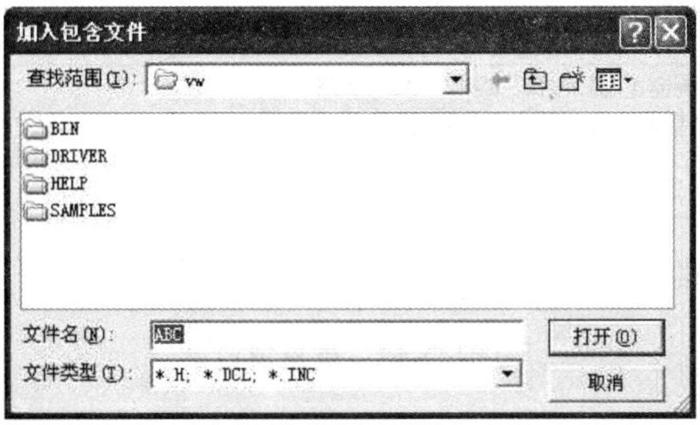

图 D-10　加入包含文件界面

注意，我们在进行上机实验时，一定要点击“取消”按钮，切不可点击“打开”按钮，否则编译时会出错。图 D-10 的对话框中点击“取消”按钮之后，出现如图 D-11 所示的保存项目对话框。

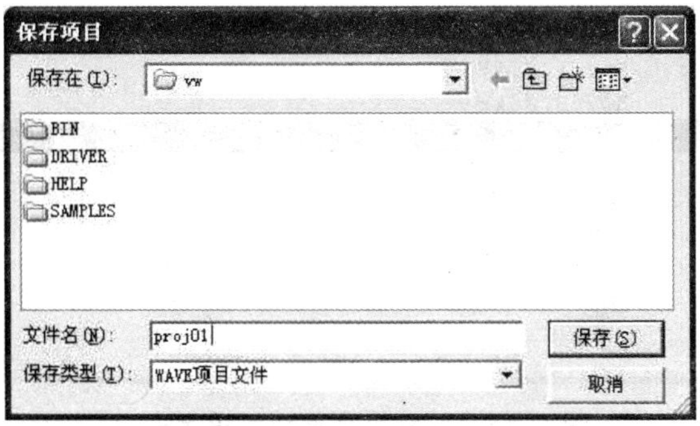

图 D-11　保存项目对话框

为新建项目键入适当的文件名(例如 proj01)，然后点击“保存”按钮，完成项目的建立过程。注意，项目名称最好不要使用汉字，也不必输入扩展名。

(三)项目编译

项目建立完成后，应将使用汇编语言写成的源程序文件编译成机器代码，这样才能被单片机执行。点击“项目”菜单中的“全部编译”，如图 D-12 所示。

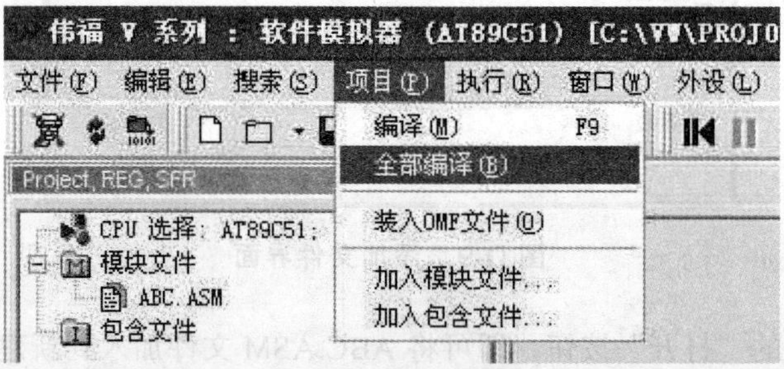

图 D-12 项目编译

编译器自动对源程序文件进行编译，若此过程中检查到有错误存在，则在信息窗口中显示错误信息，并指出错误的类型和具体位置，使用十分方便，如图 D-13 所示。

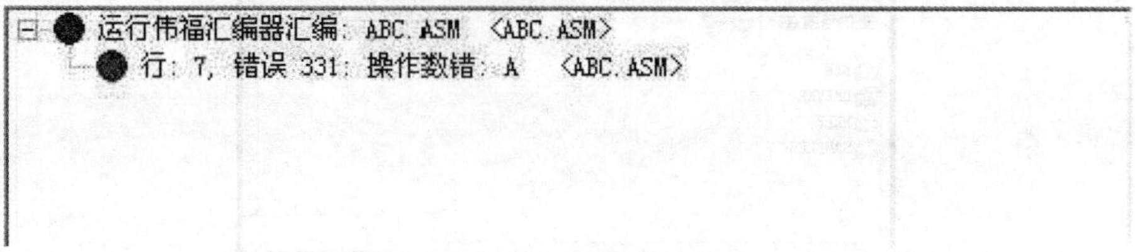

图 D-13 信息窗口

由图 D-13 可以看出，源程序文件中的第 7 行出现了语法错误，直接双击该行错误信息，则直接跳转到源程序文件的出错处，如图 D-14 所示。

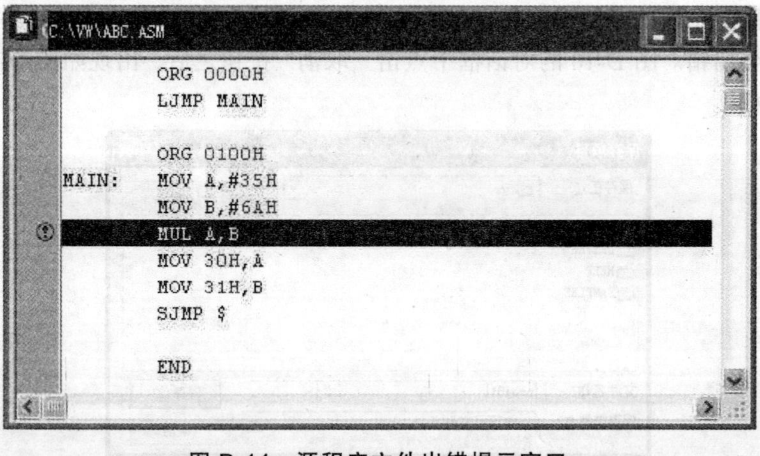

图 D-14 源程序文件出错提示窗口

显然，出现错误的原因是把“MUL AB”写成了“MUL A，B”，删除其中的逗号，然后点击保存，再重新进行“全部编译”，编译通过，此时的信息窗口如图 D-15 所示。

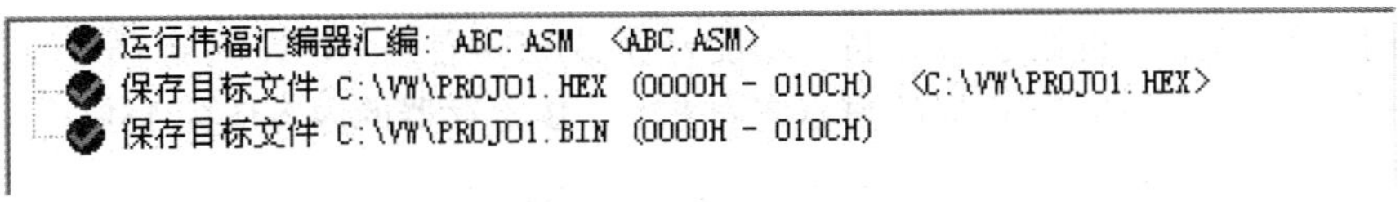

图 D-15　编译通过信息窗口

(四)项目调试

项目编译成功后，即可通过执行程序来进行调试，检查程序是否按编程要求运行，以调试编程过程中出现的逻辑错误。

为便于检查程序中可能出现的错误，最好采用单步执行的方式，即点击“执行”菜单中的“单步”，也可以直接按“F8”键，如图 D-16 所示。

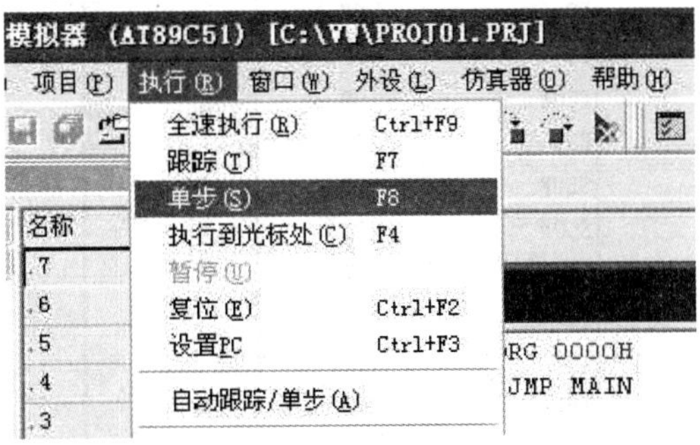

图 D-16　单步执行

调试启动后的界面如图 D-17 所示，可以通过连续按“F8”键来连续执行程序，并通过观察窗口观看运行过程中数据的变化。

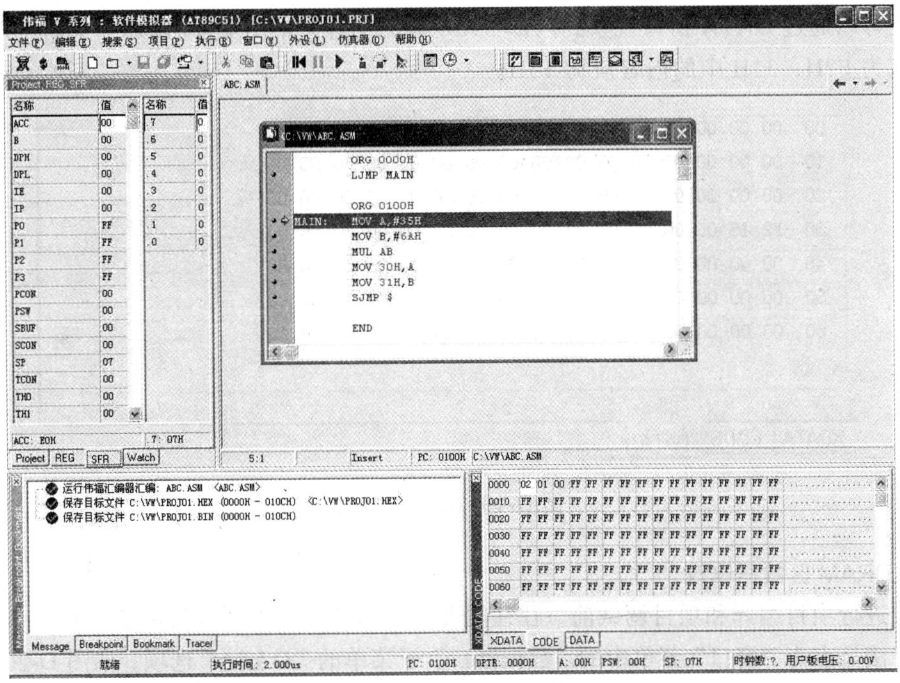

图 D-17　程序执行观察窗口

程序执行完成后，可通过 SFR(特殊功能寄存器)窗口看到 ACC、B 寄存器的内容，如图 D-18 所示。此时 ACC 寄存器的内容应为 F2H，B 寄存器的内容应为 15H。

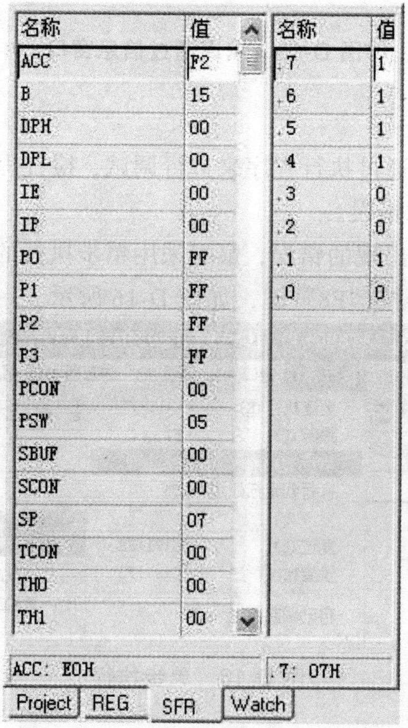

图 D-18　SFR 窗口

还可以通过 DATA 窗口观察到内部 RAM 区的内容，如图 D-19 所示。此时 30H 中的内容应为 F2H，31H 中的内容应为 15H。

图 D-19　DATA 窗口

(五)RAM 区数据修改

在进行项目编译和项目调试前，往往需要将实验条件数据写入目标 RAM 区。具体的操作方法是点击“窗口”菜单中的“数据窗口”子菜单的“DATA”选项，如图 D-20 所示。弹出的 DATA(即片内 RAM 区)窗口如图 D-21 所示。

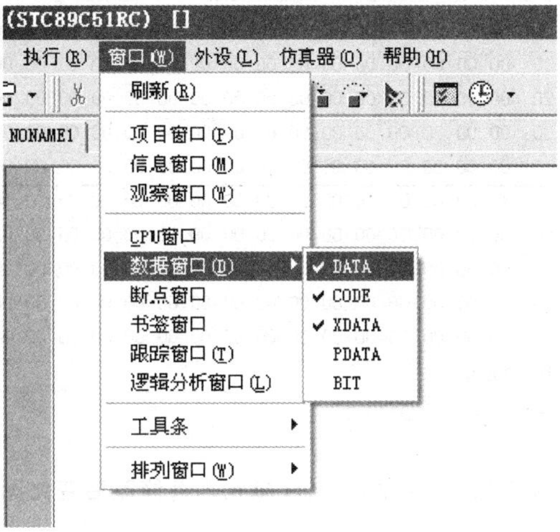

图 D-20　调用 DATA 窗口

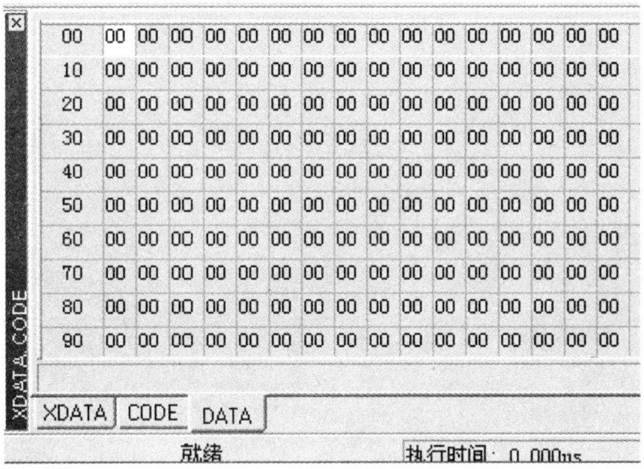

图 D-21　DATA 区

假设需将片内 RAM 区 50H 单元内容修改为 48H，操作时只需将目标地址处双击鼠标左键，便可弹出如图 D-22 所示的对话框，用键盘输入 48H 即可。

图 D-22　DATA 区修改对话框

片内 RAM 区 50H 单元内容修改后如图 D-23 所示。

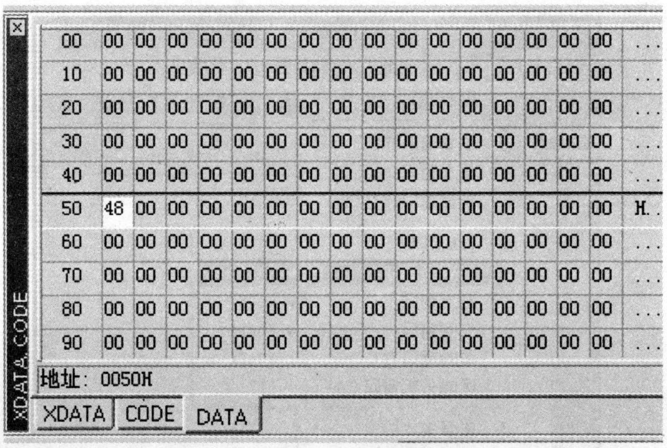

图 D-23　RAM 区 50H 单元内容修改后变化图

采用同样的操作方法，执行相应的菜单命令，也可修改 SFR(特殊功能寄存器)区和 REG(寄存器)区的内容，使程序调试变得非常灵活、方便。

附录 E　STC-ISP 编程软件简介

一、软件简介

STC-ISP-V3.5 编程下载软件是由深圳宏晶科技有限公司开发的，是该公司主要产品 STC 单片机的专用烧录器软件。将其安装在 PC 机上，作为 STC 单片机的 ISP 下载控制软件，支持二进制(*.BIN)和十六进制(*.HEX)文件。其主要特点是使用灵活方便，操作简单。

二、软件安装

STC-ISP-V3.5 包括安装版和绿色版两种，安装均非常方便。从网上免费下载 STC-ISP-V3.5(安装版)或 STC-ISP-V3.5(绿色版)，直接双击运行即可。完成安装后，在电脑的安装盘上建立相关目录，并可在桌面上建立快捷方式，如图 E-1 所示。

图 E-1　STC-ISP-V3.5 快捷方式图标

三、软件使用

(一)启动 STC-ISP-V3.5

要启动 STC-ISP-V3.5 编程下载软件，直接双击桌面上的快捷方式图标即可。启动后，生成主界面如图 E-2 所示。

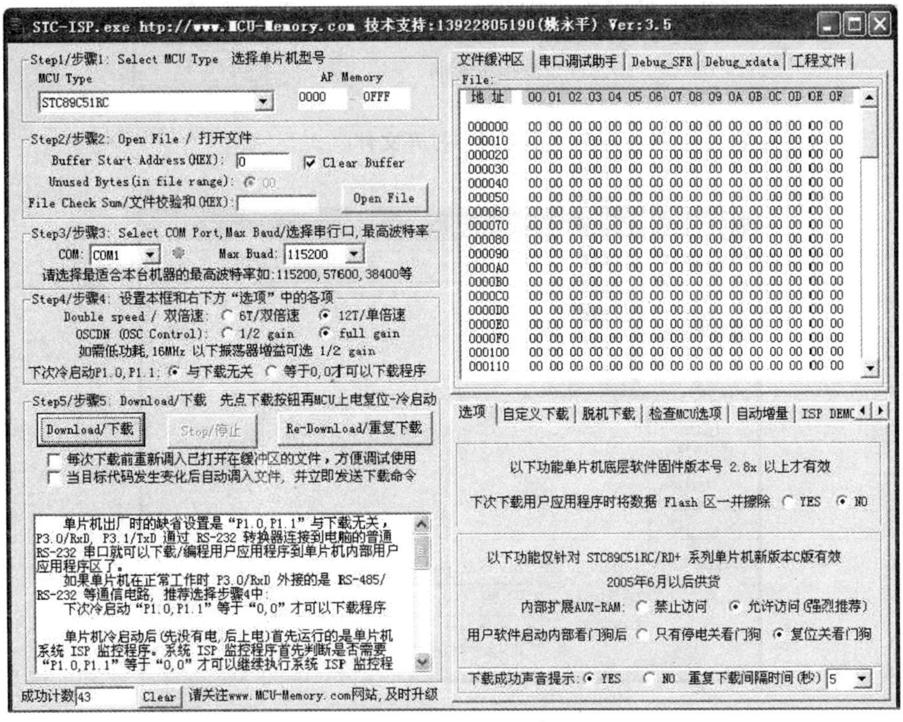

图 E-2　STC-ISP-V3.5 主界面

(二)选择单片机型号

单片机型号选择 STC89C51RC，如图 E-3 所示。

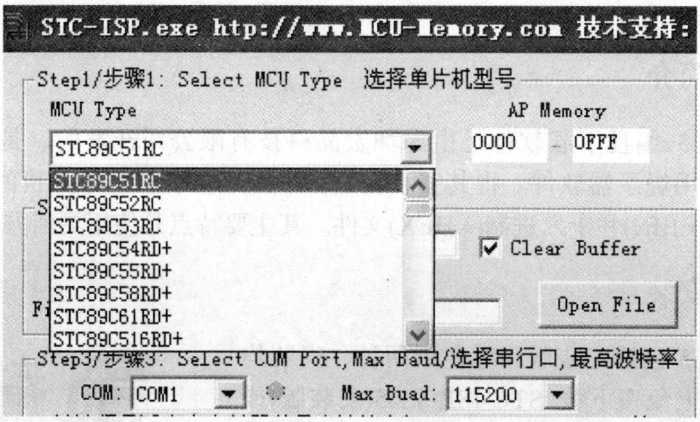

图 E-3 单片机选型

(三)选择下载文件

单击“Open File”菜单，操作如图 E-4 所示。在弹出对话框中选择十六进制文件 2-KEY.HEX(如图 E-5 所示)，并单击对话框中的“打开”选项，便可将选中文件加载到主界面右侧窗口的“文件缓冲区”，如图 E-6 所示。

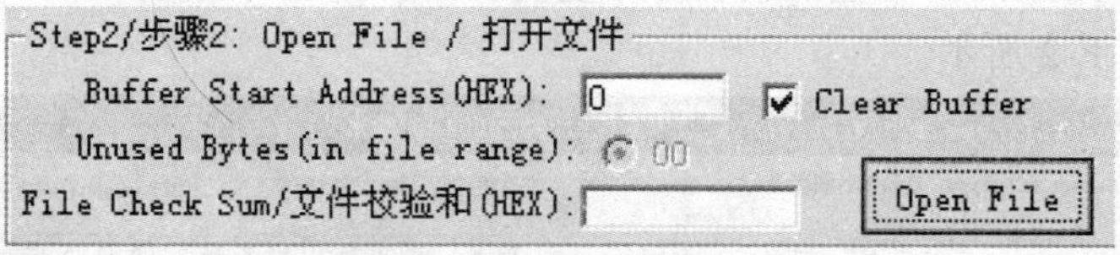

图 E-4 打开文件

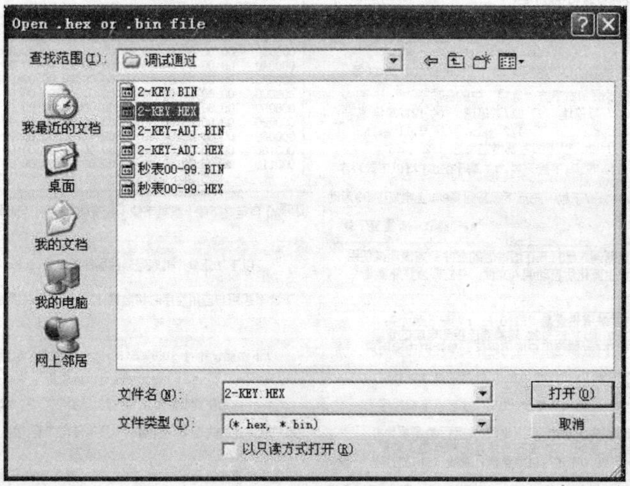

图 E-5 选择文件

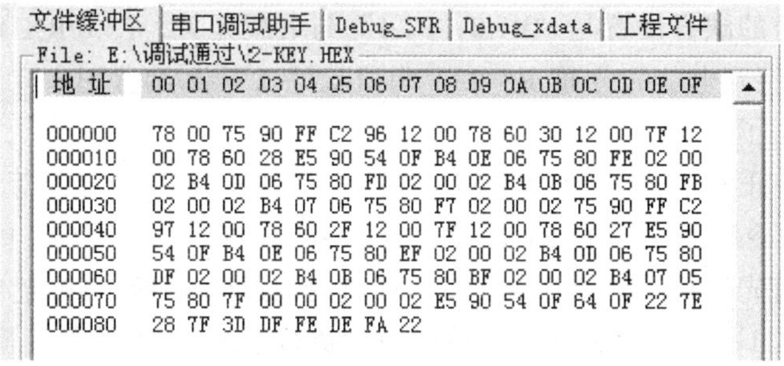

图 E-6　加载到文件缓冲区

(四)通信端口及最高波特率设置

根据实验板与 PC 机的硬件连接选择通信端口，在此以 COM1 为例，如图 E-7 所示，然后根据硬件选择合适的最高波特率，在此以 9600 为例，如图 E-8 所示。

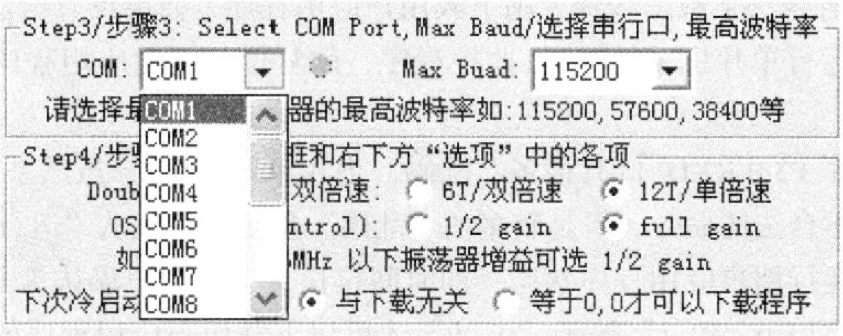

图 E-7　通信端口设置

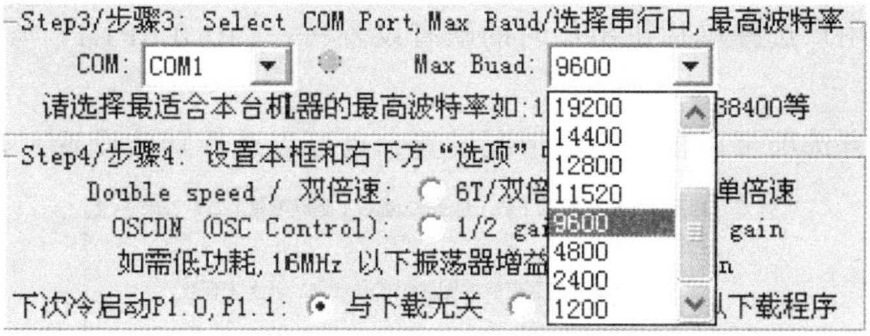

图 E-8　最高波特率设置

(五)其他选项设置

“Double speed/双倍速”选项可选择 12T/单倍速；“OSCDN(OSC Control)/振荡器控制”选项可选择 full gain；“下次冷启动 P1.0，P1.1”选项可选择与下载无关。选择如图 E-9 所示。

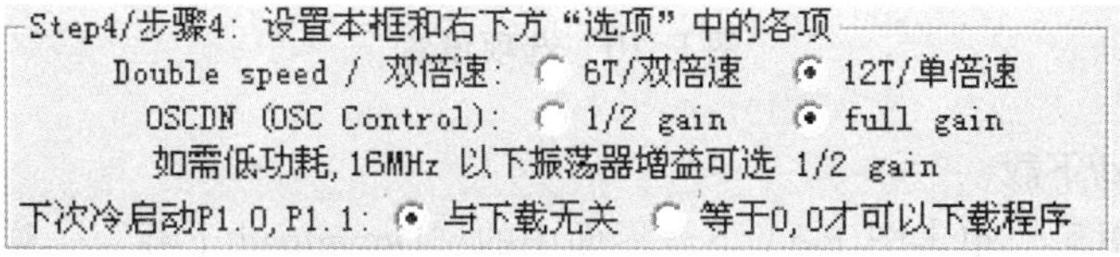

图 E-9　其他选项设置

单片机出厂时的缺省设置是“P1.0，P1.1”与下载无关，P3.0/RXD，P3.1/TXD 通过 RS-232 转换器连接到电脑的普通 RS-232 串口就可以下载/编程用户应用程序到单片机内部用户应用程序区了。

如果单片机在正常工作时 P3.0/RXD 外接的是 RS-485/RS-232 等通信电路，推荐选择步骤 4 中：下次冷启动“P1.0，P1.1”等于“0，0”才可以下载程序。单片机冷启动后(先没有电，后上电)首先运行的是单片机系统 ISP 监控程序。系统 ISP 监控程序首先判断是否需要“P1.0，P1.1”等于“0，0”才可以继续执行系统 ISP 监控程序。

如果用户设置了下次冷启动“P1.0，P1.1”等于“0，0”才可以下载程序，而下次冷启动后“P1.0，P1.1”不为“0，0”，则单片机立即结束运行系统 ISP 监控程序，软复位到用户应用程序区执行用户应用程序。

如果用户设置了下次冷启动“P1.0，P1.1”等于“0，0”才可以下载程序，冷启动后若“P1.0，P1.1”为“0，0”，则单片机会去判断 P3.0/RXD 口有无合法下载命令流(有几百个字节)。如果有合法下载命令流，则下载用户应用程序。如果没有合法下载命令流，则单片机立即结束运行单片机系统 ISP 监控程序，软复位到用户应用程序区执行用户应用程序。

如果冷启动后 P3.0/RXD 口有很多“乱码”进入 P3.0 串口，虽然系统 ISP 监控程序能正确地判断是不合法的命令，但是较多的“乱码”会使单片机从“运行系统 ISP 监控程序状态”变为“运行用户应用程序状态”的时间拉长，造成用户误认为是复位时间过长。设置下次冷启动“P1.0，P1.1”等于“0，0”才可以下载用户应用程序的好处是：将单片机从“运行系统 ISP 监控程序状态”变为“运行用户应用程序状态”的时间缩短到 50 μs 以内，此时间可忽略不计，因为 R/C 阻容复位电路的时间误差是毫秒级的。1 ms=1 000 μs。当然了，大部分用户选择单片机出厂时的缺省设置——“P1.0，P1.1”与下载无关就可以了。

主界面右下方选项可以根据实际情况设置，也可以选择默认设置，如图 E-10 所示。

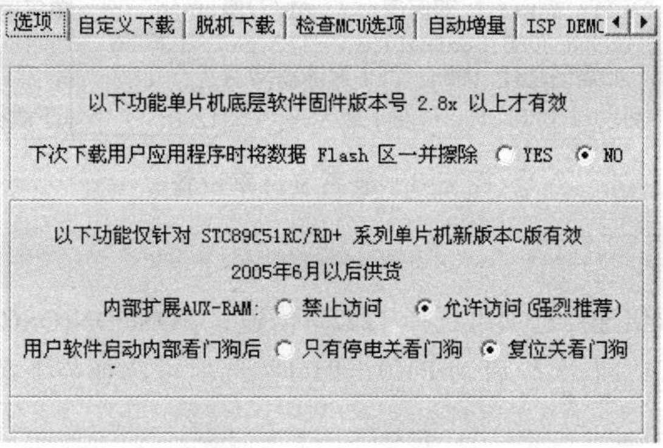

图 E-10　选项设置

(六)Download/下载

完成上述设置后，单击图 E-11 下载界面中的“Download/下载”，弹出 MCU 上电提示信息，如图 E-12 所示。

图 E-11　Download/下载

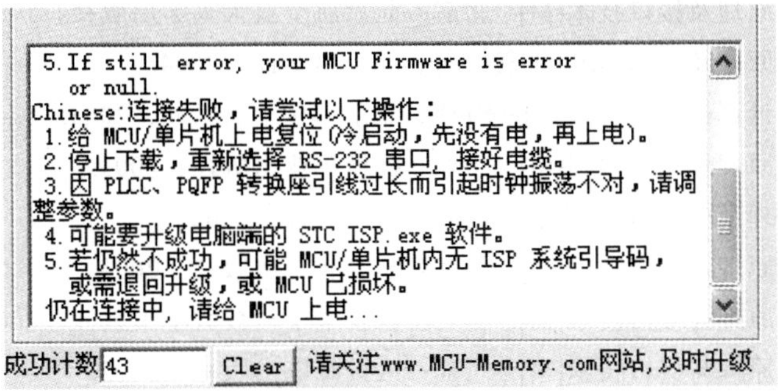

图 E-12　MCU 上电提示信息

按下 STC-2007 单片机实验板上处理器单元 U1 MCU 中的白色 6 脚锁定开关 S100(Power)并弹起后，便可完成程序烧录，弹出下载完成提示信息，如图 E-13 所示。

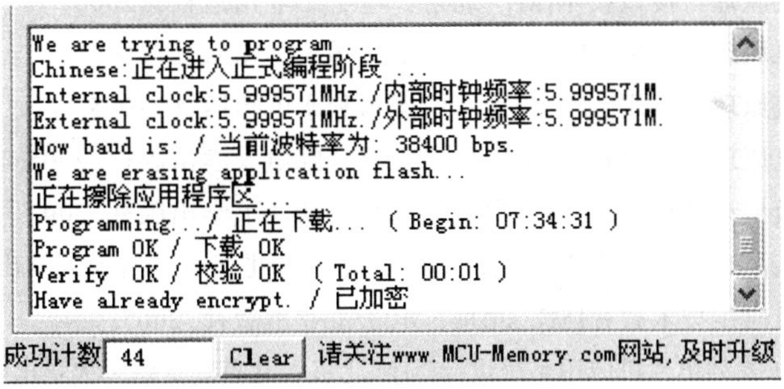

图 E-13　下载完成提示信息

参 考 文 献

[1] 李朝青. 单片机原理及接口技术[M]. 北京：北京航空航天大学出版社，1998.
[2] 张迎新. 单片机原理及应用[M]. 北京：电子工业出版社，2004.
[3] 高锋. 单片微型计算机原理与接口技术[M]. 北京：科学出版社，2003.
[4] 刘瑞新. 单片机原理及应用教程[M]. 北京：机械工业出版社，2003.
[5] 孙莉. 单片机原理及应用[M]. 北京：机械工业出版社，2002.
[6] 李全利. 单片机原理及应用技术[M]. 北京：高等教育出版社，2001.
[7] 余锡存. 单片机原理与接口技术[M]. 西安：西安电子科技大学出版社，2000.
[8] 林全新. 单片机原理与接口技术[M]. 北京：人民邮电出版社，2002.
[9] 潘永雄. 新编单片机原理与应用[M]. 西安：西安电子科技大学出版社，2003.
[10] 刘迎春. MCS-51 单片机原理及应用教程[M]. 北京：清华大学出版社，2005.
[11] 刘光斌. 单片机系统应用抗干扰技术[M]. 北京：人民邮电出版社，2003.
[12] 陈堂敏. 单片机原理与应用[M]. 北京：北京理工大学出版社，2007.
[13] 曹天汉. 单片机原理与接口技术[M]. 北京：电子工业出版社，2006.
[14] 戴胜华. 单片机原理与应用[M]. 北京：北京交通大学出版社, 2005.
[15] 金龙国. 单片机原理与应用[M]. 北京：中国水利水电出版社, 2005.
[16] 马淑华. 单片机原理与接口技术[M]. 北京：北京邮电大学出版社, 2005.
[17] 蔡菲娜. 单片微型计算机原理和应用[M]. 杭州：浙江大学出版社, 2003.
[18] 李华. MCS-51 系列单片机实用接口技术[M]. 北京：北京航空航天大学出版社, 1993.
[19] 朱宇光. 单片机应用技术教程[M]. 北京：电子工业出版社, 2005.
[20] 何立民. MCS-51 系列单片机应用系统设计[M]. 北京：北京航空航天大学出版社, 1990.
[21] 李广弟. 单片机基础[M]. 北京：北京航空航天大学出版社, 1994.
[22] 张迎新. 单片机原理及其接口技术[M]. 北京：清华大学出版社, 2000.
[23] 胡汉才. 单片机原理及接口技术[M]. 北京：清华大学出版社, 1996.
[24] 龚运新. 单片机实用技术教程[M]. 北京：北京师范大学出版社, 2005.